高等职业教育电子信息类系列教材

实用模拟电子技术项目教程

（第二版）

罗国强　罗　伟　主编

科 学 出 版 社

北　京

内 容 简 介

本书通过“项目引领，任务驱动”教学模式来体现知识目标、技能目标及教学方法、手段的改革，以培养学生模拟电路知识的应用能力和操作技能为目标。书中内容紧密结合国家电子类职业资格证书认证标准，以及与世界技能大赛、全国职业院校技能大赛相关的模拟电子技术知识点、技能点，通过典型、实用的操作项目，以及大量的电路仿真测试和电路实训，使学生从建立初步的感观认知，到学会对操作结果及出现的问题进行讨论、分析、研究并得出结论，从而实现能力的提高。全书内容共分五个项目，包括直流稳压电源、音频功率放大器、调频无线话筒、温度指示器、节能调节器的制作与调试等内容。

本书既可作为高等职业院校、高等专科学校的电子信息工程技术、电气自动化技术、机电一体化技术、通信工程等专业“模拟电子技术”课程的教材，也可作为从事电子技术相关岗位的工程技术人员的参考用书，还可作为电子技术爱好者的自学用书。

图书在版编目(CIP)数据

实用模拟电子技术项目教程/罗国强，罗伟主编. —2 版 .—北京：科学出版社，2020.12

ISBN 978-7-03-067879-9

Ⅰ.实…　Ⅱ.①罗…②罗…　Ⅲ.模拟电路-电子技术-职业教育-教材
Ⅳ.TN710

中国版本图书馆 CIP 数据核字（2020）第 270709 号

责任编辑：陈砺川/责任校对：王万红
责任印制：吕春珉/封面设计：子时文化

科学出版社出版
北京东黄城根北街 16 号
邮政编码：100717
http：//www.sciencep.com

天津翔远印刷有限公司印刷
科学出版社发行　各地新华书店经销

*

2009 年 1 月第　一　版　开本：787×1092　1/16
2020 年 12 月第　二　版　印张：15 1/4
2020 年 12 月第十七次印刷　字数：346 000

定价：45.00 元

（如有印装质量问题，我社负责调换〈翔远〉）
销售部电话 010-62136230　编辑部电话 010-62135763-1028

第二版前言

本书第一版已面世十二年，累计重印十五次以上，深受全国职业院校师生的一致好评。为了更好地服务广大读者，同时满足高等职业院校模拟电子技术课程的教学需要，本书作者团队决定与时俱进，对第一版教材进行全面修订。

本版的编写继续遵循第一版的编写指导思想：坚持以职业能力培养为本位，以项目—任务为主体教学安排，以典型电路的制作、装配和能力测试为主线，打破传统学科体系的思路，紧紧围绕工作任务来选择和组织课程内容，在任务的引领下学习理论知识，让学生在实践活动中掌握理论知识，提高岗位职业能力。

由于第一版经历了多年使用考验并已获好评，第二版的编写基本保持了第一版的风格，贯彻理论联系实际和理论知识精准够用的原则，对教学目标中要求必须掌握的基本概念、基本原理和基本分析方法，做到讲深讲透，并注重讲清思路、启发思维，以培养学生举一反三的能力。书中将任务分解成“读一读”与“想一想”、“做一做”与“议一议”几个阶段，使学生在完成任务时在读中想、在做中思、在学中做，这样可培养学生分析和解决实际工作问题的综合能力。考虑到模拟电子技术的电路设计与仿真已基本普及为 IN Multisim 14.0 版本，本版书的所有仿真实例均使用该软件版本，读者可以利用 IN Multisim 14.0 教育版，调用这些电路进行仿真实验。

本书由江西省电子信息技师学院罗国强、罗伟担任主编。其中罗伟编写了项目一和项目四，徐升鹏编写了项目二，谢晓明编写了项目三，罗国强编写了项目五并负责全书的策划、构思、选稿工作。

本书在修订过程中，在科学出版社的帮助下，广泛听取了来自不同院校教学一线教师的意见。教师们根据自已多年使用本书的教学实践，对本书的修订提出了中肯的具体意见。谨对所有给予指导、帮助和支持的同志致以衷心的感谢。

在本书各项目的 Multisim 仿真实例中，仿真图中的器件（如二极管、晶体管等）型号或符号与实际电路图有不一致的情况，这是由于 Multisim 元件库中没有提供相应的器件或器件符号的标注方法所致，特此说明。

本书配有电子教学参考资料包，包括教学大纲、电子课件、习题答案、部分电路的 EWB 文件和 Protel 源文件，可直接登录到科学出版社职教技术出版中心网站 www.abook.cn 下载使用，或向作者索取。

联系地址：江西省电子信息技师学院电子工程系，邮编：330096。

电话：（0791）8162313

E-mail：Luow15@163.com

由于编者水平有限，书中难免出现疏漏及缺点，恳请广大读者批评指正。

编　者

2020 年 12 月

第一版前言

电子技术类专业学生应该接受怎样的“模拟电子技术”课程的教育，是一个值得我们深思的问题。是“授人以鱼，还是授人以渔”？答案不言自明。那么，如何授人以渔？目前的现状是：经过传统的应试教育培养起来的学生非常习惯于教师对知识定论式的讲授，缺乏自主探索的能力，缺乏用知识解决实际问题的能力。

面对21世纪信息社会对人才的要求，结合电子类专业的特点，针对职业院校的生源素质与教学实况，我们在教学中探索了项目驱动教学模式，组织了长期从事电子类专业教学、有丰富理论与实践经验的“双师型”高级讲师编写了目前图书市场上短缺的“任务驱动式”特色系列教材。

本教材以培养学生电子应用能力和操作技能为目标，力求通过实用、有效、够用的项目教学模块的实施，达到学生不仅掌握模拟电子技术基础知识，而且能提高自身运用电子技术解决实际问题的能力的目的。全书内容与国家职业技能认证紧密结合，以“任务驱动式”教学法作为全书主线，使学生带着问题学，从而学习目标更加明确和具体。通过学习本教材，职业学校学生能在较短的时间内提高自身分析问题能力和电子技术实际应用技能。

本教材具有以下特点。

1）本教材以“任务驱动式”教学法为全书主线，实施能力目标型教学模式，通过对学生专业能力的培养，达到提高学生的基础知识理解能力、专业技术实践能力和综合技术应用能力的目的。

2）使理论内容真正按照“必需、够用”的原则，删除了单纯的理论推导，保留了基本的、基础的教学内容，使理论内容真正做到“必需、够用、实用”。

3）确保实践性教学环节的课时占总课时的50%左右，使学生既有一定的理论基础，又具有较强的动手能力。

4）教材中引进了最新的电子仿真与开发平台EWB（Multisim 9.0），对电子技术实验内容进行演示和仿真教学，加深了学生对电子技术理论知识的理解，并培养了他们EDA的相关技能。

5）本教材在电子制作方面进行了一系列有益的尝试，通过理论联系实际，让学生在电子制作过程中获得成功的喜悦，从而激发起他们学习的热情和兴趣。

本书由江西省电子信息技师学院高级讲师罗国强、罗伟担任主编。其中罗伟编写了项目一和项目四，徐升鹏编写了项目二，谢晓明编写了项目三，罗国强编写了项目五并负责全书的策划、构思、选稿工作。

本书可作为职业院校电子类专业公共基础课的教材和参加全国电子类职业技能认证考试的教学参考书，还可作为社会培训班的首选教材和无线电初学者的自学参考资料。

本书在编写过程中得到了江西省电子信息技师学院领导的大力支持，同时，一并对

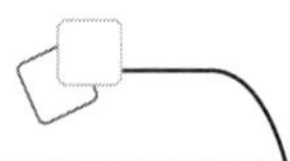

编者参考的有关文献的作者致谢。

本书配有电子教学参考资料包，包括教学指南、电子教案及习题答案，可直接登录到科学出版社职教技术出版中心网站 www.abook.cn 下载，或向作者索取。

联系地址：江西省电子信息技师学院电子工程系，邮编：330096。

电话：（0791）8162313

E-mail:Luow15@163.com

由于编者水平有限，书中难免出现疏漏及缺点，恳请广大读者批评指正。

编　者

2008 年 8 月

目　录

项目一

直流稳压电源的制作

直流稳压电源是所有电子设备的重要组成部分，它的基本任务是将电力网交流电压变换为电子设备所需要的稳定的直流电源电压。相对经济实用的办法通常是将电网提供的50Hz的正弦交流电经变换而获得所需的稳定直流电。

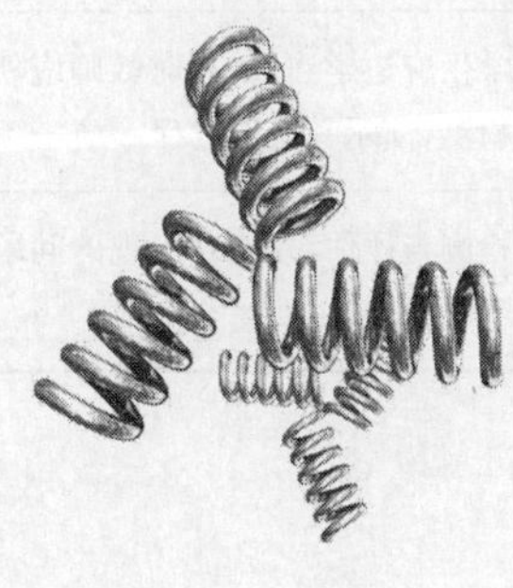

- 理解直流稳压电源的电路组成、工作原理和电路中各元器件的作用；
- 能正确领会直流稳压电源及其单元电路的基本特性。

- 能设计和制作直流稳压电路，并能通过调试得到正确结果；
- 进一步熟悉用万用表来检测二极管、晶体管的方法；
- 掌握小功率直流稳压电源的组装和调试方法；
- 能对直流稳压电源典型故障进行分析、判断和处理；
- 了解电子电路的检修流程和检修方法。

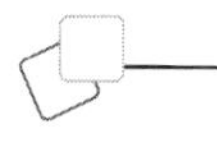

任务一　半导体器件的识别与检测

任务目标

- 熟悉半导体的基础知识，讨论二极管的特性、参数和简单应用电路；
- 学习二极管、晶体管使用常识和用万用表检测的方法。

任务教学方式

教学步骤	时间安排	教学手段及方式
阅读教材	课余	学生自学、查资料、相互讨论
知识点讲授	6 课时	在半导体基础知识的学习中，应结合多媒体课件演示二极管、晶体管内部结构、PN 结形成机理和两者特性
任务操作	2 课时	对二极管、晶体管检测内容，学生应边学边练，同时教师应使用万用表对半导体器件实物进行检测，演示其操作过程
评估检测	与课堂教学同步进行	教师与学生共同完成任务的检测与评估，并能对出现的问题进行分析与处理

知识 1　半导体基本知识

按导电性能的不同，可将不同的物质分为导体、绝缘体和半导体。目前用来制造电子器件的材料主要有硅（Si）、锗（Ge）和砷化镓（GaAs）等，它们的导电能力介于导体和绝缘体之间，并具有掺杂特性、光敏特性和热敏特性。

1. 本征半导体

硅和锗都是四价元素，其原子结构中最外层轨道上有 4 个价电子。纯净的单晶半导体称为本征半导体。在本征半导体中存在着两种极性的载流子：带负电荷的自由电子（简称为电子）和带正电荷的空穴。本征半导体受外界能量（热能、电能和光能等）激发，同时产生电子-空穴对的过程，称为本征激发。

2. 杂质半导体

在本征半导体中，有选择地掺入少量其他元素，会使其导电性能发生显著变化，这些少量元素统称为杂质。掺入杂质的半导体称为杂质半导体。根据掺入的杂质不同，有 N 型半导体和 P 型半导体之分。

（1）N 型半导体

在本征硅（或锗）中掺入少量的五价元素，如磷、砷、锑等，就得到 N 型半导体。这时，杂质原子替代了晶格中某些硅原子，它的 4 个价电子和周围 4 个硅原子组成共价键，而多出一个价电子只能位于共价键之外，如图 1-1 所示。

室温下几乎全部的杂质原子都能提供出一个自由电子，从而使 N 型半导体中的电子数大大增加。因为这种杂质原子能“施舍”出一个电子，所以称为施主原子（杂质）。

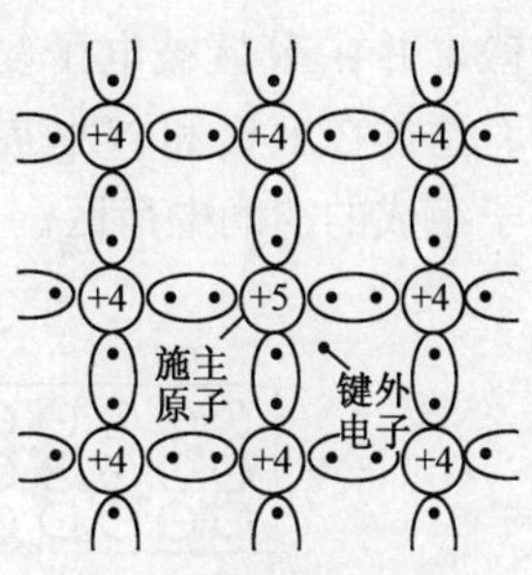

图 1-1　N 型半导体原子结构示意图

在杂质半导体中，本征激发照旧进行。但由于掺入施主杂质后电子数目大大增加，使得空穴与电子复合的机会也相应增多，从而使空穴浓度值远低于它的本征浓度值。因此，在 N 型半导体中，电子浓度远大于空穴浓度。由于电子占多数，故称它为多数载流子，简称多子；而空穴占少数，故称它为少数载流子，简称少子。因为 N 型半导体主要靠电子导电，所以又称为电子型半导体。

注意：在 N 型半导体中，虽然自由电子数远大于空穴数，但由于施主离子的存在，使正、负电荷数相等，即自由电子数等于空穴数加正离子数，所以整个半导体仍然呈电中性。

（2）P 型半导体

在本征硅（或锗）中掺入少量的三价元素，如硼、铝、铟等，就得到 P 型半导体。这时杂质原子替代了晶格中的某些硅原子，它的 3 个价电子和相邻的 4 个硅原子组成共价键，只有 3 个共价键是完整的，第 4 个共价键因缺少一个价电子而出现一个空位，如图 1-2 所示。

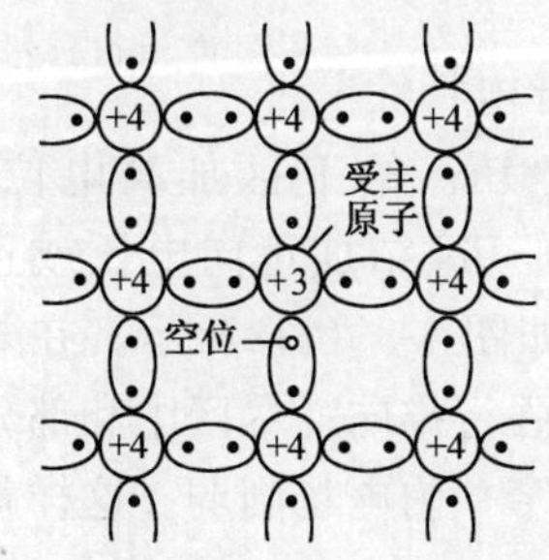

图 1-2　P 型半导体原子结构示意图

由于空位的存在，使邻近共价键内的电子只需很小的激发能便能填补这个空位，使杂质原子因多一个价电子而成为负离子，同时在邻近产生一个空穴。由于这种杂质原子能接受价电子，所以称为受主原子（杂质）。在室温下，几乎全部的受主原子都能接受一个价电子而成为负离子，同时产生相同数目的空穴，所以在 P 型半导体中，空穴浓度大大增加。

与 N 型半导体中的情况则相反，在 P 型半导体中，空穴浓度远大于电子浓度。空穴为多数载流子，而电子为少数载流子。因 P 型半导体主要靠空穴导电，所以又称为空穴型半导体。

同样，在 P 型半导体中，空穴数等于自由电子数加受主负离子数，整个半导体也呈电中性。

3. PN 结

通过掺杂工艺，把本征硅（或锗）片的一边做成 P 型半导体，另一边做成 N 型半

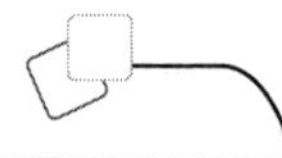

导体，这样在它们的交界面处会形成一个很薄的特殊物理层，称为PN结。

（1）PN结的形成

P型半导体和N型半导体有机地结合在一起时，因为P区一侧空穴多，N区一侧电子多，所以在它们的交界处存在空穴和电子的浓度差。于是P区中的空穴会向N区扩散，并在N区被电子复合，而N区中的电子也会向P区扩散，并在P区被空穴复合。这样在P区和N区界面两侧分别留下（形成）了不能移动的受主负离子和施主正离子组成的空间电荷区。上述过程如图1-3所示。

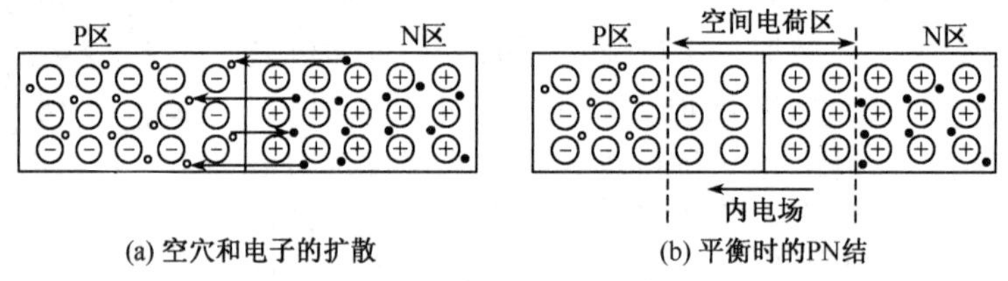

图1-3　PN结的形成

由于空间电荷区的出现，这样在界面处形成了一个方向由N区指向P区的内电场。该电场一方面会阻止多子的扩散，另一方面会引起少子的漂移。因此，在界面处发生着多子扩散和少子漂移两种对立的运动趋向。

由于空间电荷区内没有载流子，所以空间电荷区也称为耗尽区（层）。又因为空间电荷区的内电场对扩散有阻挡作用，好像壁垒一样，所以又称它为阻挡区或势垒区。如果P区和N区的掺杂浓度相同，则耗尽区相对界面对称，称为对称结。如果一边掺杂浓度大，一边掺杂浓度小，则称为不对称结，这时耗尽区主要伸向掺杂浓度低区的一边，如图1-4所示。

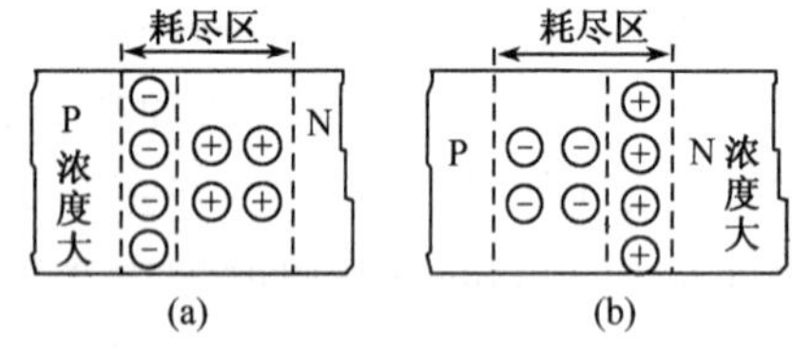

图1-4　不对称PN结

（2）PN结的单向导电特性

1）PN结加正向电压。给P区加高电位，同时N区加低电位，称PN结加正向电压或正向偏置（简称正偏），如图1-5（a）所示。在外加电场作用下，多子被强行推向耗尽区中和部分正负离子，使耗尽区变窄，内电场削弱。这样就破坏了原来扩散与漂移的平衡，而有利于多子的扩散。此时，多子源源不断地扩散到对方，并通过外回路形成正向电流。正偏后，耗尽区两端的电位差一般只有零点几伏，而当正向电压有微小的变化时，也会引起正向电流较大的变化。

2）PN结加反向电压。给P区低电位、N区高电位，称为PN结加反向电压或反向偏置（简称反偏），如图1-5（b）所示。此时，外电场强行将多子推离耗尽区，让更多的正负离子显露出来，使耗尽区变宽，内电场增强。结果多子的扩散很难进行，反过来却有助于少子的漂移。越过界面的少子，通过外回路形成反向（漂移）电流。因为少子浓度很低，靠近耗尽区边界处的少子数目不多，所以反向电流很小。而且当反向电压增大，耗尽层向外扩展时，其边界处少子的数目并无多大变化，所以反向电流几乎不随外加电压的增大而增大。

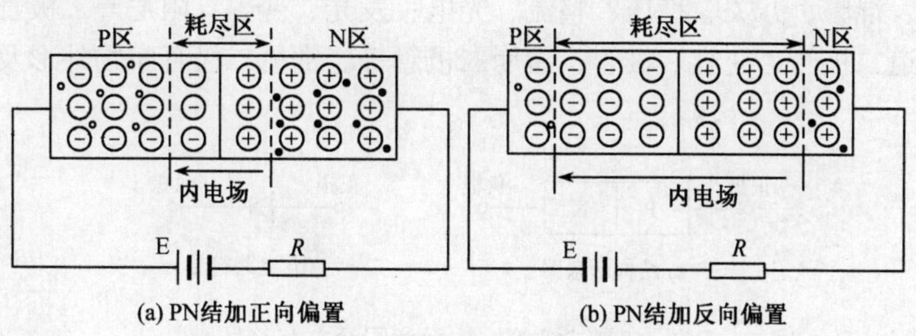

(a) PN结加正向偏置　(b) PN结加反向偏置

图 1-5　为 PN 结加偏置

综上所述，PN 结加正向电压时，电流很大，并随外加电压变化有显著变化；而加反向电压时，电流极小，且不随外加电压变化，因此，PN 结具有单向导电特性。根据加在二极管两端的电压与流过二极管的电流的关系，绘制而成的图形称为伏安特性曲线。PN 结的伏安特性曲线如图 1-6 所示。

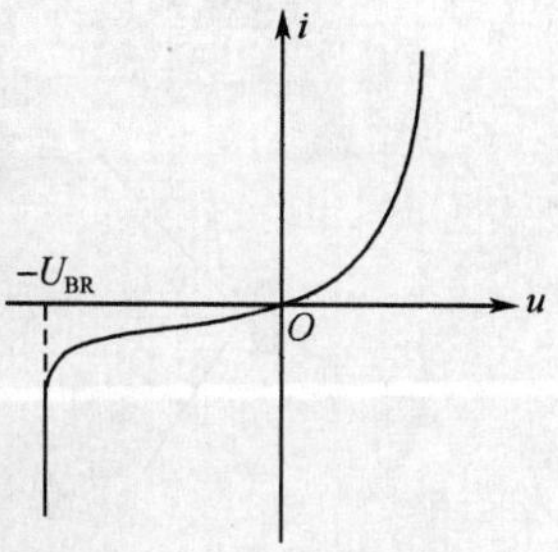

图 1-6　PN 结的伏安特性曲线

（3）PN 结的击穿特性

从图 1-6 中看出，当反向电压超过 U_{BR} 后稍有增加时，反向电流会急剧增大，这种现象称为 PN 结击穿，并定义 U_{BR} 为 PN 结的击穿电压。

击穿破坏了 PN 结的单向导电特性，而且击穿电流过大时还将烧坏 PN 结。因此，通常情况下，应避免 PN 结发生击穿。但 PN 结击穿后，尽管反向电流可以在很大范围内变化，但其两端的电压基本保持不变。利用这一特性可制作稳压二极管。

想一想

1）半导体具有哪些主要特性？

2）为什么说 P 型或 N 型半导体呈电中性？

3）PN 结的单向导电性是指加正向偏置会________，加反向偏置会________。

知识 2　二极管与晶体管

1. 二极管

（1）二极管的结构与特性

二极管是由 PN 结加上电极引线和管壳构成的，其结构示意图和电路符号如图 1-7 所示。二极管的核心是 PN 结。

利用 PN 结的特性，可以制作出多种不同功能的二极管。二极管按材料来分有锗二

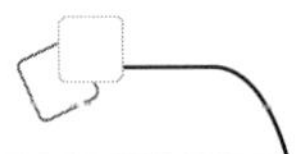

极管和硅二极管；按结构分有点接触型、面接触型和平面型；通常将二极管按用途区分，有检波、混频、开关、稳压、整流、光电、发光、变容、阻尼等二极管；按工作原理分，有隧道二极管、变容二极管、雪崩二极管等。常见二极管实物外形及极性标志如图 1-8 所示。

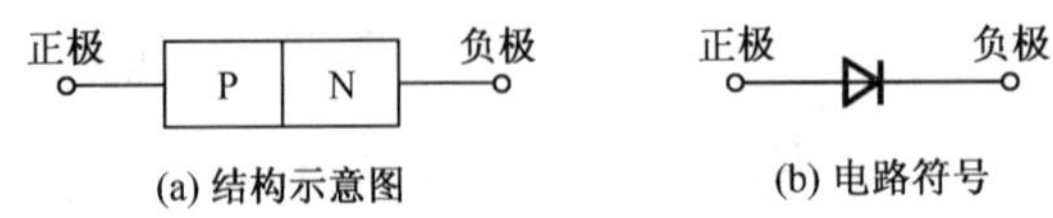

图 1-7　二极管结构示意图及电路符号

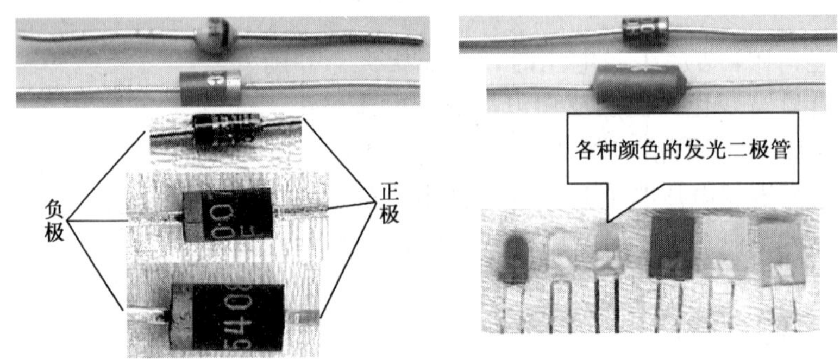

图 1-8　常见二极管实物外形及极性标志

二极管的伏安特性基本就是 PN 结的伏安特性。从如图 1-9 所示的普通二极管的伏安特性可以看出，二极管属于非线性电阻器件。因此，半导体二极管具有明显单向导电特性或非线性伏安特性。

正向电压只有超过某一数值时，才有明显的正向电流。这一电压称为导通电压或死区电压，用 $U_{D(ON)}$ 表示。室温下，硅管的 $U_{D(ON)}$ 为 0.5～0.6V，锗管的 $U_{D(ON)}$ 为 0.1～0.2V。正向特性表明：在小电流时，呈现出指数变化规律，而在电流较大以后则近似按直线上升。这是因为大电流时，P 区、N 区体电阻和引线接触电阻的作用明显了，使电流、电压近似呈线性关系。

另外，在小功率二极管正常工作的电流范围内，管压降（正向压降）的变化范围比较小，硅管约为 0.6～0.8V，锗管约为 0.1～0.3V，如图 1-10 所示。

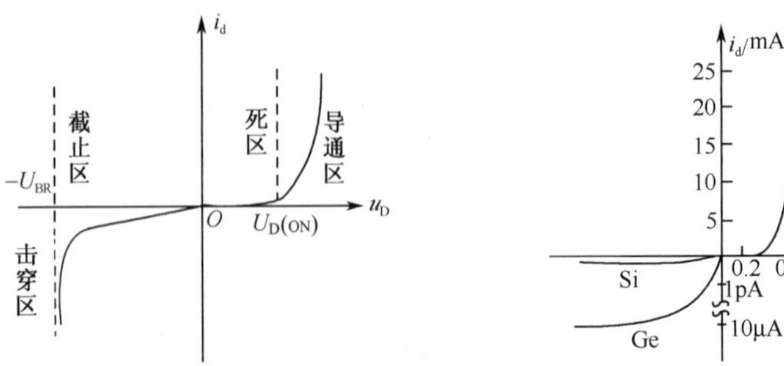

图 1-9　二极管的伏安特性

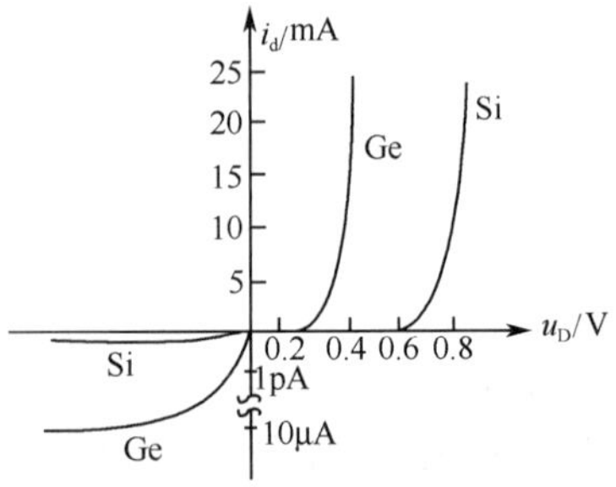

图 1-10　硅锗二极管导通压降区别

由于表面漏电流影响，二极管的反向电流要比理想 PN 结的反向饱和电流大得多。而且反向电压加大时，反向电流也略有增大。尽管如此，对于小功率二极管，其反向电流仍很小，硅管一般小于 0.1μA（为纳安级 10^{-9}A），锗管小于几十微安。

二极管的主要参数有极限参数、直流参数和交流参数。极限参数包括最大平均整流电流 I_F（二极管允许通过的最大平均电流）、最高反向工作电压 U_{RM}（二极管不会出现反向击穿最高允许电压）。直流参数有反向电流 I_S（又称性能参数）。交流参数有最高工作频率 f_M（若加在二极管上的交流电压频率超过此值，二极管的单向导电性能明显变差）。

除了普通二极管之外，还有多种特殊二极管，如稳压二极管、变容二极管、肖特基二极管、光电二极管和发光二极管等。

（2）其他二极管简介

1）变容二极管。当 PN 结加反向电压时，结上呈现势垒电容，该电容随反向电压的增大而减小。利用这一特性制作的二极管，称为变容二极管。它的电路符号如图 1-11（a）所示。图 1-11 中（b）、（c）两种二极管稍后介绍。变容二极管在高频电子线路中有着广泛的应用，主要用于电压/频率变换，如电子调谐、频率调制等。

2）肖特基二极管。当金属与 N 型半导体接触时，在其交界处会形成势垒区，利用该势垒制作的二极管，称为肖特基二极管或表面势垒二极管。它的原理结构图和对应的电路符号如图 1-12 所示。

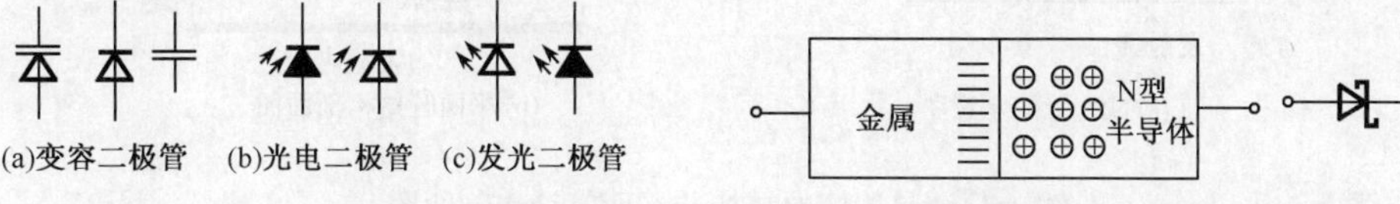

图 1-11　3 类二极管电路符号

图 1-12　肖特基二极管内部结构与电路符号

肖特基势垒具有和 PN 结相似的单向导电特性。需要指出，只有金属和轻掺杂半导体接触才会形成上述结。这种接触通常称为欧姆接触。

肖特基势垒二极管（schottky barrier diode，SBD）是近年来问世的低功耗、大电流、超高速半导体器件。其反向恢复时间极短（可以小到几纳秒），正向导通压降仅 0.4V 左右，而整流电流却可达到几千安培。这些优良特性是快恢复二极管所无法比拟的。中、小功率肖特基整流二极管大多采用塑料封装形式，如图 1-13 所示。

3）光电二极管。光电二极管是一种将光能转换为电能的半导体器件，其结构与普通二极管相似，只是管壳上留有一个能入射光线的窗口。图 1-11（b）示出了光电二极管的电路符号。其中，受光照区的电极为前级，不受光照区的电极为后级。

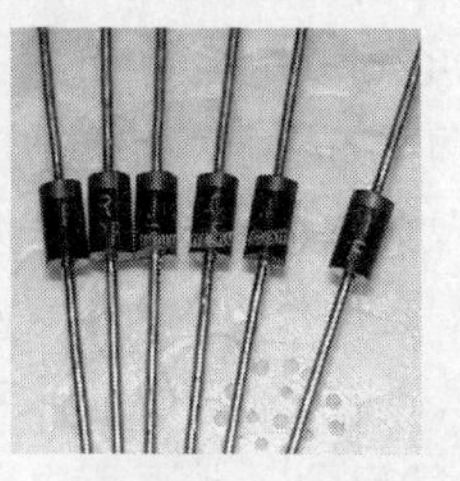

(a) 快恢复二极管

(b) 肖特基二极管

图 1-13　特殊二极管实物外形

4）发光二极管。发光二极管是一种将电能转换为光能的半导体器件。其电路符号如

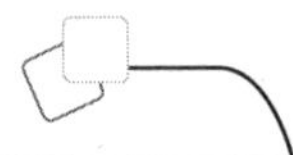

图 1-11（c)所示。当发光二极管正偏时，注入到 N 区和 P 区的载流子被复合后，会发出可见光和不可见光。发光二极管在显示设备中得以广泛应用，例如各种指示灯、七段数码显示器等。

2. 晶体管及其组成的基本放大电路

双极性晶体管（bipolar junction transistor，BJT）是由 3 层杂质半导体构成的器件。它有 3 个电极，所以又称为半导体三极管。BJT 是一种电流控制半导体器件。

晶体管的原理结构如图 1-14 所示。由图可见，组成晶体管的 3 层杂质半导体是 N 型-P 型-N 型结构，所以称为 NPN 管。晶体管的中间层称为基区，其两侧的异型层（N^+——掺杂浓度高的 N 型半导体）分别称为发射区和集电区。3 个区各引出一个电极，分别为基极（b）、集电极（c）和发射极（e）。基区和发射区之间形成的 PN 结，称为发射结（简称为 e 结），基区和集电区之间形成的 PN 结，称为集电结（简称为 c 结）。与此对偶的另一种结构，即按 P 型-N 型-P 型构成的晶体管，称为 PNP 管。两种类型管的电路符号如图 1-15 所示。

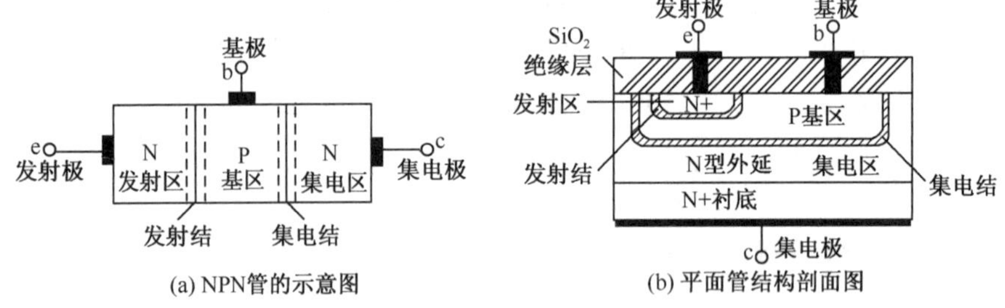

图 1-14　晶体管的结构与平面管结构剖面图

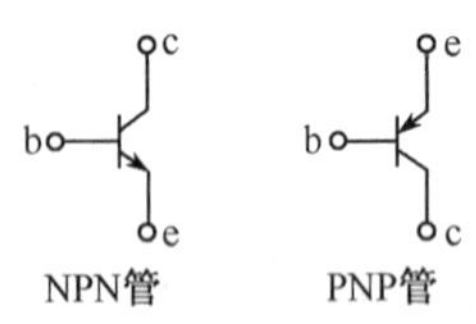

图 1-15　晶体管图形符号

注意： 制造晶体管时，发射区相对基区为重掺杂（即 e 结为 PN＋结）；基区很薄（零点几到数微米）；集电结面积远大于发射结面积。

(1) 晶体管放大偏置及电流分配关系

放大的外部电压条件（放大偏置）：发射结正偏、集电结反偏。

偏置是指在半导体器件上所加的直流电压或电流。而放大偏置是保证 BJT 处于放大状态下所加的直流电压或电流，如图 1-16 所示。

当晶体管处于发射结正偏、集电结反偏的放大状态下，由于发射结正偏，因而结两侧多子的扩散占优势，这时发射区电子源源不断地越过发射结注入到基区，形成电子注入电流 I_{EN}。

注入基区的电子，成为基区中的非平衡少子，它在发射结处浓度最大，而在集电结处浓度最小。在扩散过程中，非平衡电子会与基区中的空穴相遇，使部分电子因复合而失去。但由于基区很薄且空穴浓度又低，所以被复合的电子数极少，而绝大部分电子都能扩散到集电结边沿。基区中与电子复合的空穴由基极电源提供，形成基区复合电流

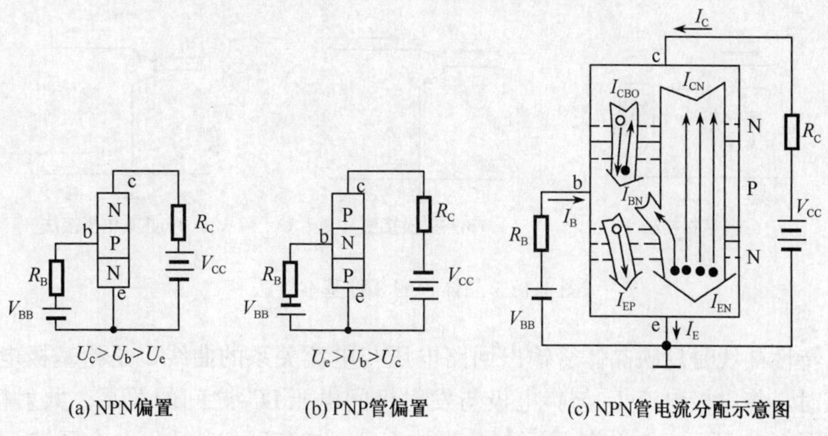

(a) NPN偏置　　(b) PNP管偏置　　(c) NPN管电流分配示意图

图 1-16　晶体管放大状态下偏置及 NPN 管电流分配示意图

I_{BN}，它是基极电流 I_B 的主要部分。

由于集电结反偏，在结内形成了较强的电场，因而，使扩散到集电结边沿的电子在该电场作用下漂移到集电区，形成集电区的收集电流 I_{CN}。

晶体管 3 个电极上的电流与内部载流子传输形成的电流之间有如下关系：

$$I_E \approx I_{EN} = I_{BN} + I_{CN}$$

$$I_B = I_{BN} - I_{CBO}$$

$$I_C = I_{CN} + I_{CBO}$$

即电流分配关系：$I_E = I_C + I_B$。

注意：I_{CBO}为发射极开路时，集电极-基极间的反向电流，称为集电极反向饱和电流。

例 1-1　如图 1-17 所示，已知某晶体管处于放大状态，试判别各引脚对应的电极、晶体管类型及晶体管材料。

解：放大状态时，根据晶体管 b 极处于中间电极电位的特点，可确定 b 极；再判断与 U_b 相差零点几伏电位对应的电极为 e 极；最后即为 c 极。根据 3 个电极电位关系判断晶体管类型，根据发射结电压值判断晶体管材料。得出本题中，该晶体管为 PNP 型晶体管，①脚为 b、②脚为 e、③脚为 c。

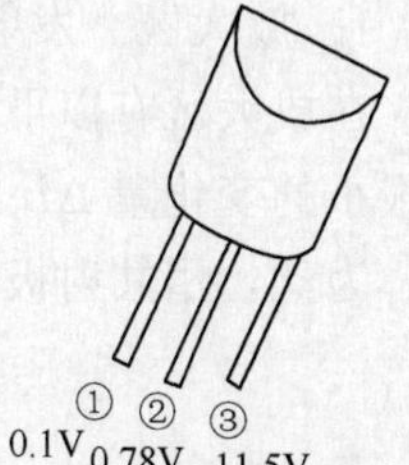

图 1-17　例 1-1 题图

（2）晶体管伏安特性曲线

晶体管有 3 个电极，通常用其中两个电极分别作输入、输出端，第 3 个电极作公共端，这样可以构成输入和输出两个回路。根据输入、输出回路公共端所接的电极不同，实际有共射极、共集电极和共基极 3 种基本（组态）放大器。图 1-18 所示为晶体管的 3 种基本接法。

因为有两个回路，所以用曲线描述晶体管各电极电压、电流关系有输入特性曲线和输出特性曲线。输入特性曲线是反映晶体管输入回路电压和电流关系的曲线，是表示输出电压 U_{CE} 为定值时，I_B 与 U_{BE} 对应关系的曲线。共射极输入特性曲线如图 1-19 所示。

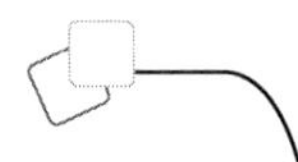

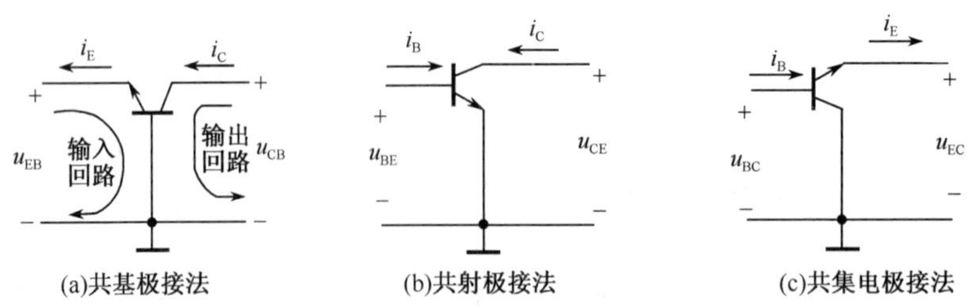

图 1-18　晶体管的 3 种基本接法

输出特性曲线是反映晶体管输出回路电压与电流关系的曲线，是指基极电流 I_B 为某一定值时，集电极电流 I_C 与集电极与发射极间电压 U_{CE}之间的关系。共射极输出特性曲线如图 1-20 所示。输出特性可划分为放大区、饱和区和截止区 3 个区域，对应于 3 种工作状态。

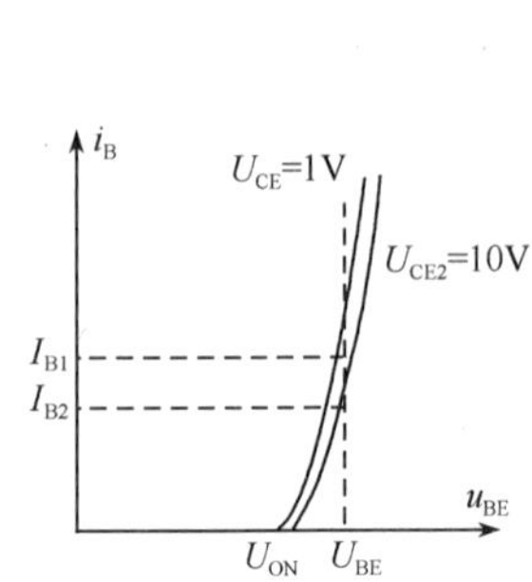

图 1-19　共射极输入特性曲线

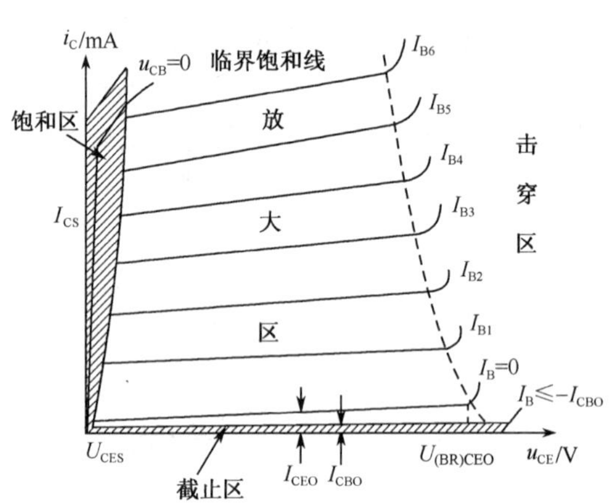

图 1-20　共射极输出特性曲线

1）放大区。发射结为正偏，集电结为反偏的工作区域为放大区。由图 1-20 可以看出，在放大区有以下两个特点：基极电流 i_B 对集电极电流 i_C 有很强的控制作用，即 i_B 有很小的变化量 ΔI_B 时，i_C 就会有很大的变化量 ΔI_C。其中 u_{CE}的变化对 I_C 的影响很小。为此，用共射极交流电流放大系数 β 来表示这种控制能力，定义 β 为

$$\beta = \frac{\Delta I_C}{\Delta I_B}$$

2）饱和区。发射结和集电结均处于正偏的区域为饱和区。通常把 $u_{CE}=u_{BE}$（即 $u_{CB}=0$，集电结零偏）的情况称为临界饱和，对应点的轨迹为临界饱和线。c、e 之间的电压称为饱和压降。深饱和时，对小功率硅管，饱和压降约为 0.3V。

3）截止区。发射结和集电结均为反偏，且 $I_B \leqslant -I_{CBO}$（对于大功率管，由于 I_{CBO} 很大，不能忽略其影响）的区域为截止区。对于小功率管，I_{CBO} 通常很小。实际应用中，当忽略其影响时，可以认为 $I_B \leqslant 0$ 时，管子便处于截止状态。晶体管截止时，3 个电极上的电流均为反向电流。

(3) 晶体管主要参数

性能参数有电流放大系数（包括直流电流放大系数和交流电流放大系数）、极间反向饱和电流 I_{CBO}、穿透电流 I_{CEO}（I_{CBO}为 e 极开路，c-b 间的反向饱和电流；I_{CEO}为 b 极开路，c-e 间的穿透电流，如图 1-21 所示）等。

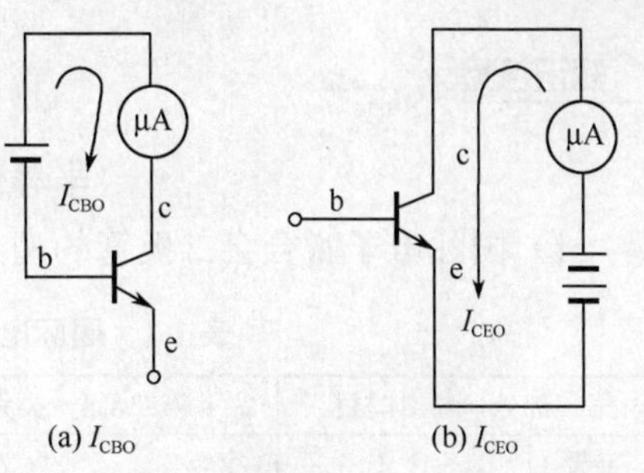

图 1-21　I_{CBO}、I_{CEO}示意图

极限参数有集电极最大允许电流 I_{CM}、集电极反向击穿电压 $U_{(BR)CEO}$、集电极最大允许功率损耗 P_{CM}等。频率参数有特征频率 f_T、截止频率 f_β 等。

1）二极管有何基本特性？
2）晶体管的主要特性是什么？放大的实质是什么？
3）晶体管 3 个电极的电流哪个最大？哪个最小？哪两个相接近？

知识拓展

利用二极管的单向导电特性，可实现整流、限幅及电平选择等功能。

限幅电路也称为削波电路，它是一种能把输入电压的变化范围加以限制的电路，常用于波形变换和整形。一个简单的上限幅电路如图 1-22 所示。

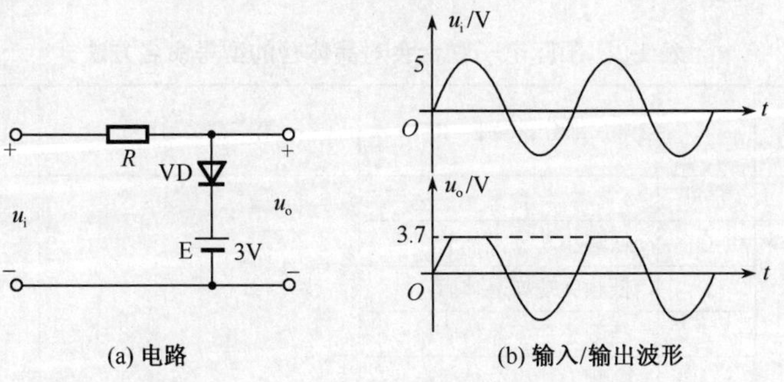

图 1-22　二极管限幅电路及波形

当 $u_i \geqslant E + U_{D(ON)} = 3.7V$ 时，VD 导通，$u_o = 3.7V$，即将 u_i 的最大电压限制在 3.7V 上；当 $u_i < 3.7V$ 时，VD 截止，二极管支路开路，$u_o = u_i$。图中画出了输入一个 5V 的正弦波时，该电路的输出波形。可见，上限幅电路将输入信号中高出 3.7V 的部分削平了。

在家用电器中，二极管还可用来降低输出功率。如在厨房、卫生间的白炽灯照明电路中，串联一只二极管，可延长该白炽灯的使用寿命；普通电热毯的“保温”挡，也不过是通过开关的切换串进了一只二极管而已。

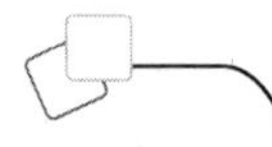

半导体器件型号命名方法

1）国际电子联合会二极管的型号命名方法如表 1-1 所示。

表 1-1　国际电子联合会二极管的型号命名方法

第一部分:半导体材料		第二部分:类别		第三部分:序号	第四部分:规格号
字母	含义	字母	含义	用数字或字母与数字混合表示器件的登记序号。通用器件用三位数字,专用器件用一个字母加两位数字	用字母 A～E 表示同一型号器件的档次
A	锗材料	A	检波管、开关管、混频管		
		B	变容管		
B	硅材料	E	隧道管		
		G	复合管		
C	砷化镓	H	磁敏管		
		P	光敏管		
D	锑化铟	Q	发光管		
		X	倍压管		
R	复合材料	Y	整流管		
		Z	稳压管		

2）国际电子联合会对晶体管的型号命名方法如表 1-2 所示。

表 1-2　国际电子联合会对晶体管的型号命名方法

第一部分:半导体材料		第二部分:类别		第三部分:序号	第四部分:规格号
字母	含义	字母	含义	用数字或字母与数字混合表示器件的登记序号	用字母 A～E 表示同一型号器件的档次
A	锗材料	C	低频小功率晶体管		
		D	低频大功率晶体管		
		F	高频小功率晶体管		
			高频大功率晶体管		
B	硅材料	S	小功率开关晶体管		
		U	大功率开关晶体管		
		R	小功率晶闸管		
R	复合材料	T	大功率晶闸管		
		K	开放磁路的霍尔元件		
		M	封闭磁路的霍尔元件		
		G	复合管或其他器件		

示例:BU208(硅材料大功率开关晶体管)
B—硅材料
U—大功率开关晶体管
208—登记序号

BD132（硅材料低频大功率晶体管）
B—硅材料
D—低频大功率晶体管
132—通用器件

3）日本半导体分立器件的命名方法如表 1-3 所示。

表 1-3　日本半导体分立器件的命名方法

<table>
<tr><th colspan="2">第一部分:器件类型或有效电极数</th><th colspan="2">第二部分:日本电子工业协会注册产品</th><th colspan="2">第三部分:类别（即器件的类别）</th><th rowspan="2">第四部分:登记序号</th><th rowspan="2">第五部分:产品改进序号</th></tr>
<tr><th>数字</th><th>含义</th><th>字母</th><th>含义</th><th>字母</th><th>含义</th></tr>
<tr><td rowspan="3">0</td><td rowspan="3">光敏二极管、晶体管或其组合管</td><td rowspan="11">S</td><td rowspan="11">表示已在日本电子工业协会(JEIA)注册登记的半导体分立器件</td><td>A</td><td>PNP 高频晶体管</td><td rowspan="11">用两位以上的整数表示在日本电子工业协会注册登记的顺序号</td><td rowspan="11">用字母 A、B、C、D 等表示该型号是原型号的改进型号</td></tr>
<tr><td>B</td><td>PNP 低频晶体管</td></tr>
<tr><td>C</td><td>NPN 高频晶体管</td></tr>
<tr><td>1</td><td>二极管</td><td>D</td><td>NPN 低频晶体管</td></tr>
<tr><td>2</td><td>晶体管</td><td>F</td><td>P 门极晶闸管</td></tr>
<tr><td rowspan="6">3</td><td rowspan="6">具有 4 个有效电极或具有 3 个 PN 结的晶体管</td><td>G</td><td>N 门极晶闸管</td></tr>
<tr><td>H</td><td>N 基极单结管</td></tr>
<tr><td>J</td><td>P 沟道场效应管</td></tr>
<tr><td>K</td><td>N 沟道场效应管</td></tr>
<tr><td>M</td><td>双向晶闸管</td></tr>
</table>

注:性能相同,但不同厂家的产品可用同一序号。

示例:2SA733（PNP 型高频晶体管）
2—晶体管
S—JEIA 注册产品
A—PNP 高频晶体管
733—JEIA 登记序号

2SC4706（NPN 型高频晶体管）
2—晶体管
S—JEIA 注册产品
C—NPN 高频晶体管
4706—JEIA 登记序号

实训　二极管、晶体管的识别与检测

实训目的

1）熟识二极管、晶体管器件的外形。
2）会使用万用表检测二极管与晶体管。

实训所需器材

万用表（MF47 型）一块、各类二极管（表 1-4）、晶体管（表 1-5）若干。

实训内容与步骤

1. 二极管的识别与检测

利用二极管的正偏和反偏时的电阻不同，可以判别二极管的正、负极。当用万用表测量二极管时，如电阻为几百欧左右，则可判定与万用表的黑表笔连接的一端为二极管的正极；反之，如电阻为几百千欧以上（或接近于无穷大）时，则可判定与万用表的黑表笔连接的一端为二极管的负极，如图 1-23 所示。

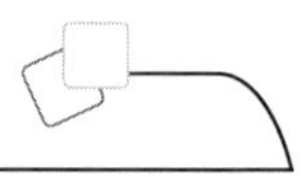

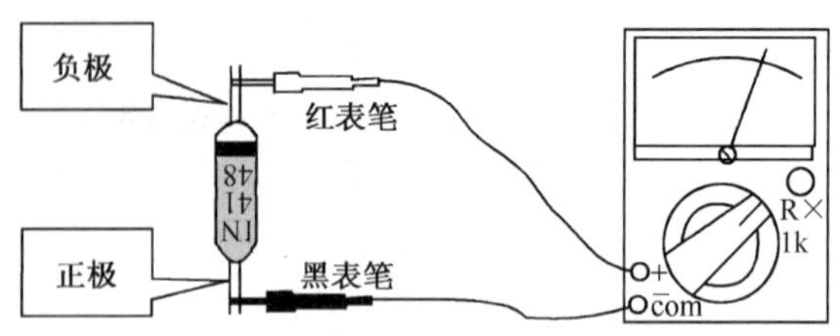

图 1-23　用万用表测二极管正/负极示意图

测试二极管的好坏：测试前先把万用表的转换开关拨到欧姆挡的“R×1k”挡位或“R×100”挡位（注意不要使用 R×1 挡，以免电流过大烧坏二极管），然后，再将红、黑两根表笔短路，进行欧姆调零。

（1）正向特性测试

把万用表的黑表笔（表内电池正极）搭接二极管的正极，红表笔（表内电池负极）搭接二极管的负极。若表针不摆到 0 值而是停在标度盘的中间，这时的阻值就是二极管的正向电阻，一般正向电阻越小越好。若正向电阻为 0 值，说明管芯短路损坏；若正向电阻接近无穷大值，说明管芯断路。短路和断路的管子都不能使用。

（2）反向特性测试

把万用表的红表笔搭接二极管的正极，黑表笔搭接二极管的负极，若表针指在无穷大值或接近无穷大值，管子就是合格的。

若某二极管正反向电阻均为无穷大，说明该二极管内部开路损坏；若正反向电阻均为 0 值，说明该二极管已被击穿短路；如果正反向电阻相差不大，说明该二极管质量性能已变差，不宜使用。

由于锗二极管和硅二极管的正向管压降不同，因此可以用测量二极管正向电阻的方法来区分。若正向电阻为 1～5kΩ，则为硅二极管；如果正向电阻小于 1kΩ，则为锗二极管。

在电路中，二极管一般容易发生短路现象。

2. 检测二极管

对下列几种二极管进行检测后，请把数据记录到表 1-4 中。在这些实训材料中，2AP9 为普通锗二极管，过去常用于收音机毫伏表中，起峰值检波作用；1N4001 是小功率整流二极管；1N4148 常在电子产品中用作开关管。

表 1-4　二极管的检测数据记录表

型号	封装形式	万用表挡位开关位置	PN 结正向电阻	PN 结反向电阻	好坏
2AP9					
1N4001					
1N4148					

3. 晶体管的识别与检测

晶体管按工作频率、开关速度、噪声电平、功率容量及其他性能分，有低频小功率、低频大功率、高频低噪声、微波低噪声、高频大功率、高频小功率、超高速开关、

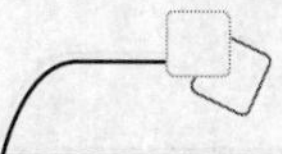

功率开关、高速功率开关等类型。部分晶体管外形如图 1-24 所示。

(a) 塑封管　　(b) 金属封装管　　(c) 片状管

图 1-24　各类晶体管实物外形

根据用途，晶体管在选用时要考虑以下几个方面：工作频率、集电极最大耗散功率、电流放大系数、反向击穿电压、稳定性和饱和压降等。这些因素有互相制约的关系。

晶体管的简单检测：用万用表测小功率管时，一般选用“R×1k”挡；测大功率管时，可选用“R×10”挡。

首先判别管型找出基极。以黑表笔为准，红表笔分别接另外两个引脚，如果测得两个阻值均较小时，则该管为 NPN，黑表笔所接为基极；如果两次阻值较大时，则该管为 PNP，黑表笔所接仍是基极。

基极确定后，第二步找集电极。假设一脚为集电极，是 NPN 管，将黑表笔接 c，红表笔接 e，然后用手捏住基极和集电极，观察指针偏转情况，再将两表笔交换，重复上述过程，偏转角大的一次黑表笔所接为集电极，如图 1-25 所示。如果是 PNP 管，只需将红表笔接假设的集电极，其余过程和 NPN 管的测试相同。

例如，对于 NPN 管，左手拇指与食指将基极和某引脚捏在一起，右手用黑表笔碰接该引脚，但注意不要碰基极；红表笔接除基极以外的另一引脚，这时表针应向右摆幅较大，如图 1-26 所示。

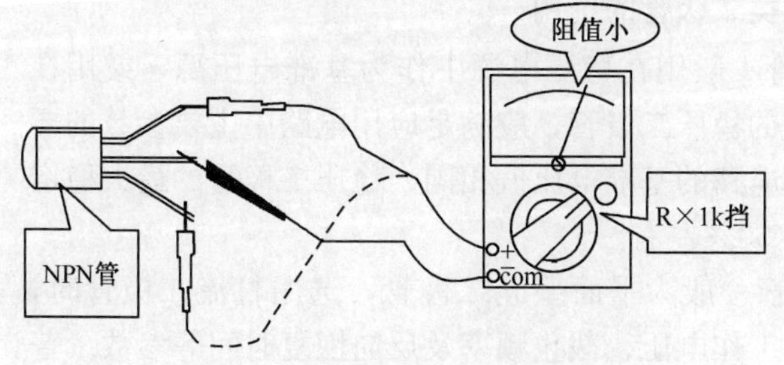

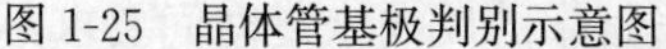

图 1-25　晶体管基极判别示意图

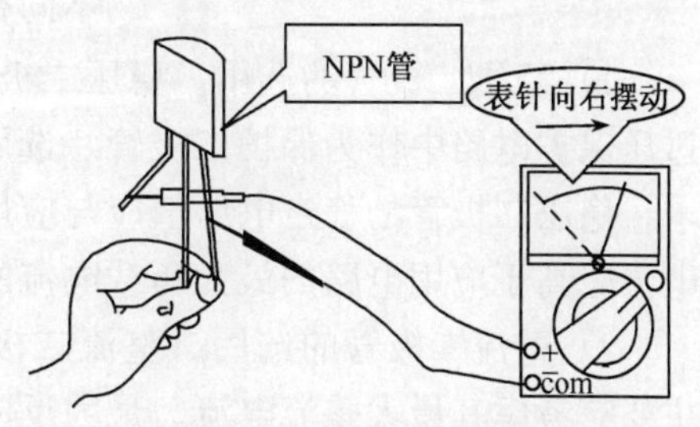

图 1-26　晶体管集电极、发射极判别示意图

4. 晶体管的检测

对以下几种晶体管进行检测后，填写表 1-5。

表 1-5　晶体管检测数据记录表

晶体管型号	封装形式	万用表挡位开关位置	管型	引脚排列顺序(画图)
3AX31				
3DG201				

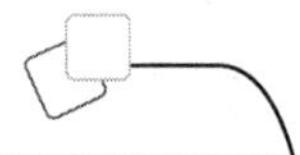

续表

晶体管型号	封装形式	万用表挡位开关位置	管型	引脚排列顺序(画图)
2SC1815				
2SA1015				
9013				

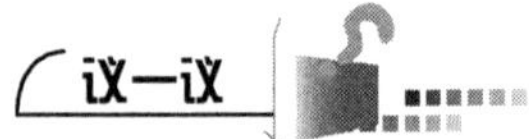

1）有人在测试二极管正反向电阻时，为使万用表表笔与引脚接触良好，用两只手紧握引脚与表笔金属接合处，结果发现正反向电阻均变小，就以此推断该二极管是不合格的。请问这种方法对吗？正确的方法如何？

2）针对二极管质量进行判别，请将检测结果正确填入表 1-6 中。

表 1-6　判别二极管质量的记录表

PN 结正向电阻	PN 结反向电阻	二极管好坏
较小	较大	
		短路损坏
∞	∞	
正、反向电阻比较接近		

不同种类二极管的选用

1）稳压二极管的选用。稳压二极管一般用在稳压电源中作为基准电压源，或用在过压保护电路中作为保护二极管。选用的稳压二极管，应满足应用电路中主要参数的要求。稳压二极管的稳定电压值应与应用电路的基准电压值相同，稳压二极管的最大稳定电流应高于应用电路的最大负载电流的 50%左右。

2）整流二极管的选用。整流二极管一般为平面型硅二极管，选用整流二极管时，主要应考虑其最大整流电流、最大反向工作电压、截止频率及反向恢复时间等参数。普通串联稳压电源电路中使用的整流二极管，对截止频率的反向恢复时间要求不高，只要选择最大整流电流和最大反向工作电压符合电路要求的整流二极管即可。例如，1N 系列、2CZ 系列、RLR 系列等。

开关稳压电源的整流电路及脉冲整流电路中使用的整流二极管，应选用工作频率较高、反向恢复时间较短的整流二极管（例如，RU 系列、EU 系列、V 系列、1SR 系列等），或选择快恢复二极管。

3）检波二极管的选用。检波二极管一般可选用点接触型锗二极管，例如，2AP 系列等。选用时，应根据电路的具体要求来选择工作频率高、反向电流小、正向电流足够大的检波二极管。

4）开关二极管的选用。开关二极管主要应用于电视机等家用电器及电子设备的开关电路、检波电路、高频脉冲整流等电路中。中速开关电路和检波电路可以选用 2AK 系列普通开关二极管。高速开关电路可以选用 RLS 系列、1SS 系列、1N 系列、2CK 系列的高速开关二极管。要根据应用电路的主要参数（例如，正向电流、最高反向电压、反向恢复时间等）来选择开关二极管的具体型号。

5）变容二极管的选用。选用变容二极管时，应着重考虑其工作频率、最高反向工作电压、最大正向电流和零偏压结电容等参数是否符合应用电路的要求，应选用结电容变化大、高 *Q* 值、反向漏电流小的变容二极管。

场效应晶体管

与双极性晶体管一样，单极性晶体管即场效应晶体管（field effect transistor，FET）是另一种半导体器件，也具有放大作用。它有输入电阻高、温度稳定性好、工艺简单便于集成等特点。它在现代集成电路中得到了非常广泛的应用。场效应晶体管按结构不同分为结型场效应晶体管（JFET，有 N 沟道和 P 沟道之分）和绝缘栅型场效应晶体管（IGFET，主要指 MOSFET，也有 N 沟道和 P 沟道之分）。按特性（工作方式）不同可分为耗尽型场效应晶体管（有 JFET 和 MOSFET）和增强型场效应晶体管（只有 MOSFET）。目前应用较多的绝缘栅型场效应晶体管是金属半导体场效应晶体管（简称 MOS 管）。场效应晶体管在实际应用中常简称为场效应管。

1. JFET 的结构和工作原理

N-JFET 和 P-JFET 管的内部结构和电路符号如图 1-27 所示。电路符号中箭头指向从 P→N。下面以 N-JFET 为例来说明其工作原理。

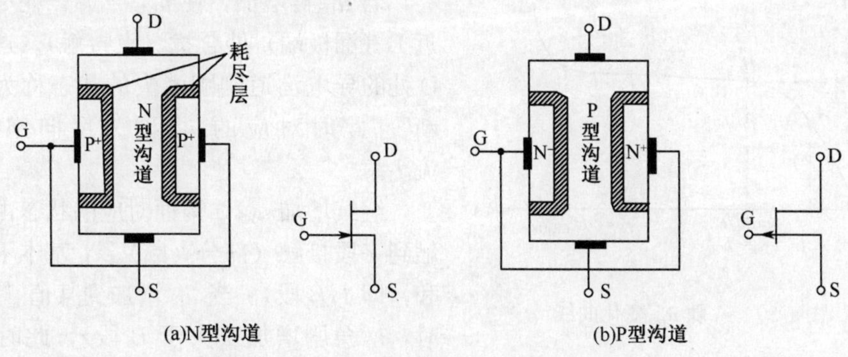

图 1-27　结型场效晶体管内部结构和电路符号

N-JFET 的 3 个极分别为源极（S 极）、漏极（D 极）和栅极（G 极），类似于 BJT 的 e 极、b 极和 c 极。导电沟道为 N 沟道。由于结型场效应晶体管的漏极、源极之间是对称的，因此漏极和源极可交换使用。

利用外加电压（u_{GS}、u_{DS}）改变导电沟道宽度，从而控制漏极电流 i_D 的大小，即利用半导体内电场效应，通过改变耗尽层宽度来改变导电沟道的宽窄，从而控制 i_D 的大小。

（1）u_{GS}的控制作用（$u_{DS}=0$）

对于 N 型沟道，u_{GS}应为负电压，即 P^+N 应处反偏状态。u_{GS}改变沟道的宽度，如图 1-28 所示。当 u_{GS}绝对值增加时，耗尽层宽度增宽，导电沟道变窄。当 $u_{GS}=U_P$ 时，沟道被耗尽层夹断，导电沟道不存在，这种现象称为“全夹断”。U_P 称为夹断电压，即沟道刚处于全夹断时的 u_{GS}值。上述 u_{GS}对 i_D 的影响或控制作用如图 1-28 所示。

（2）u_{DS}的控制作用（$u_{GS}=0$）

由于沟道电位由 D 到 S 逐渐减小，所以导电沟道为不等宽的非均匀沟道。D 处耗尽层最宽，导电沟道最窄；而 S 处耗尽层最窄，导电沟道也最宽，如图 1-29 所示。沟道内电子在 u_{DS}的作用下，形成 i_D（从 D 到 S）。

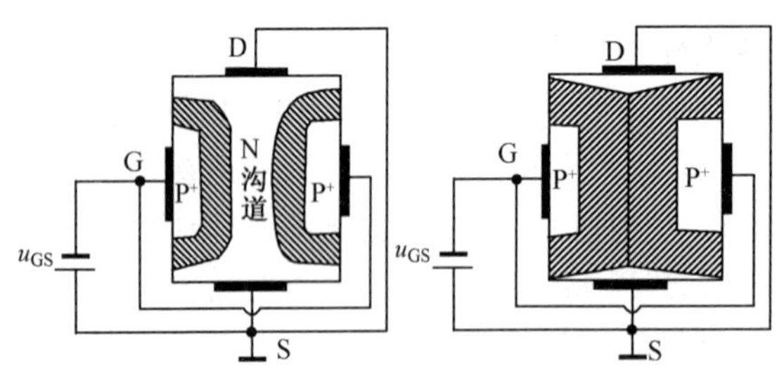

图 1-28　u_{GS}对 i_D 的影响或控制作用示意图

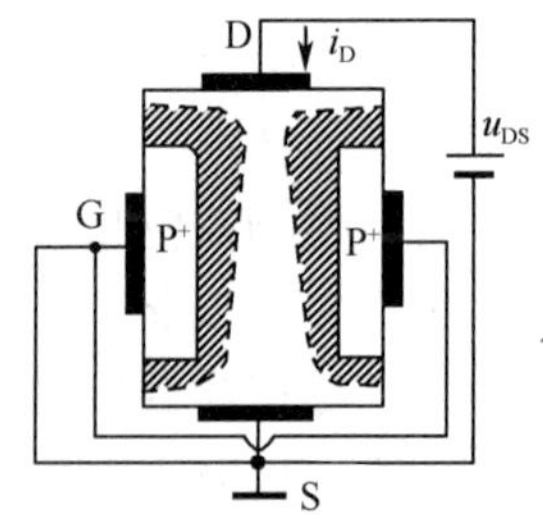

图 1-29　u_{DS}的控制作用示意图

u_{DS}对 i_D 的控制变化曲线如图 1-30 所示。当 u_{DS}较小时，i_D 随 u_{DS}近似成正比例增加（OA 段）；随着 u_{DS}的增加，耗尽层加宽，沟道变窄，使 i_D 随 u_{DS}增加的速度变缓（非线性，即 AH 段）。

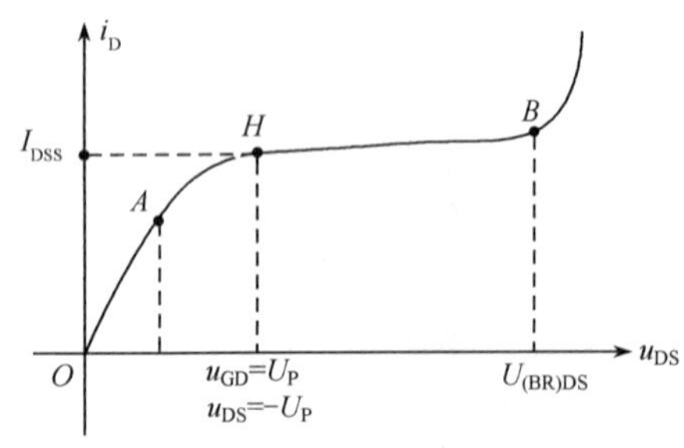

图 1-30　i_D 随 u_{DS}变化曲线

若 u_{DS}再增加，使 $u_{GD}=U_P$，耗尽层在靠近 D（漏极端）处合拢（点接触）。这种靠近 D 处的导电沟道刚刚消失的状态称为“预夹断”。此时对应的 i_D 称为反向饱和漏电流 I_{DSS}。

继续增加 u_{DS}，沟通对应的状态由一点接触到一段接触（部分夹断）。i_D 基本不变（饱和，即 HB 段）。当 u_{DS}增加到某值［$U_{(BR)DS}$］时，i_D 急剧增加（大于 B 段），此时漏源电压为 PN 结击穿电压，称为漏源击穿电压。

（3）N-JFET 特性曲线及参数

由于 N-JFET 工作时，栅源电压是反偏，栅源 PN 结之间电阻很大，栅极电流等于零，即没有输入电流，也就没有输入特性曲线。用漏极电流 i_D 和栅源之间的电压 u_{GS}来描述的关系曲线称为转移特性曲线。用漏极电流 i_D 和漏源之间的电压 u_{DS} 来描述的关系曲线称为输出特性曲线。

图 1-31 所示为一场效应晶体管输出特性曲线。图中输出特性区域有 3 个区，分别为可变电阻区、恒流区和夹断区。在可变电阻区对应预夹断以前的状态，此时场效应晶体管等效为一个受 u_{GS} 控制的电阻 R_{DS}。恒流区（线性放大区，根据转移特性，此时 $U_P<u_{GS}<0$）对应预夹断后部分夹断状态，此时漏源之间等效为一个受 u_{GS} 控制的电流源。由输出特性曲线可对应作出转移特性曲线，转移特性曲线这里不作描述。

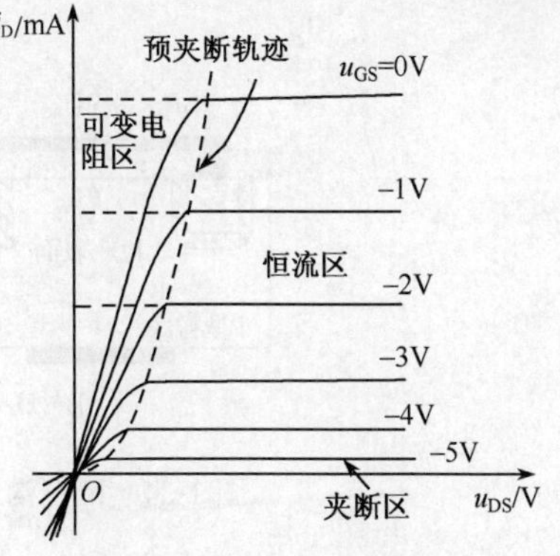

图 1-31　场效应晶体管输出特性曲线

2. N 型沟道 MOSFET

MOSFET 分为 N 型沟道和 P 型沟道。两种沟道均有耗尽型和增强型之分。耗尽型是指在 $u_{GS}=0$ 时，管子内部已存在导电沟道；增强型是指在 $u_{GS}=0$ 时，管子内部不存在导电沟道。4 种 MOSFET 电路符号如图 1-32 所示。

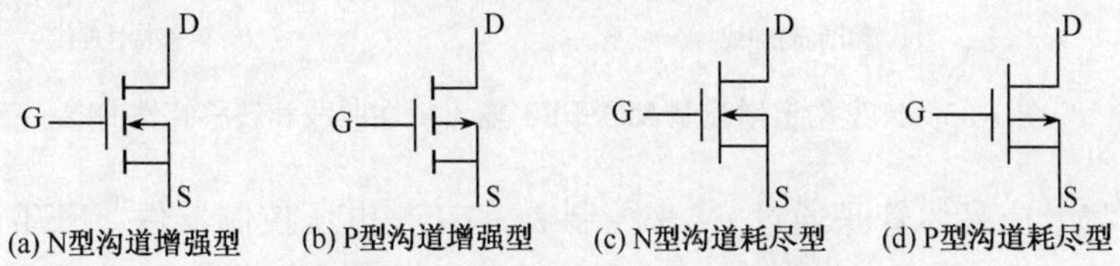

图 1-32　4 种 MOSFET 电路符号

也可以采用如图 1-33 所示的电路符号，图中 B 表示衬底，B 通常与源极 S 相连，以此区分源极和漏极。可以由导电沟道为虚线或实线来区分是增强型还是耗尽型。由箭头指向（P→N）来区分是 N 型沟道还是 P 型沟道。

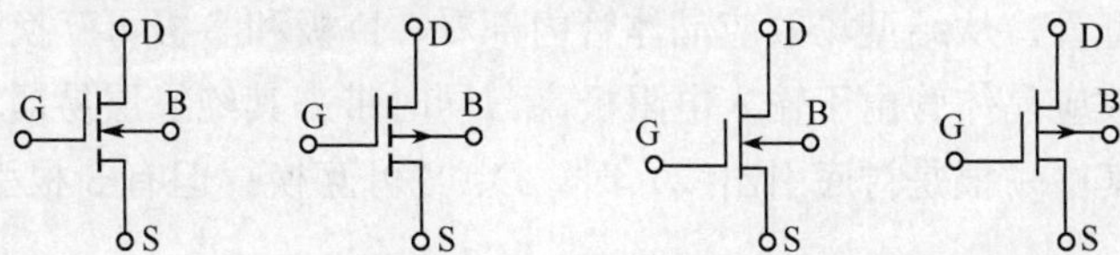

图 1-33　有衬底的 MOSFET 电路符号

N 型沟道增强型 MOSFET 的内部结构如图 1-34 所示。N 型沟道增强型 MOSFET 输出特性曲线和转移特性曲线如图 1-35 所示，增强型 MOSFET 输出特性曲线基本与 JFET 类似，只是随着 u_{DS}、u_{GD}的增大，出现第Ⅳ区域，即表明场效应晶体管进入了击穿区。由转移特性曲线可看出，此时 u_{GS}为正电压，且要大于开启电压，若在漏极 D 和源极 S 上加正电压 u_{DS}才有漏极电流 i_D。

N 型沟道耗尽型 MOSFET 的特点和原理这里不再分析和说明。

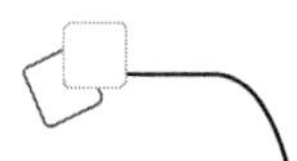

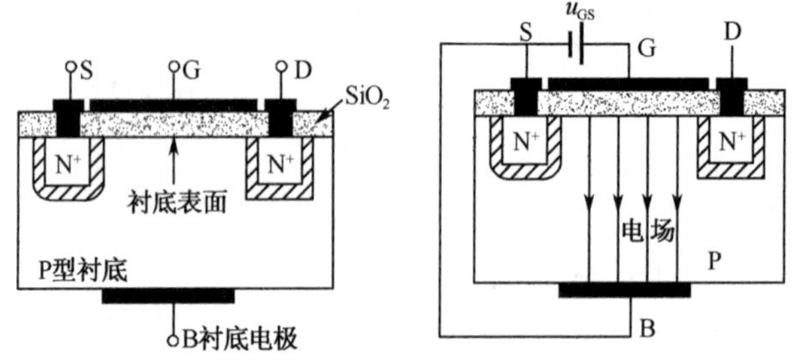

图 1-34　N 型沟道增强型 MOSFET 的内部结构示意图

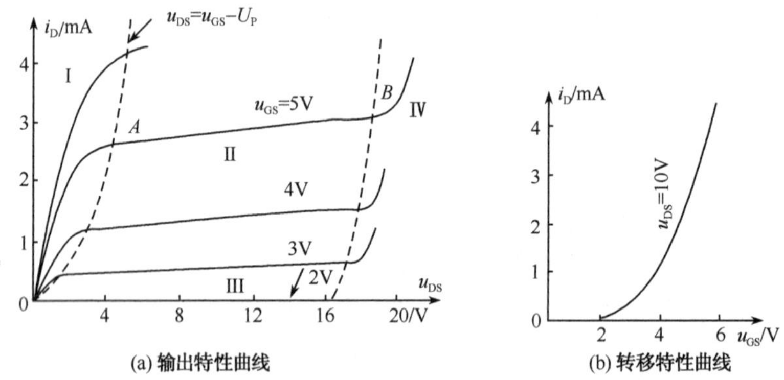

图 1-35　N 型沟道增强型 MOSFET 输出特性曲线和转移特性曲线

总之，场效应晶体管是通过 u_{GS} 来控制 i_D 的，是电压控制器件。FET 输出特性区域一般可分为 3 个区：可变电阻区、恒流区和夹断区（或称截止区），分别对应的管子状态为未夹断状态、部分夹断状态和全夹断状态。在放大电路中，场效应晶体管应工作在恒流区，即放大区。

要使 JFET 处于放大状态，G、S 间的 PN 结为反向偏置；且 u_{GS}、u_{DS} 极性必须相反。当 $u_{GS}=0$ 时就存在原始沟道，外加 u_{DS} 后，形成 i_D。从工作方式来说，结型场效应晶体管属于耗尽型管。从结型场效应晶体管内部看，D 极和 S 极可互换使用。

绝缘栅型场效应晶体管由于输入电阻极高，同时带来其绝缘层易损坏的弱点。当其有 4 根引出线（其中一根是衬底引出线）时，D、S 可互换；但有 3 根引出线时，D、S 不能互换。

场效应晶体管的主要参数分直流参数、交流参数、极限参数。在直流参数中，耗尽型有夹断电压和饱和漏电流，增强型有开启电压。交流参数有跨导和输出电阻。极限参数包括漏极最大耗散功率、漏源击穿电压和栅源击穿电压。

场效应晶体管的识别与检测

场效应晶体管又分为结型场效应晶体管、金属-氧化物-半导体场效应晶体管及肖特基势垒场效应晶体管，习惯上又称为单极晶体管。

场效应晶体管实物外形如图 1-36 所示。图 1-37 为各类场效应晶体管引脚排列示意图。

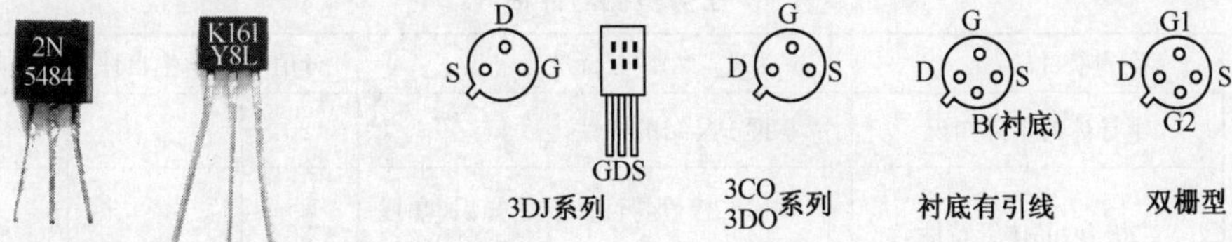

图1-36　场效应晶体管实物外形　　图 1-37　各类场效应晶体管引脚排列示意图

检测 JFET 时，可以用判定晶体管的基极的类似方法来判定栅极，方法如图 1-38 所示。先用黑表笔接触假定为栅极 G 的引脚，然后用红表笔分别接触另两个引脚。若阻值均比较小（数千欧），再将红、黑表笔交换测量一次，若阻值均为无穷大，说明都是反向电阻（PN 结反向），该管属 N 型沟道管，且黑表笔接触的引脚为栅极 G，并说明原先的假定是正确的。一般 JFET 的源极与漏极的制造工艺是对称的，这两个极可以互换使用。所以，当栅极确定以后，源极与漏极没有必要去判别（当然也无法用判定集电极和发射极的方法来判别）。

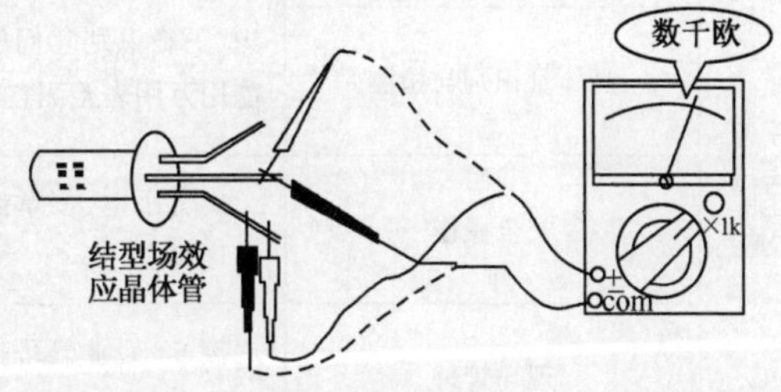

图 1-38　结型场效应晶体管栅极判别示意图

估测 JFET 的放大能力时，万用表置于“R×100”挡，如图 1-39 所示。两表笔分别接漏极 D 和源极 S，然后用手捏住栅极 G（注入人体感应电压），表针应向左或右摆动。表针摆动幅度越大，说明场效应晶体管放大能力越大。如果表针不动，说明该管已坏。

上述方法对 MOSFET 也适用，但由于 MOSFET 的输入电阻很高，栅极允许的感应电压不应过高，故不能直接用手去捏栅极，而必须手握螺钉旋具的绝缘柄，如图 1-40 所示，用金属杆去碰触栅极，以防人体上的感应电荷直接加到栅极上，引起 MOS 管的栅极击穿。

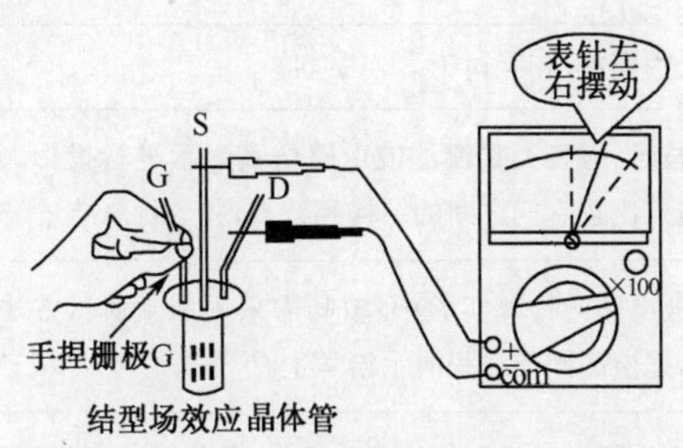

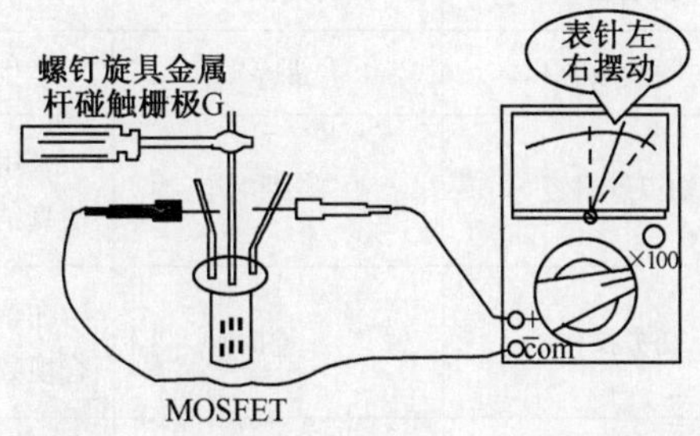

图 1-39　JFET 放大能力的判别示意图　　图 1-40　MOSFET 放大能力的判别示意图

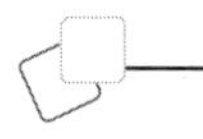

任务检测与评估

检测项目		评分标准	分值	学生自评	教师评估
任务知识内容	半导体的基础知识	掌握PN结的特性	20		
	二极管、晶体管特性	掌握二极管特性及应用知识，掌握晶体管电流放大原理	30		
任务操作技能	二极管识别与检测	能通过观察二极管、晶体管型号标识，正确识别它们的极性和特性，并能用万用表检测它们的好坏	20		
	晶体管识别与检测		20		
	安全操作	安全用电、按章操作，遵守实训室管理制度	5		
	现场管理	按6S企业管理体系要求，进行现场管理	5		

任务二　整流滤波电路的应用

- 掌握单相半波整流电路、单相全波整流电路、桥式全波整流电路、电容滤波电路、电感滤波电路的结构，能对原理进行简单的分析；
- 熟悉倍压整流原理和应用电路。

任务教学方式

教学步骤	时间安排	教学手段及方式
阅读教材	课余	学生自学、查资料、相互讨论
知识点讲授	10课时	采用仿真技术，对各类整流滤波电路仿真过程进行投影，通过仿真结果，重点比较它们之间的结构和特点，并进行总结
任务操作	4课时	在整流滤波电路的检测实验中，教师需采用课堂演示方法，结合视频投影，把检测操作过程演示给学生看
评估检测	与课堂教学同步进行	教师与学生共同完成任务的检测与评估，并能对出现的问题进行分析与处理

知识 1　整流电路之一——单相半波整流电路

为讨论方便，在以下分析中，除特别说明外，一般认为负载 R_L 是纯电阻，整流二极管是理想二极管，即其正向电阻为零，反向电阻为无穷大，管压降可忽略不计，同时不考虑变压器的损耗。

单相半波整流电路也称为半波整流电路，如图 1-41（a）所示，图 1-41（b）为其输出电压波形。

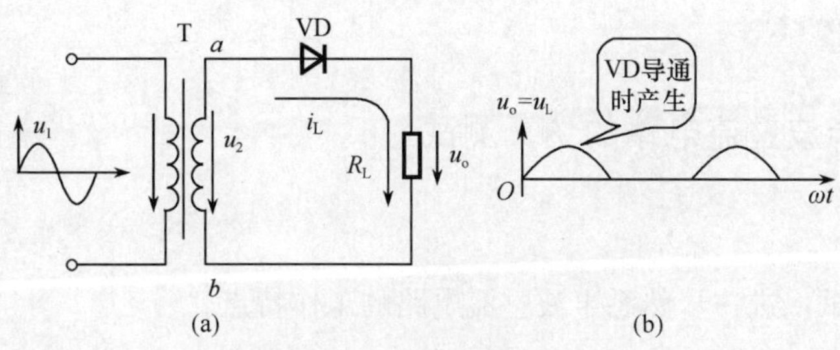

图 1-41　单相半波整流电路

电压极性如图 1-41（a）所示，在变压器次级电压 u_2 为正半周（$a \to b$）时，整流二极管 VD 正向偏置而导通，电流经二极管流向负载 R_L；而在次级电压 u_2 为负半周时，二极管 VD 反向偏置而截止，电流基本上等于零，所以，在负载电阻 R_L 两端得到的电压极性是单向的。因为这种电路只有在交流电压半个周期内才有电流流过负载，即负载上得到一个单向的半波脉冲电流，故称半波整流电路。

根据整流电路的输出直流电压（即输出电压平均值）的定义，经计算 U_o 为

$$U_o = U_L = \frac{\sqrt{2}U_2}{\pi} \approx 0.45U_2$$（U_2 为变压器次级绕组电压有效值）

负载电流平均值为

$$I_v = I_L = \frac{0.45U_2}{R_L}$$

从半波整流电路结构可看出，流过二极管的电流任何时候都等于流过负载的电流。

半波整流时，二极管实际承受的反向电压的最大值出现在二极管截止时，等于变压器次级电压的最大值，即 $U_{vfm} = \sqrt{2}U_2$。

I_v 和 U_{vfm} 两个参数是选择整流二极管的主要依据，若考虑到电网电压波动等因素，要选择的二极管的整流电流和反向耐压值，应分别比上述两式所得数据稍大一些，以留有一定余量。

例 1-2　已知某单相半波整流电路的负载 $R_L = 25\Omega$，若要求输出电压 $U_L = 110\text{V}$，应选何种型号的整流二极管？

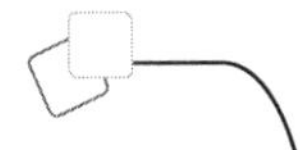

解：由式 $U_L=0.45U_2$ 可得

$$U_2=U_L/0.45=110/0.45\approx 244.4\text{V}$$
$$I_v=U_L/R_L=110/25\text{A}=4.4\text{A}$$
$$U_{vfm}=\sqrt{2}U_2=\sqrt{2}\times 244.4\text{V}\approx 345.6\text{V}$$

根据以上数据，查阅二极管工作手册，可选择最大整流电流为 5A，最高反向工作电压为 400V 的整流二极管 2CZ57F。

半波整流电路的优点是结构简单、使用的元器件少，但输出直流电压低、脉冲成分大，变压器有半个周期不导电，利用率低。因此，半波整流电路只能在输出电流较小、要求不高的地方使用。

实训 1　单相半波整流电路的仿真测试

仿真目的

通过仿真测试，进一步熟悉半波整流电路的工作特点。

仿真步骤及操作

1. 半波整流电路的创建

打开 EWB（Multisim 14.0）仿真软件，进入 Multisim 14.0 工作界面，创建和连接半波整流电路，如图 1-42 所示。整流二极管 VD_1 选用 1N4001，电阻器 R_1 阻值选为 1kΩ，交流信号源选择输出峰值为 311V，频率为 50Hz 的正弦波，变压器选用非线性 NLT_PQ 4_10（变压比为 10∶1）。

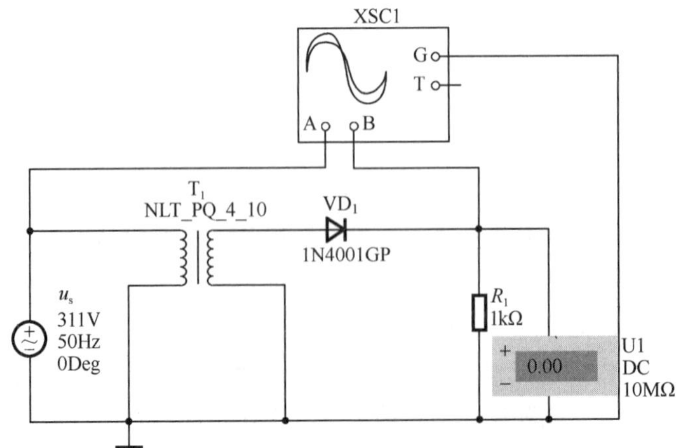

图 1-42　半波整流仿真电路

2. 半波整流电路的仿真测试

按快捷键 F5，或单击仿真开关或，或单击仿真按钮（下同），双击示波器，打开示波器面板，将各项参数调整到合适的位置，这样即出现如图 1-43 所示的测试结果。直流电压表测整流后输出电压。

示波器面板显示的波形图中，下波形为加在变压器初级绕组的正弦波波形，上波形为经半波整流后输出的脉冲直流电。

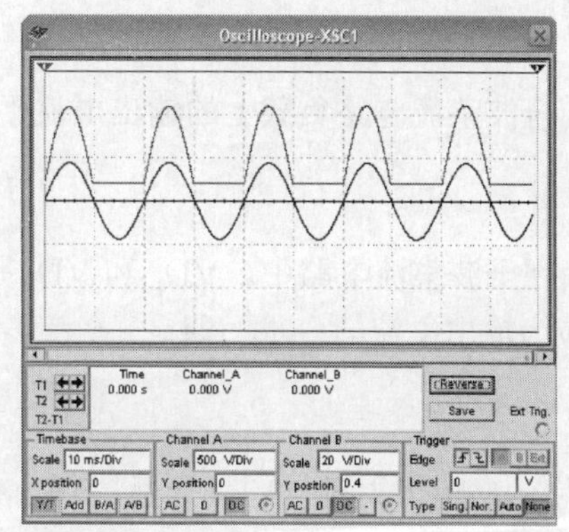

图 1-43　半波整流电路输入与输出波形比对

仿真结果及分析

1）根据示波器显示波形，画出该脉冲直流电；读直流电压表示值，并记录该数据。

2）若把两波形比对，不难看出，经半波整流后，正弦波形变为单一方向的脉冲直流电，整流二极管在正弦波的正半周才会导通，输出只有正峰值的脉冲信号，两脉冲间隙较大（有半个周期的间隙）。

3）将图 1-42 中的二极管反接，看电压表 U1 和示波器的波形如何显示变化。

知识 2　整流电路之二——单相全波整流电路

单相全波整流电路是利用具有中心抽头的变压器和两个整流二极管 VD_1、VD_2 配合，使 VD_1、VD_2 在正半周和负半周内轮流导电，且二者流过负载 R_L 的电流保持同一方向，在负载上得到两个单向半波脉冲电流，故称单相全波整流，也简称为全波整流电路。

变压器的两个次级绕组电压大小相等，同名端如图 1-44 所示。

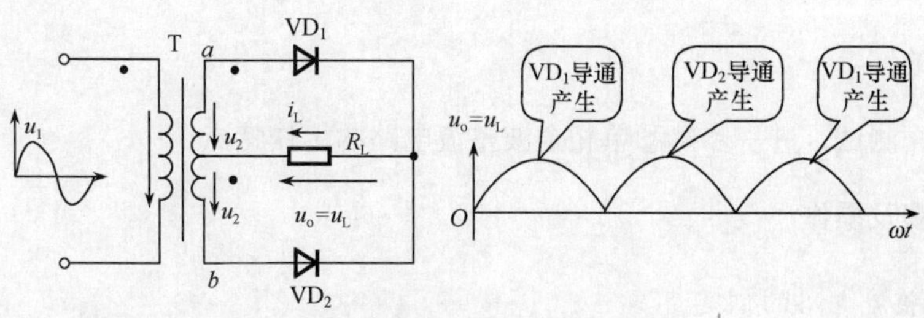

图 1-44　全波整流电路及输出波形

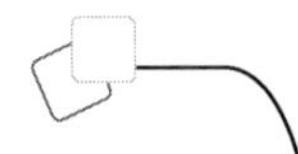

当 u_2 为正半周（即极性为上正下负）时，VD_1 正向偏置而导通，VD_2 承受反向偏压而截止，有电流流过负载 R_L，在负载上得到的输出电压极性为上正下负；当 u_2 为负半周时，此时 VD_1 截止、VD_2 导通，电流 i_L 流过负载 R_L 时产生的电压极性与正半周相同，因此在负载上得到一个单向的脉冲电压。

由于全波整流输出波形的面积是半波整流时的 2 倍，所以一个周期内输出电压平均值为

$$U_o = U_L = 0.9U_2$$

全波整流电路负载上的输出电流平均值为

$$I_L = 0.9\frac{U_2}{R_L}$$

在全波整流电路中，VD_1 和 VD_2 是轮流导通的，所以每个整流二极管的整流电流 I_v 应为输出电流的一半，即

$$I_v = \frac{1}{2}I_L = 0.45\frac{U_2}{R_L}$$

在 u_2 正半周时，VD_1 导通、VD_2 截止，此时变压器的两个次级绕组电压全部加到二极管 VD_2 两端，因此二极管承受的反向峰值电压是 $\sqrt{2}U_2$ 的 2 倍，即

$$U_{vfm} = 2\sqrt{2}U_2$$

因此，在相同变压器次级电压下，全波整流电路对二极管的耐压值比半波整流电路要求要高。

全波整流电路是在半波整流电路的基础上改进的，对负载来说，全波整流电路能得到较高的电压，且脉冲系数要小。

想一想

1）全波整流电路与半波整流电路相比，在结构上有何区别？
2）若全波整流电路中某个二极管接反，试分析对电路输出有何影响。

实训 2　单相全波整流电路的仿真测试

仿真目的

通过仿真测试，进一步熟悉单相全波整流电路的工作特点。

仿真步骤及操作

1. 全波整流电路的创建

打开 Multisim 14.0 仿真软件，创建和连接全波整流电路，如图 1-45 所示。整流二极管 VD_1 选用 1N4004，电阻器 R_1 阻值选为 1kΩ，交流信号源选择输出峰值为 311V、

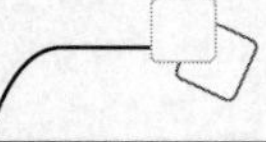

频率为 50Hz 正弦波，变压器选用非线性 TS_PQ 4_10（变压比为 10∶1）。

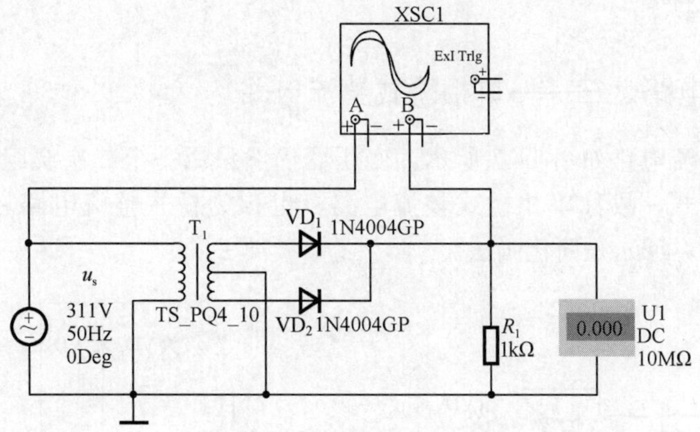

图 1-45　全波整流仿真电路

2. 全波整流电路的仿真测试

按快捷键 F5 或仿真按钮，双击示波器，打开示波器面板，将各项参数调整到合适的位置，这样即出现如图 1-46 所示的测试结果。用直流电压表 U1 测整流后的输出电压。

在示波器面板显示的波形图中，下面的波形为变压器一次绕组端所输入的正弦波波形，上面的波形为经全波整流后输出的脉冲直流电压波形。

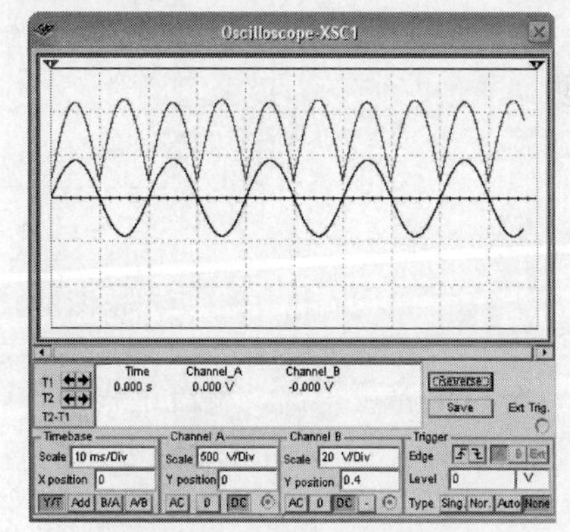

图 1-46　全波整流电路输入与输出波形比对

仿真结果及分析

1）依据示波器显示波形，画出此时的脉冲直流电波形；读直流电压表示值，并记录数据。

2）若将图 1-46 中两波形比对，不难看出，经全波整流后，正弦波形也变为单一方向的脉冲直流电。但与半波整流后的效果相比，此时两整流二极管在正弦波的正、负半周交替导通所输出的脉冲波形相对比较密集，脉冲绵延连续。而直流电压表的示值表明，通过增加一组相同匝数的二次绕组（在半波整流所用变压器的基础上）以及一个二极管，全波整流的输出电压（直流）为半波整流输出电压的 2 倍。

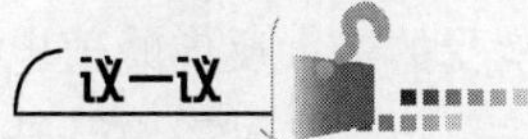

在图 1-45 所示的仿真电路中，整流二极管若采用 1N4001 型号，仿真是否能进行？为什么不能进行？

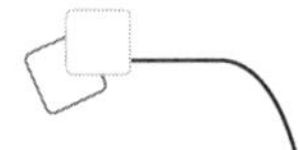

知识 3　整流电路之三——单相桥式整流电路

单相桥式整流电路如图 1-47 所示，变压器仍然只用一个二次绕组，由 4 个整流二极管接成电桥形式，故称单相桥式整流电路，也称为桥式整流电路。图 1-47（a）～（c）是常用画法，（d）是简化画法。

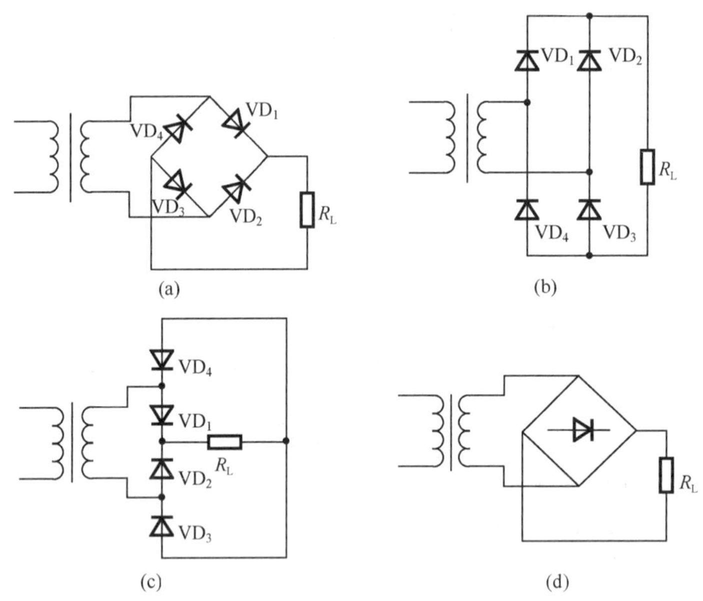

图 1-47　单相桥式整流电路

分析电路可得出，整流过程中，4 个二极管两两轮流导通，因此正负半周内都有电流流过负载 R_L，从而使输出电压的直流成分提高，脉冲系数降低。在 u_2 的正半周内，VD_1、VD_3 导电，VD_2、VD_4 截止，此时形成的电流方向如图 1-48（a）所示；在 u_2 的负半周时，VD_2、VD_4 导通，VD_1、VD_3 截止，此时形成的电流方向如图 1-48（b）所示。不难看出，图中的负载上的电流方向总是单一的。

桥式整流电路的输出直流平均电压和负载平均电流与全波整流电路相同，即

$$U_O = U_L = 0.9U_2$$

$$I_O = I_L = 0.9U_2/R_L$$

图 1-48（c）说明，负载的直流电流是由二极管 VD_1、VD_3 和 VD_2、VD_4 轮流提供的，因此二极管的整流电流应是负载直流电流的一半，但二极管承受的最大反向峰值电压与全波整流时不同，如正半周时，VD_1、VD_3 导通，VD_2、VD_4 截止，此时二极管整流电流是输出平均电流的一半，反向峰值电压等于$\sqrt{2}U_2$。

$$I_v = \frac{1}{2}I_L = 0.45U_2/R_L$$

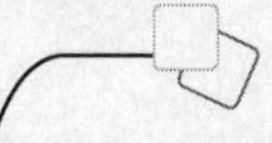

$$U_{\mathrm{vfm}}=\sqrt{2}U_2$$

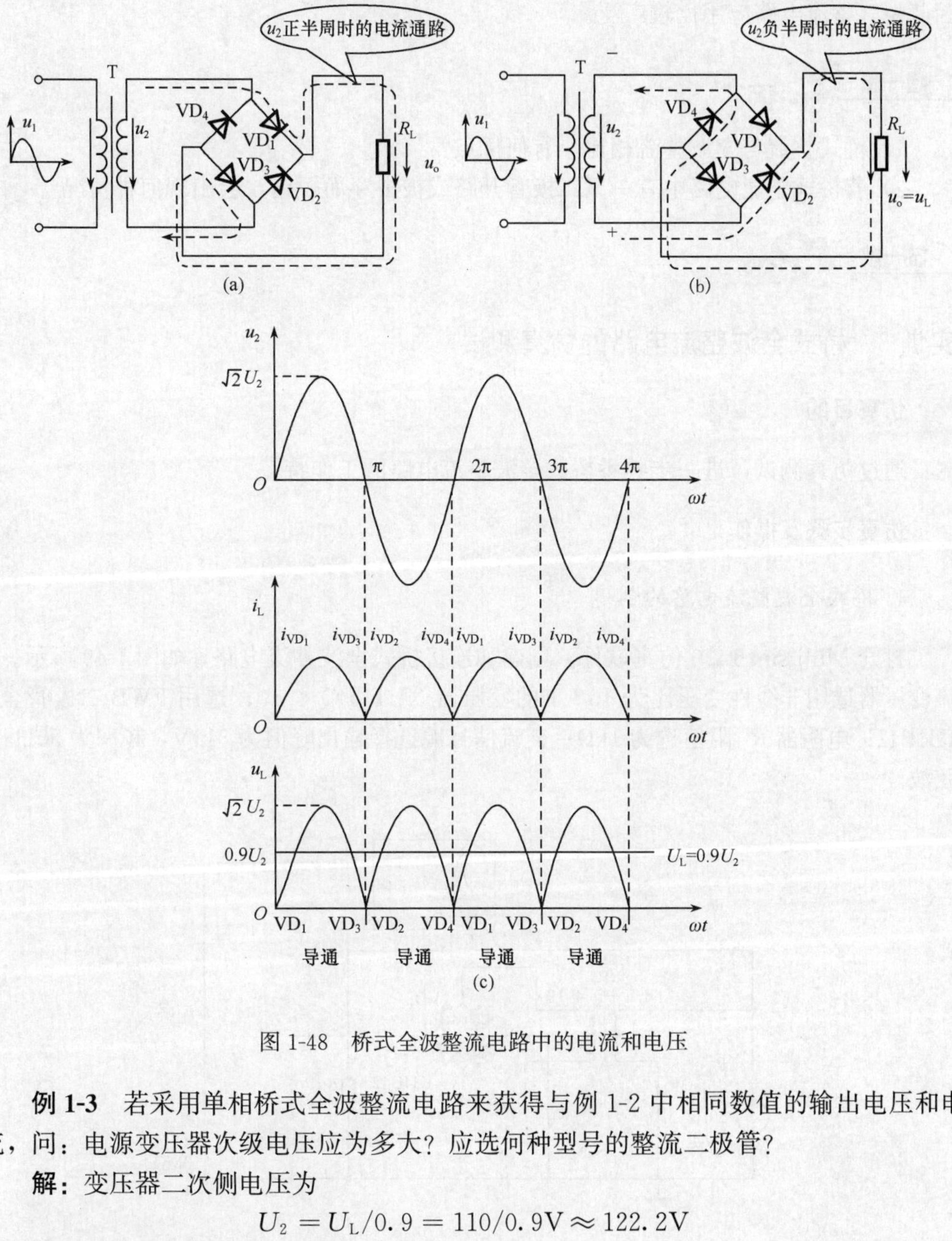

图 1-48　桥式全波整流电路中的电流和电压

例 1-3　若采用单相桥式全波整流电路来获得与例 1-2 中相同数值的输出电压和电流，问：电源变压器次级电压应为多大？应选何种型号的整流二极管？

解：变压器二次侧电压为

$$U_2=U_{\mathrm{L}}/0.9=110/0.9\mathrm{V}\approx 122.2\mathrm{V}$$

二极管整流电流和反向耐压为

$$I_{\mathrm{v}}=I_{\mathrm{L}}/2=4.4/2\mathrm{A}=2.2\mathrm{A}$$

$$U_{\mathrm{vfm}}=\sqrt{2}U_2\approx 172.8\mathrm{V}$$

根据以上数据，查阅二极管工作手册，可选择最大整流电流为 3A、最高反向工作电压为 200V 的整流二极管 2CZ56D。

当电源变压器二次侧电压 u_2 相同时，桥式整流电路和全波整流电路输出直流电压

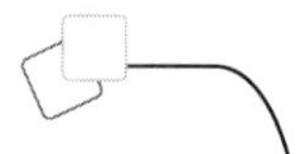

相同，但由于桥式整流电路中每个整流管所承受的反向峰值电压比全波整流电路要低，因此桥式整流电路应用比较广泛。

1）桥式整流与全波整流相比，有何优点？

2）若桥式整流电路中有一只二极管开路或被击穿而短路，会出现何种情况？

做一做

实训 3 桥式全波整流电路的仿真测试

仿真目的

通过仿真测试，进一步熟悉桥式全波整流电路的工作特点。

仿真步骤及操作

1．桥式全波整流电路的创建

打开 Multisim 14.0 仿真软件，创建和连接桥式全波整流电路，如图 1-49 所示。交流变压器选用非线性变压比为 10∶1 的变压器 NLT_PQ 4_10；选用 FWB 二极管全桥 1B4B42；电阻器 R_1 阻值选为 1kΩ；交流信号源选择输出峰值为 311V，频率为 50Hz 正弦波。

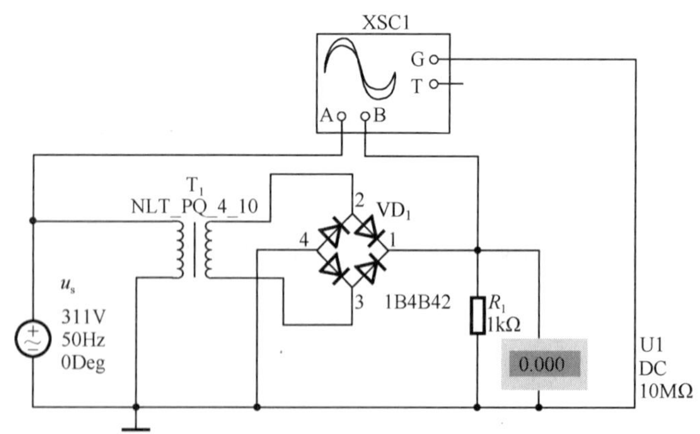

图 1-49 桥式全波整流仿真电路

2．桥式全波整流电路的仿真测试

按快捷键 F5 或仿真按钮，双击示波器，打开示波器面板，将各项参数调整到合适的位置，这样即出现如图 1-50 所示的测试结果。

仿真结果及分析

1）根据示波器显示波形，画出此时的脉冲直流电；读直流电压表示值，并记录数据。

2）桥式全波整流电路的输出波形与全波整流输出波形相比，所输出的脉冲波形也是绵延连续的，即两种电路在整流效果上是一致的，只是两种电路的结构有所不同：桥式用 4 个二极管，而全波用 2 个二极管；全波用二次侧绕组为三抽头的变压器，而桥式只要用两抽头变压器，即延用半波整流时所用变压器，可以达到同样使输出电压增长 1 倍的功效。

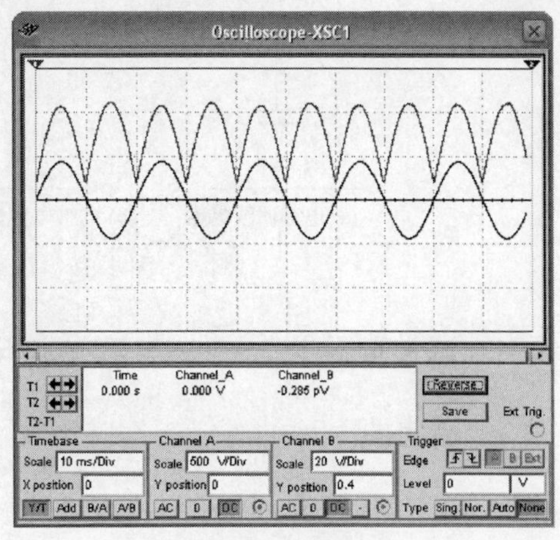

图 1-50　桥式全波整流电路输入与输出波形比对

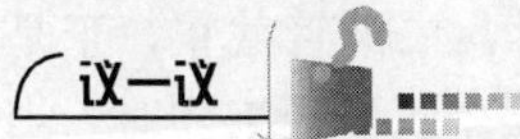

为什么正弦交流电通过桥式整流后变成了脉冲的直流电？该脉冲直流电是否与全波整流电路的仿真测试电路输出波形一致？

整流电路输出的脉冲直流电中仍含有较多的交流成分，通常要采取滤波电路，一方面尽量滤去输出电压中脉冲成分，降低电路的脉冲纹波系数；另一方面又要尽量保留其中的直流成分，使输出直流电压更平稳。

滤波电路一般由电抗元件构成，或在负载两端并接电容器，或与负载串接电感线圈，或由电容器和电感器组合成复合滤波电路。

从能量的观点角度看，电容器和电感器之所以成为滤波元件，是因为它们都是储能元件。利用储能元件电容器两端的电压（或通过电感器中的电流）不能突变的特性，滤掉整流电路输出电压中的交流成分，保留其直流成分，达到平滑输出电压波形的目的。

利用整流二极管导通时储存一部分能量，当二极管截止时再逐渐释放出来，从而使负载上得到较为平滑的电压，这些均可用电容器的充放电现象和电感线圈的自感电动势总是阻碍线圈中电流变化的原理来解释。

从阻抗的角度看，电容器和电感器对于交、直流成分反映出来的阻抗不同。电容器具有对交流电的阻抗小、对直流电阻抗大的特性，而电感线圈具有“通直阻交”的特性。

总之，要起到滤波作用，必须要把滤波电容器与负载并联，电感线圈与负载串联。几种常用滤波电路如图 1-51 所示。

下面将介绍几种常用的滤波电路。

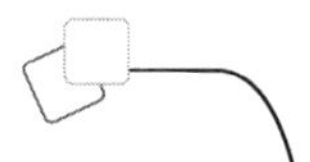

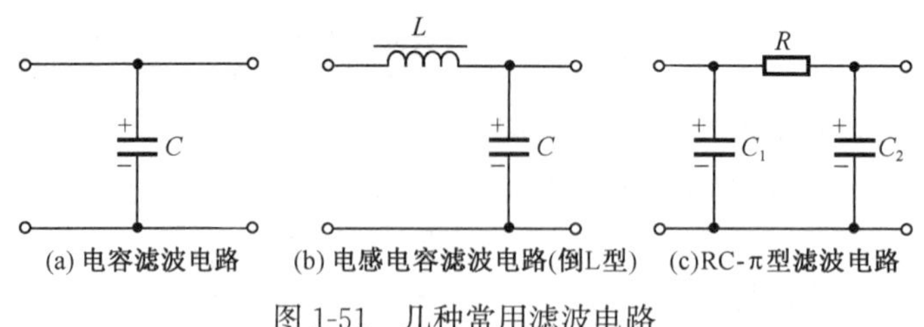

图 1-51　几种常用滤波电路

知识 4　滤波电路之一——电容滤波电路

1. 滤波过程

图 1-52（a）所示为半波整流电容滤波电路。当电路接通电源，u_2 的正半周由零逐渐增大时，二极管 VD 导通，流过 VD 的电流一部分流向负载 R_L，一部分流向电容器 C 充电储能，电容器端电压 u_C 的极性为上正下负。考虑到二极管正向内阻很小，变压器二次绕组电阻也很小，u_C 迅速（充电时间 t 很短）跟随 u_2 到达峰值，u_2 达到峰值后开始下降，而电压 u_C 也将由于放电而逐渐下降。当 $u_2 < u_C$ 时，二极管截止，于是 u_C 以一定的时间常数按指数规律下降，给负载 R_L 放电，直到下一个正半周来到时，当 $u_2 > u_C$，二极管又导通，输出电压如图 1-52（b）中实线所示。

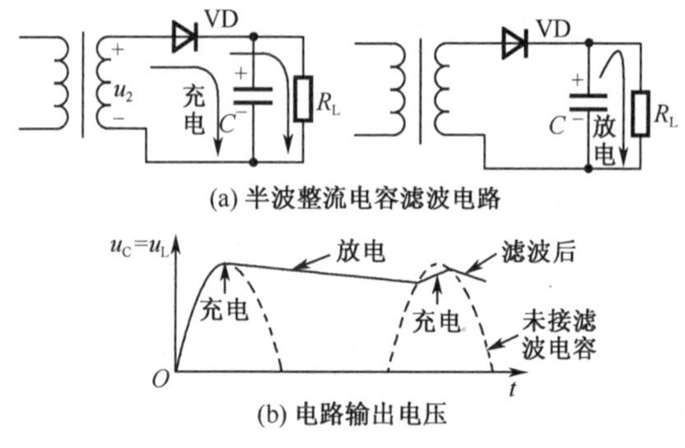

图 1-52　电容滤波电路滤波过程

桥式整流电容滤波电路滤波原理与半波整流电容滤波原理相同，其输出电压波形如图 1-53 所示。

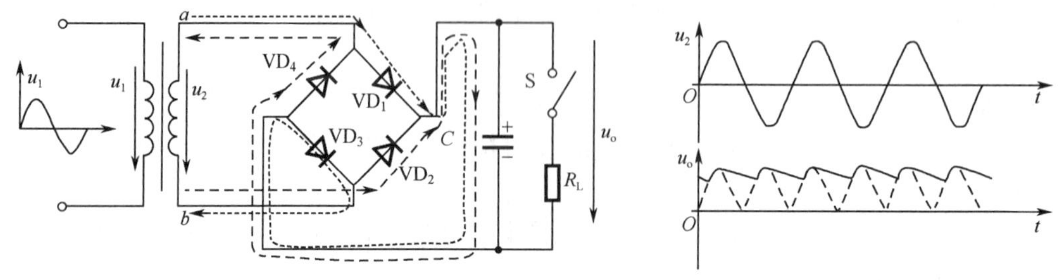

图 1-53　桥式整流电容滤波电路及其输出电压波形

2. 电容滤波特点

1）加入电容滤波之后，输出电压的直流成分提高了，脉冲成分降低了。

对半波整流来说，负载电压 U_L 近似为

$$U_L = U_O \approx U_2$$

对桥式全波整流来说，负载电压近似为

$$U_L = U_O \approx 1.2U_2$$

2）若电容器放电时间常数越大，放电过程越慢，则输出电压越高，同时脉冲成分也越少，即滤波效果越好。所以滤波电容器的容量应较大，且要求负载 R_L 也大，因此，电容滤波适用于负载电流较小且负载电流变化不大的场合。

电解电容器与负载并联时，要注意极性不能接反。为安全起见，电解电容器耐压值应大于$\sqrt{2}U_2$。

在实际电路中，选择滤波电容器时，应考虑 $R_L \times C \geqslant \frac{(3\sim5)\ T}{2}$，式中 T 为电网交流电压的周期。

3）电容滤波电路中整流二极管的导通时间缩短了。当二次电压从峰值下降时，一旦小于变化中的电容器端电压 u_C，二极管就截止，且电容器放电时间常数越大，二极管导通时间越短，电流对整流二极管冲击就越大。因此，必须选择最大整流电流较大的二极管。

电容滤波电路结构简单，但外特性（输出电压与输出电流之间的关系）较差，要求的电解电容器容量很大。为进一步减少脉冲成分，可在电容滤波的基础上再加一级 RC 滤波电路。图 1-54 所示为 RC-Π 型滤波电路。经 C_1 第一次滤波之后，再通过 R 和 C_2 的二次滤波，脉冲成分已很小。RC-Π 型滤波电路中，由于电阻器 R 上有直流压降，因此必须提高变压器二次绕组电压，这样整流二极管冲击电流自然较大，只适用于负载电流较小的场合。

若想提高滤波效果，同时避免电容器容量的增加，还可采用有源滤波电路。图 1-55所示为有源滤波电路。从负载 R_L 两端来看，晶体管 VT 的基极接了电容器 C_2 和电阻器 R，相当于把 C_2 的容量增大到（$1+\beta$）倍，这样滤波效果得到提高，而电容器容量无须很大。

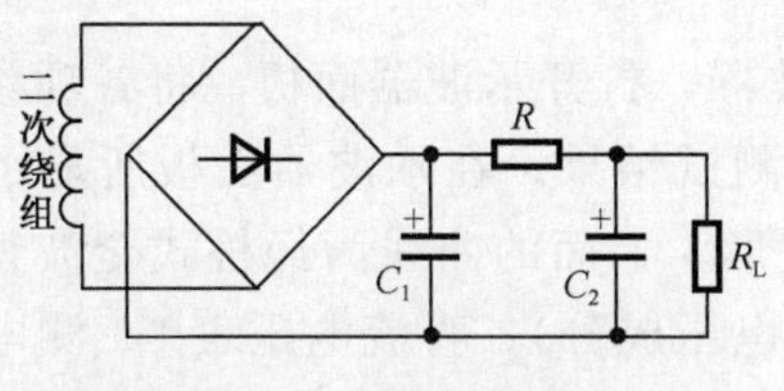

图 1-54　RC-Π 型滤波电路

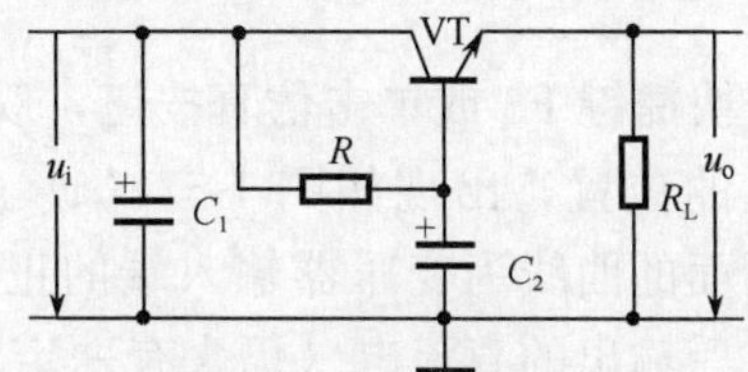

图 1-55　有源滤波电路

想一想

在电容滤波电路中，电容器为什么能起到滤波作用？它应如何与负载 R_L 连接（是串联还是并联）？

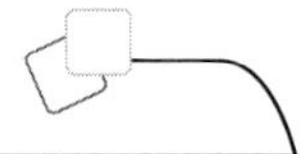

实训 4　电容滤波电路的仿真测试

仿真目的

通过仿真测试，进一步熟悉电容滤波电路的工作特点。

仿真步骤及操作

1. 创建电容滤波电路

在桥式整流电路原理图的基础上，增加一个有极性的电容器 C_1（注意电气连接时的极性），其容量取 100μF。电路连接如图 1-56 所示。

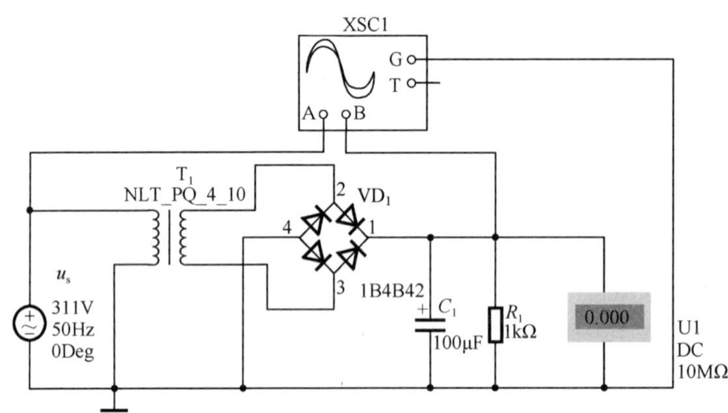

图 1-56　电容滤波仿真电路

2. 电容滤波电路的仿真测试

按快捷键 F5 或单击仿真按钮，双击示波器，打开示波器面板，将各项参数调整到合适的位置，出现如图 1-57（a）所示的测试结果。在示波器面板所显示的波形中，下面的曲线为变压器输入端的正弦波波形，上面的曲线为经桥式全波整流、电容滤波后输出的直流电（仍含有一定的脉冲电压成分）。直流电压表 U1 测电路输出电压。

仿真结果及分析

1）根据示波器显示波形，画出此时的电路输出波形；读取直流电压表的示值，并记录数据。

2）经电容滤波后，输出电压显得比没有并接输出电容器（在负载 R_L 两端）的平坦了很多，证明其脉冲成分明显减少了；且通过直流电压表所反映的该电路输出电压值也比没有电容滤波时的高很多。

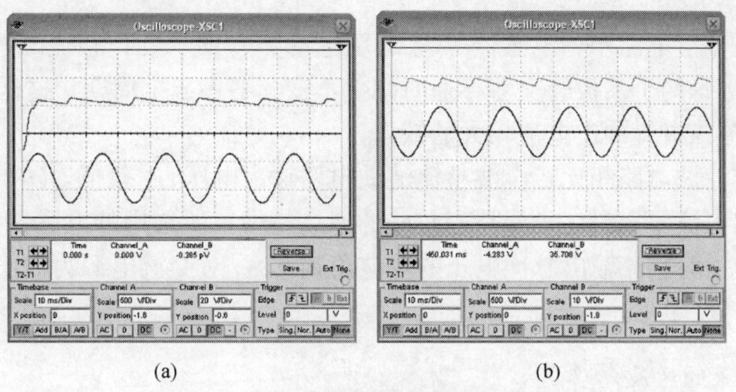

(a)　　(b)

图 1-57　电容滤波后的电路输出效果

1）试着去核算一下，图 1-56 仿真电路中直流电压表所示的电压值与图 1-49 电路中的直流电压表所示值之间存在着什么样的关系。

2）试着去分析一下，为什么输出信号经过几个周期的滤波后，用示波器观测到的输出波形的起始端和途中波形会变为如图 1-57（b）所示呢？

知识 5　滤波电路之二——电感滤波电路

电容滤波电路的缺点是带负载能力较差并有浪涌电流。若采用负载串联电感器的方法，能使负载电流波形变得较为平滑，对直流分量的影响也较小。电感滤波电路如图 1-58 所示。

1. 工作原理

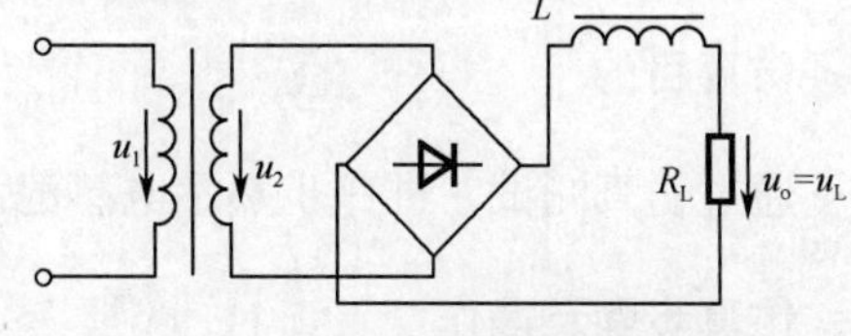

图 1-58　电感滤波电路

根据楞次定律，当通过电感线圈的电流发生变化时，在线圈中将产生感应电动势以阻止电流的变化趋势。当流向负载的脉冲电流随 u_2 上升而增大时，线圈上感生电动势就阻碍其上升，同时把一部分电能变成磁能而储存起来；当电流随 u_2 下降而减小时，线圈上的自感电动势又阻碍其减小，同时电感把储存的磁能转换成电能释放出来，补偿负载电流。于是负载输出电流的脉冲成分减小，负载电压比较平稳。

2. 电感滤波电路的特点

1）在滤波过程中，很大一部分交流分量降落在电感器上，降低了负载电压的脉动成分，且电感量 L 越大，R_L 就越小（满足 $\omega L \gg R_L$），滤波效果越好，因此电感滤波适用于负载电流较大的场合。但电感量增大后不仅会使滤波器体积变大、重量增大，而且会使电路损耗增大。

2）在全波整流电路中，电感器 L 上的反电动势有助于延长整流二极管导通时间，但 4 个二极管中每两个二极管交替导通时间仍不变，各占半个周期，这样克服了电容滤波电路中对整流二极管冲击电流较大的缺点。

3）与电容滤波电路相比，全波整流滤波电路输出电压 U_L 较低，$U_O = U_L = 0.9U_2$。

4）当输出电流给定时，为保持有较好的滤波特性，所选用的电感器电感量 L 应满足 $L > R_L/3\omega$（ω 为整流输出脉冲电压的基波角频率）。对交流电源为 50Hz 的全波整流电路来说，$L \geqslant R_L/942$。

3. 其他形式的滤波电路

可采用多级滤波的方法来改善滤波特性，如前面所述的 RC-Π 型滤波电路，还有 L-C 型滤波电路——在电感滤波后面再接一电容滤波，以及 LC-Π 型滤波电路——在电容滤波后面再接 L-C 型滤波电路，如图 1-59 所示。

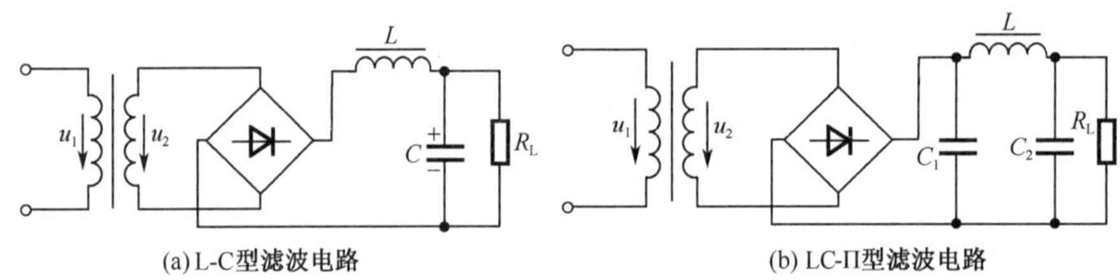

图 1-59　组合滤波电路

实训 5　电感滤波电路的仿真测试

仿真目的

通过仿真测试，进一步熟悉电感滤波电路的工作特点。

仿真步骤及操作

1. 创建电感滤波电路

打开 Multisim 14.0 仿真软件，在桥式整流电路仿真原理图基础上，增加一电感线圈，电感量为 10mH。电路连接如图 1-60所示。

2. 电感滤波电路的仿真测试

按快捷键 F5 或单击仿真按钮，双击示波器，打开示波器面板，各项参数调整到合

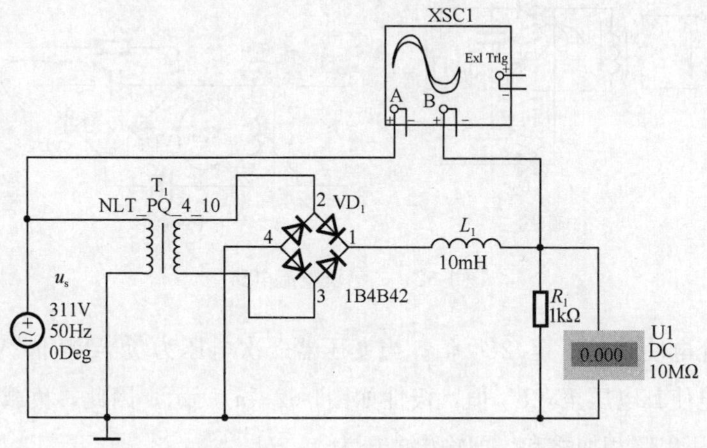

图 1-60　电感滤波仿真电路

适的位置，这样出现如图 1-61 所示的测试结果。在示波器面板中显示的波形图中，下面的波形为变压器输入端的正弦波波形，上面的波形为经桥式全波整流、电感滤波后输出的直流电。用直流电压表 U1 观测输出电压值。

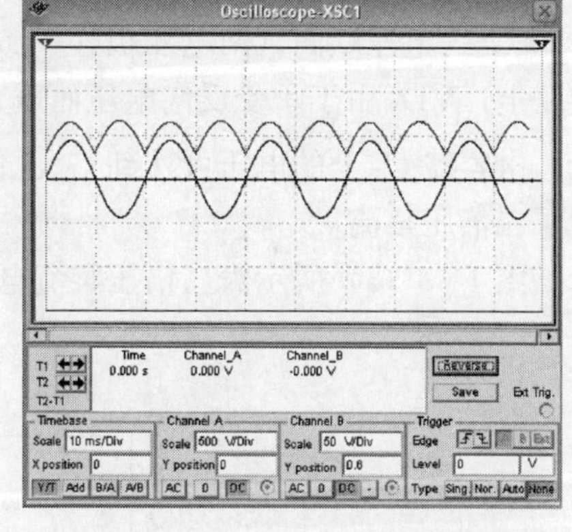

图 1-61　电感滤波后电路输出效果

仿真结果及分析

1）根据示波器显示波形，画出此时的电路输出直流电波形（仍含有一定的脉冲电压成分）；读直流电压的表示值，并记录数据。

2）经电感滤波后，输出电压波形显得比没有串接电感的电路（图 1-49）输出波形平坦了很多。

倍压整流电路

1. 倍压整流电路原理

利用倍压整流，能在一定的变压器二次电压条件下，获得比全波或桥式整流电路高出许多倍的输出电压。实现倍压整流的方法，是利用二极管的整流和导引作用，将较低的直流电压分别存在多个电容器上，然后将它们按照相同的极性串接起来，从而得到较高的输出直流电压。

图 1-62 所示为常见二倍压整流电路，其中 VD_1、VD_2 为整流二极管，C_1、C_2 为储能电容器，R_L 为负载电阻器。

分析图 1-62（a），当变压器二次电压为正半周时，二极管 VD_1 导通，理想情况下，

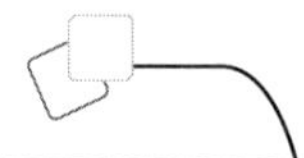

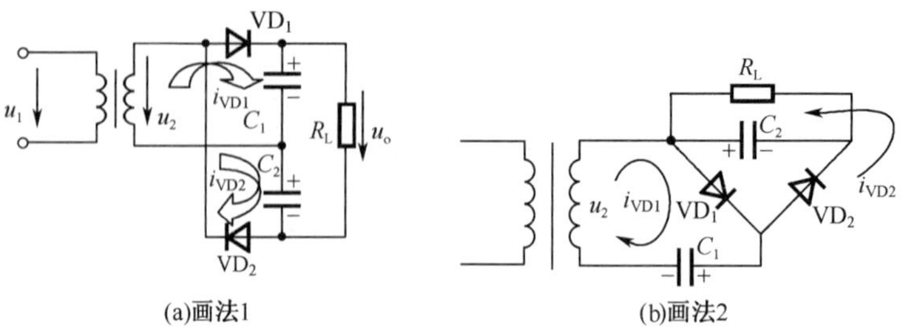

图 1-62　二倍压整流电路

将电容器 C_1 充电使其电压至$\sqrt{2}U_2$ 值；当变压器二次电压为负半周时，VD_2 导通，将电容器 C_2 充电使其电压至$\sqrt{2}U_2$ 值，极性如图1-62（a)所示。因此，负载 R_L 的电压是两个电容器电压串联相加之和，即输出电压为 $2\sqrt{2}U_2$。

分析图 1-62（b)，当变压器二次电压为正半周，二极管 VD_1 导通，理想情况下，将电容器 C_1 充电使其电压至$\sqrt{2}U_2$ 值；当变压器二次电压为负半周时，次级绕组上电压与 C_1 上的电压顺向（两电压极性一致)，串联后加到 VD_1 管及 VD_2 管与 C_2 相串联的支路上，VD_1 由于承受反向电压而截止，VD_2 正向导通，其电流方向如图 1-62（b）所示，电容器 C_2 上的电压可达到 C_1 上的电压与二次负向峰值之和，即 $2\sqrt{2}U_2$，从而实现了二倍压整流。

图 1-63（a）所示为三倍压整流电路，图 1-63（b）所示为多倍压整流电路。

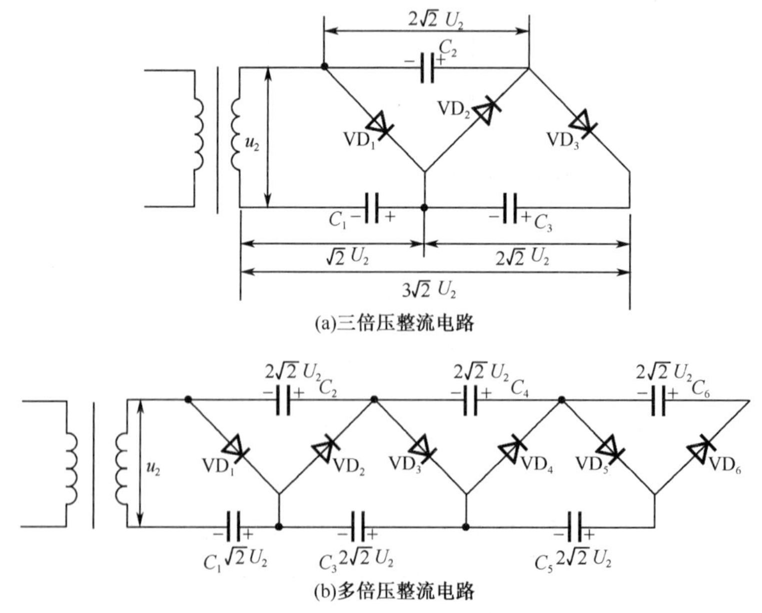

图 1-63　倍压整流电路

分析图 1-63（b)，当 u_2 为正半周时，u_2 通过 VD_1 将电容器 C_1 充电使其电压至

$\sqrt{2}U_2$；在 u_2 负半周时，VD_2 导通，次级绕组上的电压与 C_1 上的电压极性一致，串联后，共同将电容器 C_2 充电使其电压至 $2\sqrt{2}U_2$。到另一个正半周时，通过 VD_3 向 C_3 充电，$U_{C3}=U_2+U_{C2}-U_{C1}\approx 2\sqrt{2}U_2$。同样原理，可分析出 C_5、C_6 等也都充电后电压至 $2\sqrt{2}U_2$。注意，以上数据都是经过许多周期后建立的，因为每次向 C_2 或 C_3 充电时，C_1 或 C_2 都要损失电荷，需在下一个半周补充。

以此类推，只要把负载接到有关电容器组两端，就可得到相应的多倍压直流输出。

倍压整流电路只适用于要求负载电流较小、输出电压较高的场合。因为负载电阻器 R_L 越小时，负载电流越大，电容器放电过程就越快，因而输出直流电压下降就越快，且脉冲成分较多，不利于输出电压稳定。

2. 倍压电路的应用

倍压整流电路多用于电流较小而电压较高的场合，如市售电子灭蚊器、电蚊拍及空气负离子发生器等。

市售电子灭蚊器的电路是用 220V 交流电压经五倍压整流后，输出约 1400V 直流电压，加在由许多等距离平行金属丝组成的电网上，电网下设有诱饵，苍蝇嗅到诱饵而飞来，着落时触及电网，使其两根相邻金属丝短路，电容器通过苍蝇身躯放电，将苍蝇打死。苍蝇尸体落下后，电容器又迅速充电，金属电网又恢复高压。

注意：人体不能触及金属电网。

下面以电蚊拍为例，介绍四倍压整流电路的应用（图 1-64）。

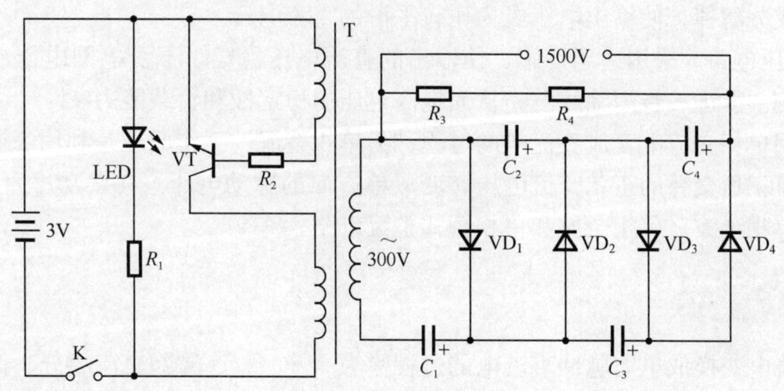

图 1-64　电蚊拍电路

电蚊拍的手柄上装有两节 5 号干电池，这 3V 直流电压经振荡管 VT、升压变压器 T 和电阻器 R_2 组成的高频振荡电路后，在变压器 T 的二次侧得到约 300V 的交流电压。然后由 C_1～C_4 和 VD_1～VD_4 组成的四倍压整流电路，使输出端得到的电压如下。

空载时：　$n\times\sqrt{2}U_2=4\times 1.414\times 300\text{V}\approx 1697\text{V}$

有载时：　$n\times 1.2U_2=4\times 1.2\times 300\text{V}=1440\text{V}$

此直流高压加到金属丝电网上，蚊虫一旦碰触，将被高压电击而死。

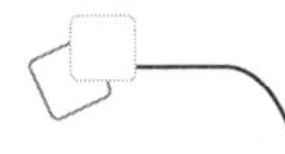

知识 6　小功率稳压电源的组成

小功率稳压电源的组成如图 1-65 所示。现将图中各个环节的作用分别说明如下。

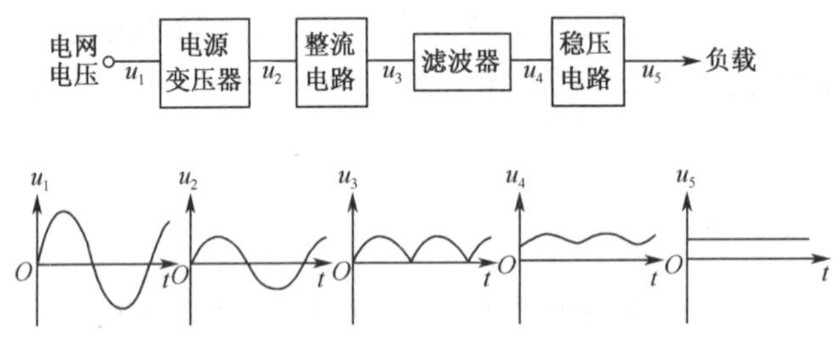

图 1-65　小功率稳压电源的组成

1）电源变压器。因各种电子设备所需的直流电压值各不相同，往往要将 220V 电网电压先经电源变压器变换成所需的交流电压幅值。

2）整流电路。利用具有单向导电性能的整流元器件（如二极管），将正负交替的正弦交流电压整流成为单向的脉冲直流。

3）滤波电路。利用电容器、电感器等元件的储能特性，尽可能地将单向脉冲电压中的纹波成分滤掉，使输出电压成为比较平滑的直流电压。

4）稳压电路。采用适当措施，使输出的直流电压稳定，不受电网电压或负载电流变动的影响。能进一步消除纹波，从而提高电压的稳定性和负载能力。

将电网单相交流电变成直流电的过程称为单相整流，工作原理是利用二极管的单向导电性，将正负交替的正弦交流电压转变成单方向的脉动电压。在小功率直流电源中，经常采用单相半波、单相全波和单相桥式整流电路。

想一想

将交流电变换成单向脉冲直流电的过程称为________；滤除交流成分、保留直流成分的过程称为________。

实训 6　整流滤波电路的检测

实训目的

进一步熟悉整流滤波电路结构；学会使用万用表检测整流滤波电路。

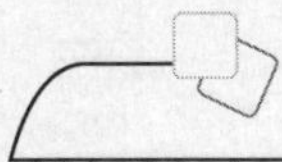

实训所需器材

电子电路实验板 1 块、二极管（1N4004 型）4 个、电解电容器（100μF/25V）1 只，变压器（双 6V/5W）1 只、万用表（MF47 型）1 块。

实训内容与步骤

在电子电路实验板（俗称“面包板”）上搭建半波整流电容滤波、全波整流电容滤波、桥式整流电容滤波电路，如图 1-66～图 1-68 所示。用万用表的直流电压挡测各电路输出电压，并把所测数据填入表 1-7 中。

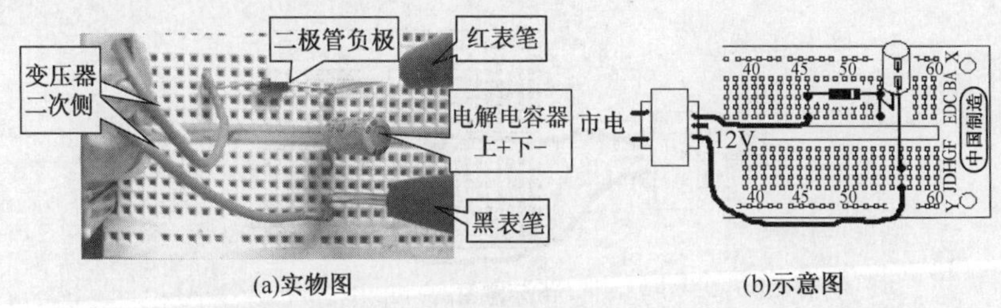

(a)实物图　　(b)示意图

图 1-66　半波整流电容滤波电路检测图

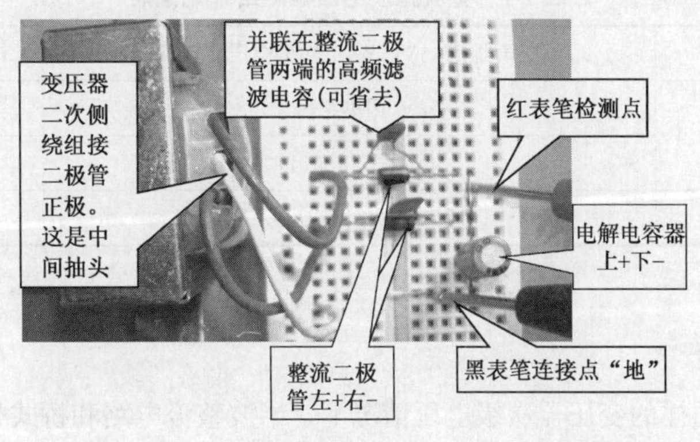

(a)实物图

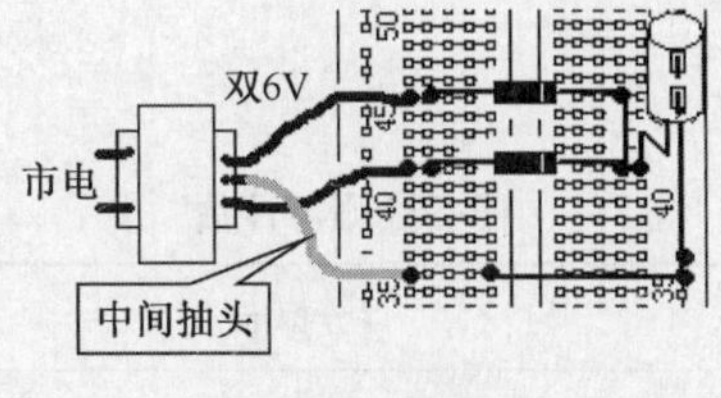

(b)示意图

图 1-67　全波整流电容滤波电路检测图

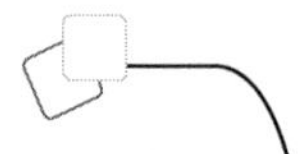

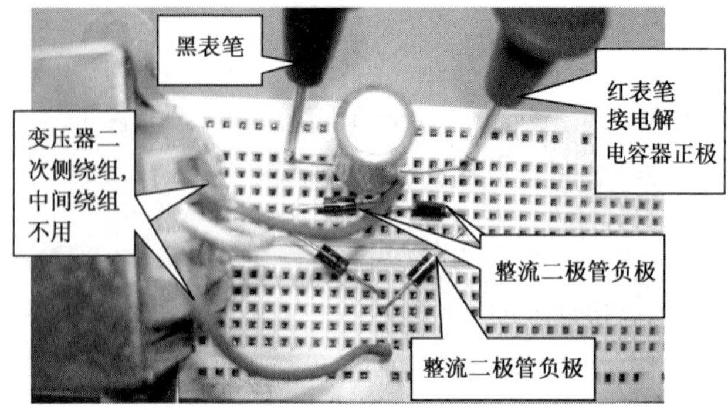

(a)实物图

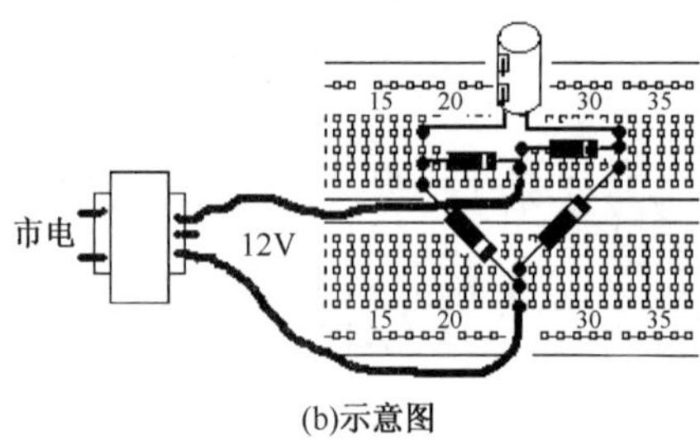

(b)示意图

图 1-68　桥式整流电容滤波电路检测图

表 1-7　整流滤波电路检测结果记录表

电路名称	变压器(双 6V/5W)二次侧电压有效值	滤波电容端电压/V
半波整流电容滤波	12V(用单组输出)	
全波整流电容滤波	6V(双组输出)	
桥式整流电容滤波	12V(单组输出)	

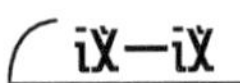

议一议

比一比，在同样的变压器次级电压情况下，半波整流电路和桥式整流电路输出电压有何不同？相差多少？

评一评

任务检测与评估

检测项目		评分标准	分值	学生自评	教师评估
任务知识内容	整流电路	掌握各类整流电路结构	30		
	滤波电路	理解各类滤波电路的特性	30		
	小功率直流稳压电路	理解小功率直流稳压的组成结构	5		

续表

检测项目		评分标准	分值	学生自评	教师评估
任务操作技能	半波整流电路	能熟练运用仿真软件建立与调试整流电路、滤波电路，能根据结果进行分析，并正确得出各整流、滤波电路的特点	5		
	全波整流电路		5		
	桥式整流电路		5		
	电容滤波电路		5		
	电感滤波电路		5		
	安全操作	安全用电、按章操作，遵守实训室管理制度	5		
	现场管理	按6S企业管理体系要求、进行现场管理	5		

任务三　比较放大电路的分析

- 掌握共射极基本放大器的组成、原理及性能特点，认识比较放大电路的起源。

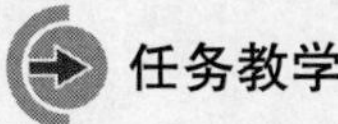

任务教学方式

教学步骤	时间安排	教学手段及方式
阅读教材	课余	学生自学、查资料、相互讨论
知识点讲授	6课时	结合与放大电路相关的多媒体课件，在“放大器的组成及其分析”的内容，重点讲授共射极基本放大电路
任务操作	2课时	结合仿真结果，对单管共射极放大电路与射随器性能特点进行比较
评估检测	与课堂教学同步进行	教师与学生共同完成任务的检测与评估，并能对出现的问题进行分析与处理

知识1　放大器的组成及其分析

所谓放大，是在保持信号不失真的前提下，使其由小变大、由弱变强。放大的本质是能量的控制作用；放大是针对变化量而言，即小能量控制大能量，放大的对象是变化量。

1. 共射极基本放大器结构和简单计算

基本放大器通常是指由一个晶体管构成的单级放大器。下面以最常用的共射极电路为例来说明放大器的一般组成原理。双电源共射极基本放大电路如图1-69所示。

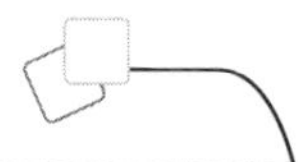

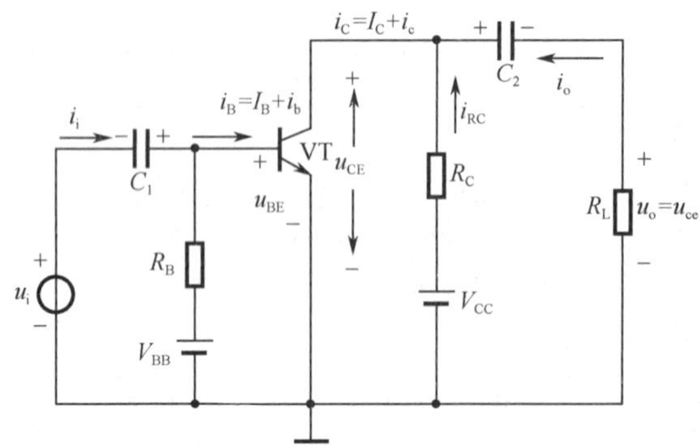

图 1-69 双电源共射极基本放大电路

而在实际电路中往往采用单电源。图 1-70 所示为单电源共射极基本放大电路及其简化画法。放大器件 VT 的集电极电流 $i_C=\beta i_B$，VT 工作在放大区，此时集电结反偏，发射结正偏。

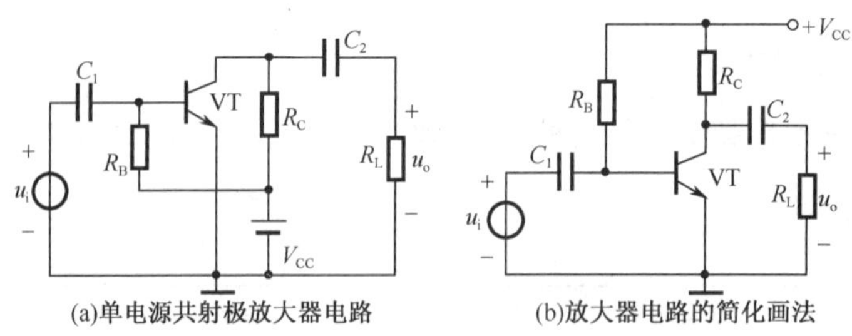

图 1-70 单电源共射极基本放大电路及其简化画法

电路中的元器件作用和放大电路的电压、电流符号规定如下。

（1）元器件作用

图 1-69 中的 VT：晶体管，起电流放大作用。

V_{CC}：直流供电电源，为电路提供工作电压和电流。

R_B：基极偏置电阻器，电源电压通过 R_B 向基极提供合适的偏置电流 I_B。

C_1：输入耦合电容器，耦合输入交流信号 u_i，并起隔离直流的作用。

C_2：输出耦合电容器，耦合输出交流信号 u_o，并起隔离直流的作用。

R_C：集电极负载电阻器，电源 V_{CC} 通过 R_C 为集电极供电；另一个作用是将放大的电流转换为放大的电压输出。

（2）放大电路的电压、电流符号规定

放大电路没有输入交流信号时，晶体管的各极电压和电流都为直流。当有交流信号输入时，电路的电压和电流是由直流成分和交流成分叠加而成的，为了便于区分不同的分量，通常有以下规定：

直流分量用大写字母和大写下标表示，如 I_B、I_C、I_E、U_{BE}、U_{CE}。

交流分量用小写字母和小写下标表示，如 i_b、i_c、i_e、u_{be}、u_{ce}。

交直流叠加瞬时值用小写字母和大写下标表示，如 i_B、i_C、i_E、u_{BE}、u_{CE}。

在图 1-70 中，采用固定偏流电路将晶体管偏置在放大状态。用晶体管组成共射极放大器时应遵循如下原则。

1）必须将晶体管偏置在放大状态，并且要设置合适的工作点。当输入为正弦波时，工作点应选在放大区的中间区域；在放大单极性信号（如脉冲波）时，工作点可适当靠向截止区或饱和区。

2）输入信号必须加在基极-发射极回路。

3）必须设置合理的信号通路。

（3）放大器的静态工作点

1）静态工作点的求法。放大器的工作状态分静态和动态两种。静态是指无交流信号输入时，电路中的电压、电流都不变的状态。动态是指放大电路有交流信号输入，电路中的电压、电流随输入信号作相应变化的状态。静态工作点 Q 是指放大电路在静态时，晶体管各极电压值和电流值（主要指 I_{BQ}、I_{CQ}、U_{CEQ}，也称为静态工作点三要素）。可先画出该放大器直流通路，而后采用估算法列出计算方程。由于电容器对直流电相当于开路，而电感器对直流电相当于短路（理想情况下，电感器内阻可忽略），因此画直流通路时把电容器支路断开即可，如图 1-71 所示。

根据图 1-71 中的直流通路得出以下计算公式：

$$I_{BQ}=\frac{V_{CC}-U_{BEQ}}{R_B}$$

硅管的 U_{BEQ} 约为 0.7V，锗管约为 0.3V，当 V_{CC} 远大于 U_{BEQ} 时，则可将 U_{BEQ} 略去来估算 I_{BQ}，即

$$I_{BQ}\approx\frac{V_{CC}}{R_B}$$

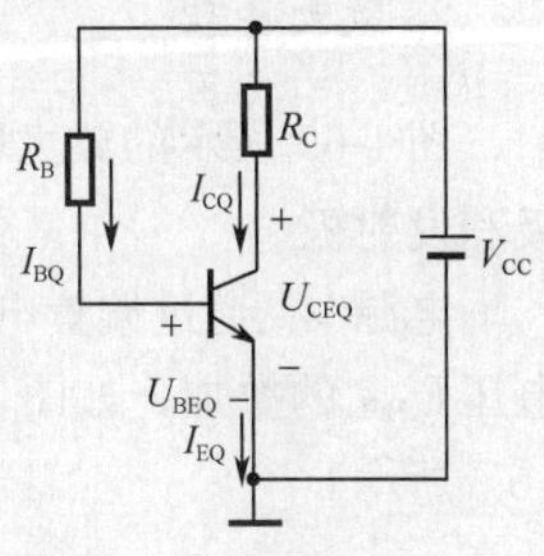

图 1-71　共射极放大器静态分析

根据晶体管的电流放大特性可得

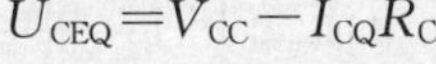

$$I_{CQ}=\beta I_{BQ}$$

根据基尔霍夫电压定律，通过直流通路可得出以下公式：

$$U_{CEQ}=V_{CC}-I_{CQ}R_C$$

2）电路参数对静态工作点的影响。放大器的直流负载线如图 1-72 所示。可根据负载线法求 I_C 和 U_{CE}。

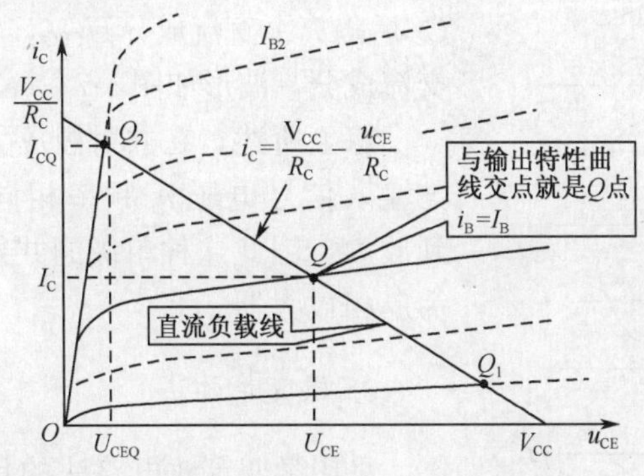

图 1-72　放大器的直流负载线

从晶体管的输入与输出特性和放大器结构来看，当 U_{BE} 上升时，I_B 跟着上升，I_C

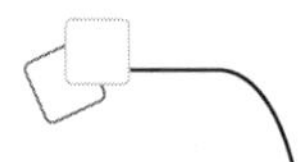

也随之上升，U_{CE}（即 U_C，c 点电位）就接着下降；反之正好相反。

固定偏置式放大电路的静态工作点受温度的影响较大，即 Q 点的温度稳定性差。在实际电路中，取而代之的有基极分压偏置式放大电路和基极-集电极偏置放大电路等。分压偏置式放大电路和直流通路如图 1-73 所示。

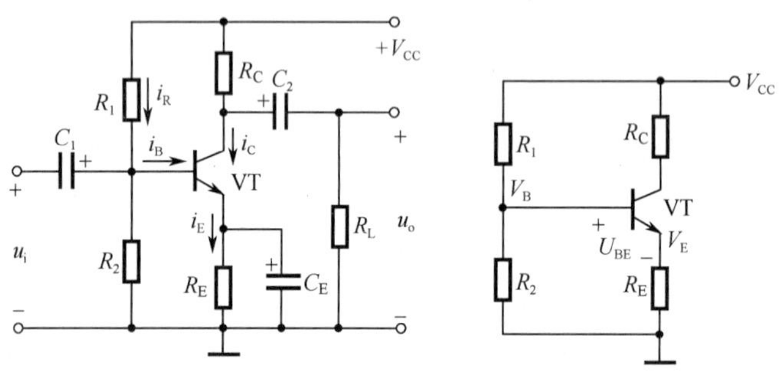

图 1-73　分压偏置式放大电路和直流通路

2. 放大原理

图 1-69 所示的放大电路中，输入交流信号 u_i 通过电容器 C_1 的耦合送到晶体管的基极和发射极。

电源 V_{BB} 通过偏置电阻器 R_B 提供 U_{BEQ}，基极-射极间电压 u_{BE} 为交流信号 u_i 与直流电压 U_{BEQ} 的叠加，如图 1-74（a）所示的波形，基极电流 i_B 产生相应的变化，如图 1-74（b）所示。

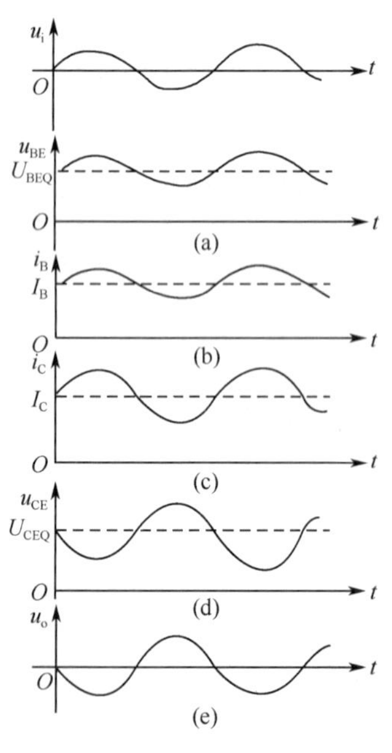

图 1-74　信号放大过程

i_B 电流经放大后获得对应的集电极电流 i_C，如图 1-74（c）所示。i_C 电流变大时，负载电阻 R_C 的压降也相应增大，使集电极对地的电位降低；反之 i_C 电流变小时，集电极对地的电位升高。因此集电极-射极间的电压 u_{CE} 波形与 i_C 变化情况正相反，如图 1-74（d）所示。集电极的信号经过耦合电容器 C_2 后隔离了直流成分 U_{CEQ}，输出的只是放大信号的交流成分，波形如图 1-74（e）所示。

综上所述，在共射极放大电路中，输出电压 u_o 与输入信号电压 u_i 频率相同，相位相反，幅度得到放大，因此这种单级的共射极放大电路通常也称为反相放大器。

3. 微变等效法

采用微变等效电路法的目的是得到放大电路的主要动态性能指标，如电压放大倍数 A_u，输入电阻器 R_i 和输出电阻器 R_o 等。

由于晶体管是非线性器件，因此不能用研究线性电路的理论来研究由晶体管构成的非线性放大电路。工程上为了使复杂的计算得以简化，常在低频小信号下，对晶体管的输入、输出特性进行线性化处理。而小信号是指微小变化的信号，故称此方法为微变等效电路法。用这种分析方法得出的结果与实际量结果基本一致。

（1）输入回路中的微变等效

当输入信号很小时，在静态工作点 Q 附近，输入特性曲线基本上是一条直线，如图 1-75（a）所示，因此，晶体管发射极间电压和电流的关系可以用一个等效电阻 r_{be} 来代表，即

$$r_{be}=\frac{\Delta u_{BE}}{\Delta i_B}=\frac{du_{BE}}{di_B}$$

r_{be} 称为晶体管的输入电阻，其值常用下式来估算：

$$r_{be}=300+\frac{26(mV)}{I_{BQ}(mA)}$$

I_{BQ} 是晶体管的静态基极电流，所以，r_{be} 值与 Q 点密切相关。

（2）输出回路中的微变等效

如图 1-75（b）所示，晶体管的输出特性曲线基本上是一组等距离的平行直线，在静态工作点 Q 附近 i_C 基本不随 u_{CE} 的变化而变化，因此，i_C 可视为一恒量。这反映了晶体管在放大区时，有与理想恒流源电流恒定、内阻无穷大的相似性质。所以，晶体管的集电极和发射极之间可以等效为一个受控的恒流源，i_c 的大小为

$$i_c=\beta i_b$$

综上所述，当输入为微变信号时，可画出晶体管的微变等效电路，如图 1-76 所示。

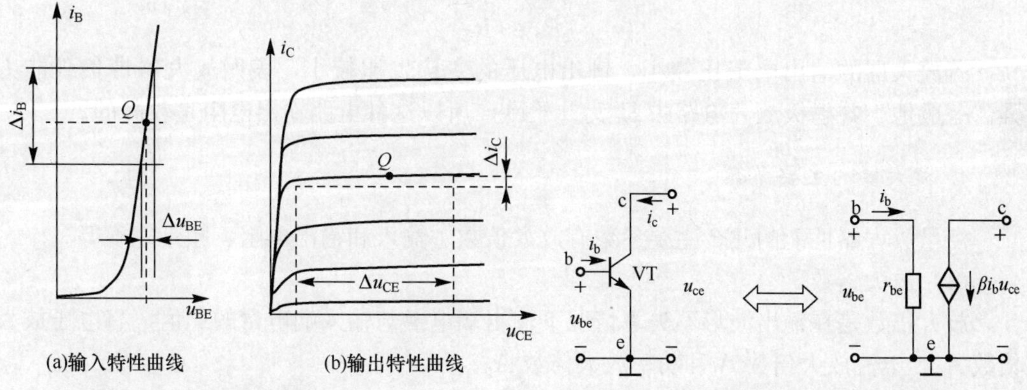

图 1-75　晶体管特性曲线的线性化　　图 1-76　晶体管的微变等效电路

（3）可用微变等效电路法求放大电路的主要动态指标

先画出共射极基本放大电路［图 1-70（b）］的交流通路，如图 1-77（a）所示，再将交流通路中的晶体管用微变等效电路代替，如图 1-77（b）所示。

1）求电压放大倍数 A_u。放大器的电压放大倍数 A_u 为输出电压 u_o 与输入电压 u_i 的比值，是衡量放大器对信号放大能力的主要技术指标。即

$$A_u=\frac{u_o}{u_i}=\frac{-i_c(R_C//R_L)}{r_{be}\cdot i_b}=\frac{-\beta i_b(R_C//R_L)}{r_{be}\cdot i_b}=\frac{-\beta R'_L}{r_{be}}$$

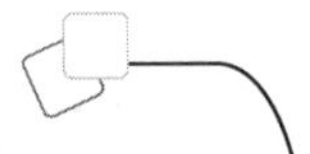

其中，$R_L' = (R_L // R_C)$，负号表示输出电压 u_o 与输入 u_i 的相位相反。

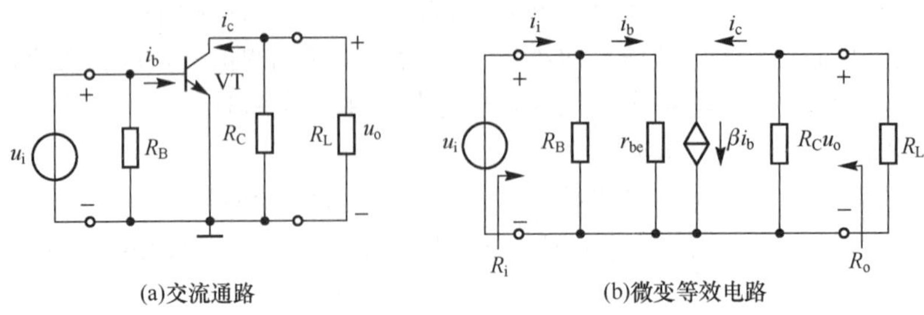

图 1-77　共射极基本放大电路的微变等效电路

2）求输入电阻 R_i。放大电路的输入电阻 R_i 是指从信号的输入端（将信号源除外）向放大电路内看进去的等效电阻。

由图可得

$$R_i = R_B // r_{be} \approx r_{be}$$

一般基极偏置电阻器 R_B 的阻值远大于晶体管的输入等效电阻 r_{be}，所以 $R_i \approx r_{be}$。

放大电路的输入电阻越大，从信号源提供给放大器的输入电压越接近信号源的电动势，故希望放大电路的输入电阻值 R_i 越大越好。

3）求输出电阻 R_o。放大电路的输出电阻 R_o 是指输入信号 $u_i = 0$，保留信号源内阻，去掉负载 R_L 时，从放大电路输出向放大电路内看进去的等效电阻。

如图 1-77 所示，晶体管集电极和发射极之间等效的电流源内阻很大，所以输出电阻为

$$R_o \approx R_C$$

若放大器的输出电阻比较小，输出电压的变化也比较小，表明放大器带负载能力强。一般地，共射极放大电路中 R_C 为几千欧，所以这种电路输出电阻是较高的。

4. 放大器的主要参数

衡量放大器性能的几个主要参数有放大倍数、输入和输出电阻、频带宽度等。

（1）放大倍数

放大倍数是在输出波形不失真情况下输出端电量与输入端电量的比值。有电压放大倍数 A_u、电流放大倍数 A_i 和功率放大倍数 A_p。

电压放大倍数 $A_u = \dfrac{U_o}{U_i}$，在工程中常用对数形式来表示，称为电压增益，用字母 G_u 表示，单位为分贝（dB），$G_u = 20\lg A_u$（dB）。

电流放大倍数 $A_i = \dfrac{I_o}{I_i}$，以对数形式来表示则称为电流增益，用字母 G_i 表示，$G_i = 20\lg A_i$（dB）。

（2）输入电阻和输出电阻

输入电阻反映了放大器对信号源所产生的负载效应。输出电阻是从放大器输出端

向放大器看进去的等效交流电阻。输出电阻越小，放大器负载变化时，输出电压越稳定。

放大器还有最大输出幅度、通频带 BW 和最大输出功率与效率等参数。

放大器能把微弱的电信号（电压、电流）进行放大，变成较强（如幅度变大）的电信号，其输出的电信号能量增加了，该增加的能量是从何而来的？

知识 2　共基极和共集电极放大电路的组成及特点

1. 共基极放大电路

共基极放大电路如图 1-78 所示。基极为交流信号输入、输出公共端。图中 R_1、R_2、R_E 和 R_C 构成分压式稳定偏置电路，为晶体管设置合适而稳定的工作点。因基极交流接地，信号可看成从发射极-基极输入，由集电极-基极输出，而基极通过旁路电容器 C_B 交流接地。

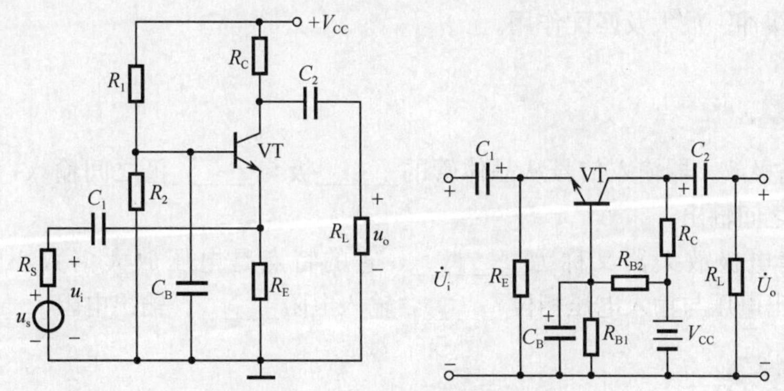

图 1-78　共基极放大电路

共基极放大电路的直流通路与图 1-73 所示的分压偏置式放大电路的直流通路完全相同，静态工作点求法也相同。

共基极放大器的电压放大倍数在数值上与共射极电路相同，但为正值，即输出电压与输入电压同相。共基极放大器没有电流放大能力。

共基极放大电路具有输入电阻小而输出电阻大的特点。因其频率特性好，多用作高频和宽频带放大器。

2. 共集电极放大电路

图 1-79 所示为共集电极放大电路。此时集电极为交流输入、输出公共端，该电路又称射极输出器，简称射随器或跟随器。

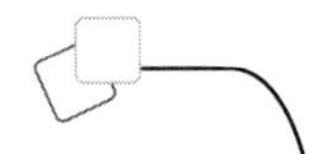

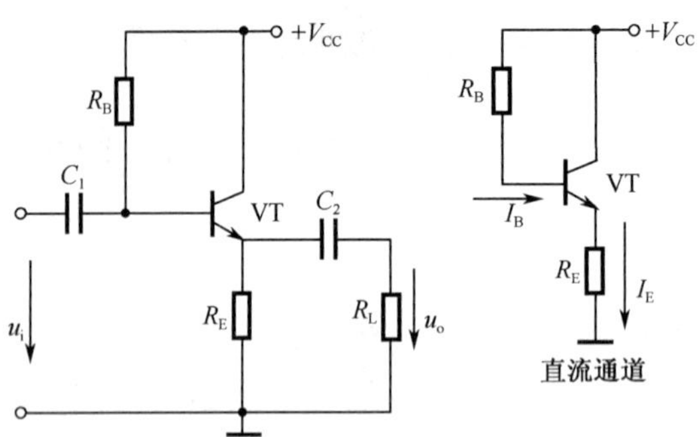

图 1-79 共集电极放大电路

根据其直流通路，可知

$$I_B = \frac{V_{CC} - U_{BE}}{R_B + (1+\beta)R_E}$$

$$I_E = (1+\beta)I_B$$

$$U_{CE} = V_{CC} - I_E R_E$$

射极输出器电压放大倍数 $A_u \approx 1$，且输入与输出信号同相，输出电压跟随输入电压，故称电压跟随器。射极输出器输入电阻较大，作为前一级的负载，对前一级的放大倍数影响较小。而射极输出器的输出电阻很小，带负载能力强。因此，射极输出器常作中间级，起缓冲、放大及匹配作用。

想一想

1）共基极放大器输入信号从晶体管的______极与______极之间输入，从______极与______极之间输出。

2）共集电极放大器又称为________，它的特点是电压放大倍数小于且接近于______。输出电压与输入电压相位______，输入电阻______，输出电阻______。

实训 1　共射极基本放大电路和射极输出器仿真测试

仿真目的

通过仿真测试，进一步熟悉单管放大电路的工作特点。

仿真步骤及操作

1. 创建共射极基本放大电路

共射极基本放大电路中各元器件参数如图 1-80 所示，其中 R_1 为 910kΩ，R_2 为 4.3kΩ，晶体管 VT 用 2N2222A。

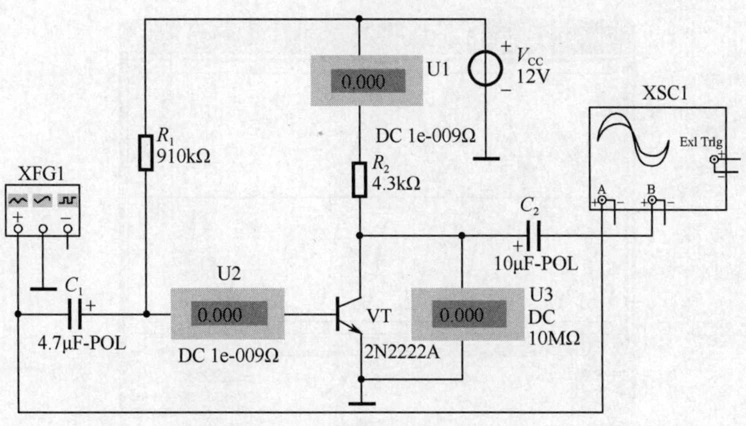

图 1-80　共射极基本放大仿真电路

电路在创立和搭建后，分别插入双踪示波器、函数信号发生器和万用表（置为交流电压挡）测试设备。通过万用表 XMM1 测量电路输出信号电压。

2. 共射极基本放大电路仿真测试

函数信号发生器产生 1kHz、3mV$_{P-P}$的正弦波信号，用示波器来观察放大器输入与输出信号。面板中显示幅度小的波形（上波形）为输入波形，显示幅度大的波形为输出波形（已被放大）。仿真时可同时用直流电流表和电压表测该放大电路的静态工作点，测试结果如图 1-81 所示。通过电流表 U1 测集电极电流 I_C，电流表 U2 测基极电流 I_B，电压表 U3 测 U_{CE}。

其中 I_C 的示值为 2mA 左右，基本符合放大器的集电极电流一般在 1～5mA 的实际情况。

3. 创建射极输出器仿真电路

射极输出器中各元器件参数及连接如图 1-82 所示，电路在创立和搭建后，分别插入双踪示波器、函数信号发生器和万用表（置为交流电压挡）测试设备。

4. 射极输出器的仿真测试

函数信号发生器产生 1kHz、3mV$_{P-P}$的正弦波信号，用示波器来观察单管放大器输入与输出信号。测试结果如图 1-83 所示。在示波器面板所显示的波形图中，上波形为电路输入信号波形，下波形为输出波形。同时观察万用表 XMM1 所测的电路射极输出电压值。

仿真结果及分析

1）分别将图 1-81 和图 1-83 两个仿真电路中万用表交流电压挡所测出的值（有效值）填入表 1-8 中。

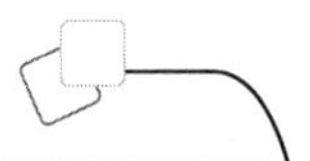

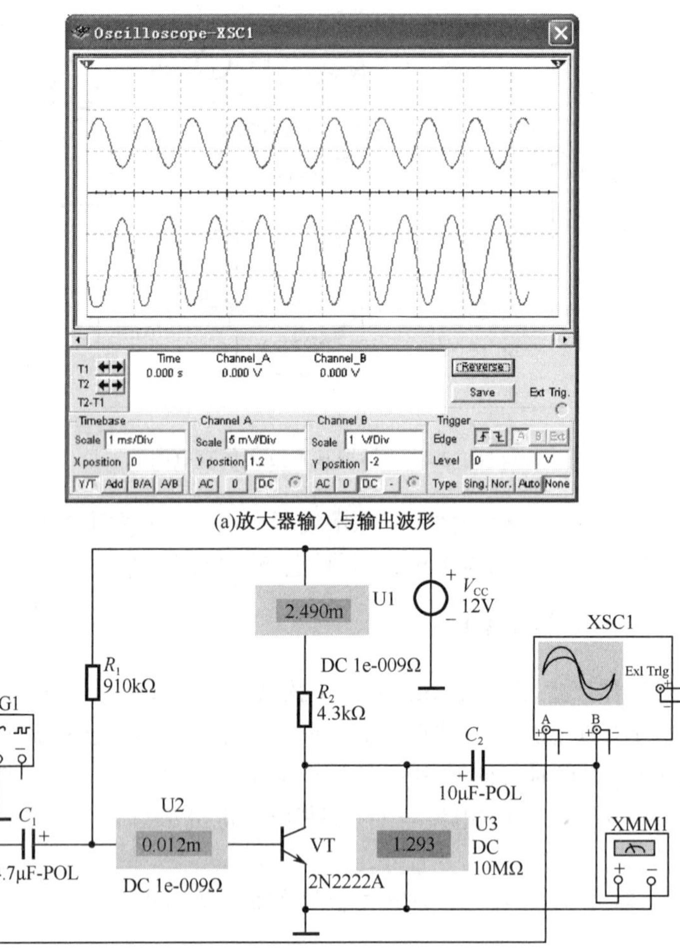

(a)放大器输入与输出波形

(b)电压表与电流表的读数

图 1-81　共射极基本放大电路测试结果

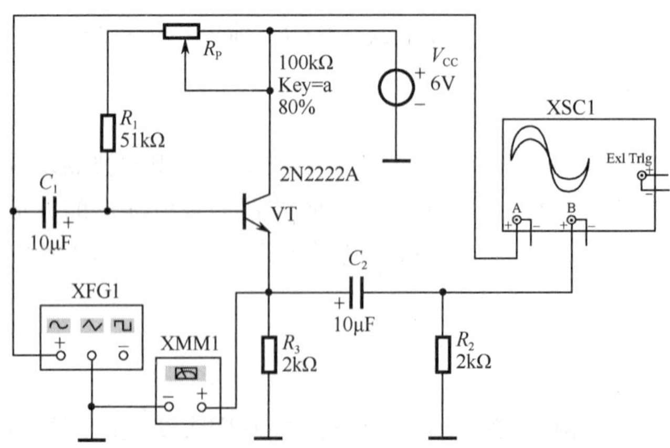

图 1-82　射极输出器仿真电路

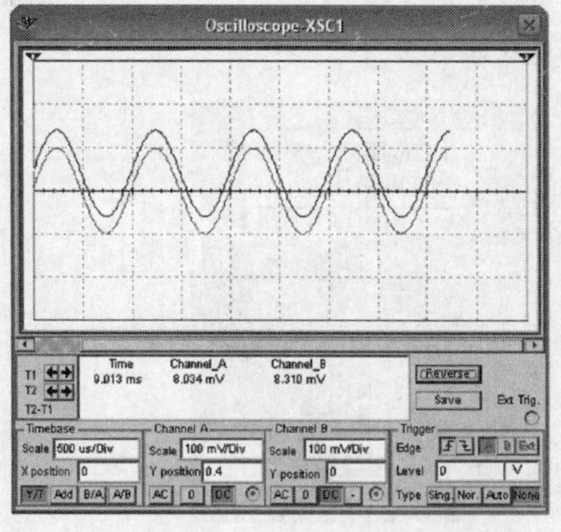
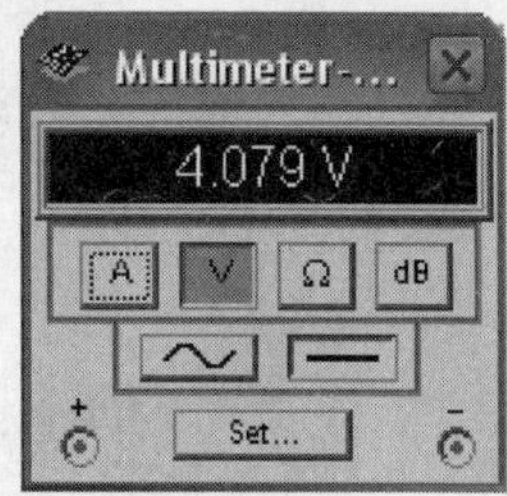

图 1-83　射极输出器测试结果

表 1-8　电路仿真结果记录表

电路类型	输入电压/mV_{P-P}	输出电压/V	电压放大倍数 A_u
共射极基本放大电路	3		
射极输出器	3		

注：峰值（或振幅）与有效值的关系为峰值=$\sqrt{2}$有效值。

2）通过计算可知，单管共射极放大电路有较大的电压放大能力。然而，单从图 1-83 的示波器显示波形就可看出，射极输出器输出电压波形与输入波形几乎相同（重合），说明射极输出器无电压放大功能。

在图 1-80 中，若把 R_1 的阻值由 910kΩ 改为 300kΩ，但放大电路的输入信号的幅度（仍为 $3mV_{P-P}$）不改变，则放大电路输出波形将会发生什么现象？

实训 2　共射极基本放大电路的检测

实训目的

进一步熟悉共射极基本放大电路的结构，学会用万用表检测放大电路的静态值。

实训所需器材

电子电路实验板一个、电源（6V）一个，晶体管（9013）一只，阻值为 680kΩ、2kΩ 电阻器各一只，万用表（MF47 型）一块。

实训内容及步骤

按图 1-84 所示，在电子电路实验板上插接共射极基本放大电路，晶体管基极连接

680kΩ 电阻，集电极连接 2kΩ 电阻器。通以 6V（1.5V×4 电池组）电源，测量晶体管 3 个引脚电位及 I_B、I_C、I_E，并将结果填入表 1-9 中。

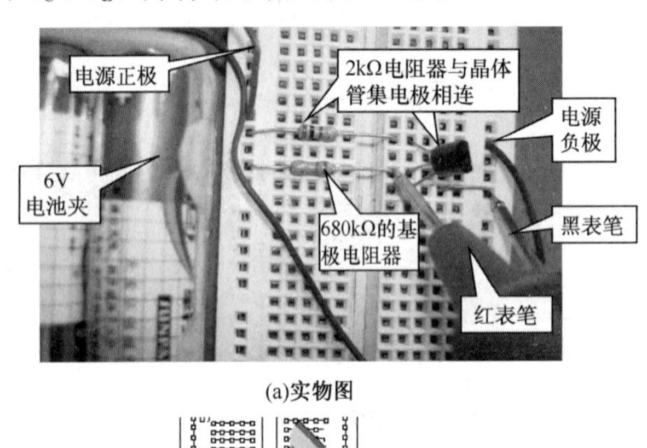

(a)实物图

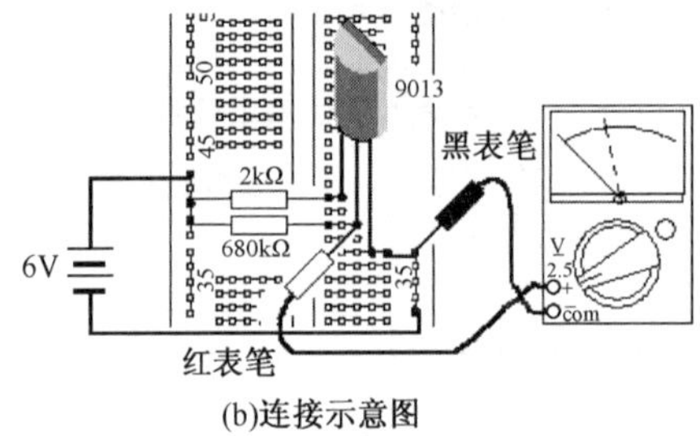

(b)连接示意图

图 1-84　万用表测基极电位

表 1-9　共射极基本放大电路检测结果记录表

基极电位 U_B/V	集电极电位 U_C 即 U_{CE}/V	I_B/μA	I_C/mA	I_E/mA

注：晶体管发射极直接接电源负极。以电源负极为“地”——零电位点，测出的晶体管各引脚对“地”电压即为该脚电位。

实训结果与分析

试说明放大电路中 U_B、U_C、U_E 三者有何关系。

若将电源电压降为 3V，对图 1-84 所示固定偏置式电路中的 U_B、U_C、U_E 三者之间关系有影响吗？

场效应晶体管的放大电路

与晶体管放大相似，场效应晶体管静态工作点的设置对放大器性能的影响至关重要。在场效应晶体管放大器中，由于 JFET 与耗尽型 MOSFET 对放大器 $u_{GS}=0$ 时，$i_D\neq 0$，故可采用自偏置方式，如图 1-85（a）所示。而对于增强型 MOSFET，则一定要采用分压偏置方式或混合偏置方式，如图 1-85（b）所示。

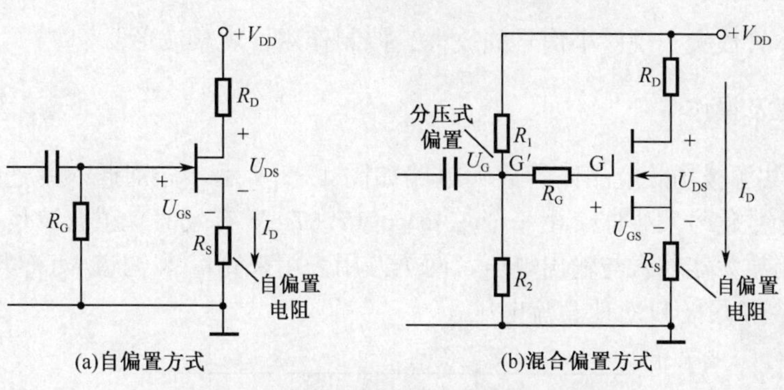

图 1-85 自偏置场效应晶体管放大电路

与晶体管一样，场效应晶体管基本放大电路也有 3 种组态，CS 组态为共源极电路，CD 组态为共漏极电路，CG 组态为共栅极电路，如图 1-86 所示。

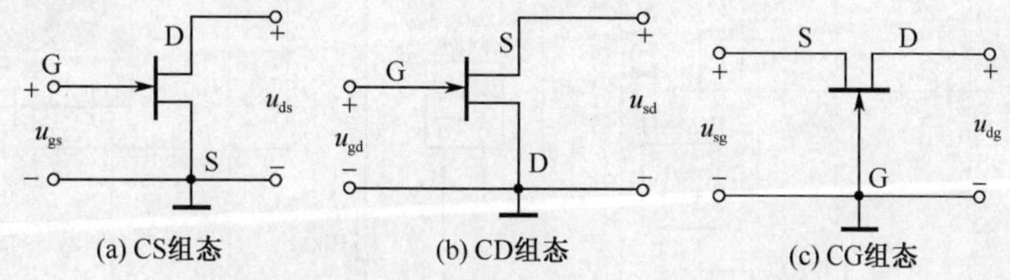

图 1-86 场效应晶体管基本放大电路 3 种组态

图 1-87 所示为 N 型沟道增强型场效应晶体管共源放大电路。可根据已知条件，计算出静态工作点 U_G、I_D 和 U_{DS}。其中 R_1、R_2 和 R_G 为场效应晶体管提供偏压。

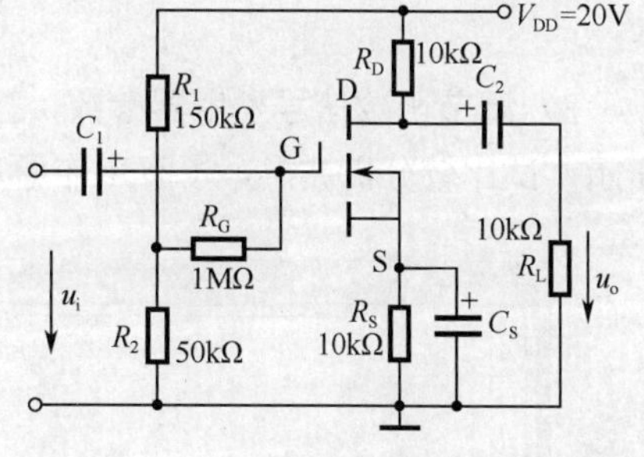

图 1-87 场效应晶体管共源放大电路

设 $U_G \gg U_{GS}$，则 $U_G \approx U_S$，而 $I_G = 0$，所以，

$$U_G \approx \frac{R_2}{R_1 + R_2} \cdot V_{DD} = 5\text{V}$$

$$I_D = \frac{U_S}{R_S} \approx \frac{U_G}{R_S} = 0.5\text{mA}$$

$$U_{DS} = V_{DD} - I_D \cdot (R_S + R_D) = 10\text{V}$$

场效应晶体管放大器的特点是输入电阻很大。因此，像示波器 Y 通道电路和驻极体话筒内就采用场效应晶体管放大器作为输入信号前置级。场效应晶体管共源极放大器（漏极输出）的输入、输出反相，电压放大倍数大于 1。

做一做

实训 3 场效应晶体管放大电路仿真

仿真目的

学会利用仿真软件了解、分析场效应晶体管放大电路结构及其工作原理；利用简单

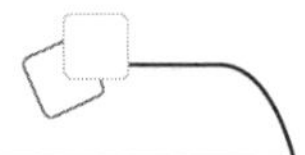

的场效应晶体管放大实现对小信号的放大、控制作用，观察波形。

仿真步骤及操作

1）创建共源极场效应晶体管放大电路如图 1-88 所示，分别插入并连接仿真仪器。其中 XFG1 函数信号发生器产生一个 10mVp（7.07mV 有效值）正弦波信号，XSC1 双踪示波器检测放大器输入与输出电压，两个万用表用来测量 N 沟道 MOS 增强型场效应晶体管栅极 G 和漏极 D 对地直流电压。

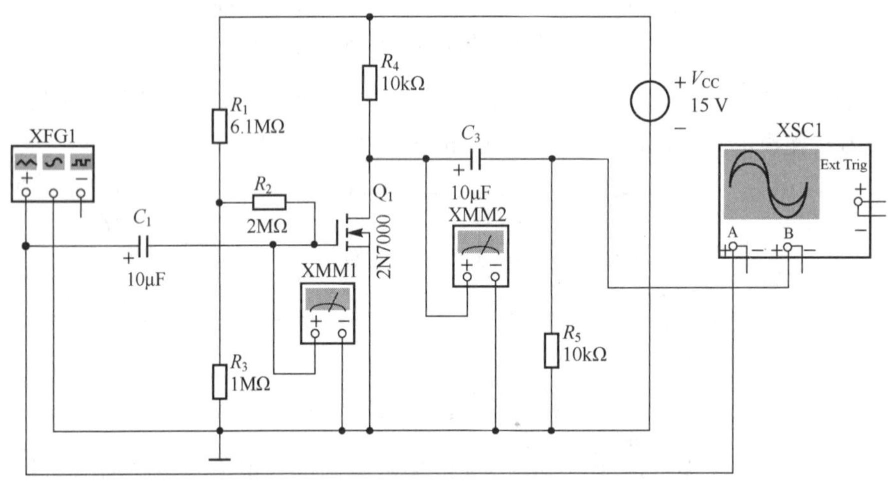

图 1-88　场效应晶体管放大仿真电路

2）调节函数信号发生器参数，打开示波器进行仿真，观察输入和输出波形如图 1-89 所示，试比较分析波形，了解工作原理得出电压放大倍数等指标。

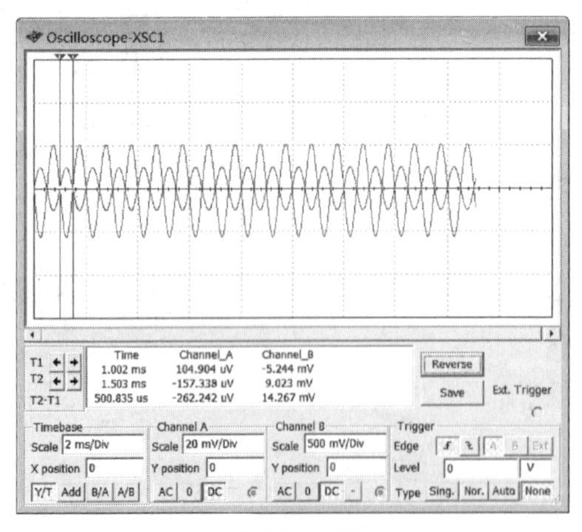

(a)放大器输入与输出波形

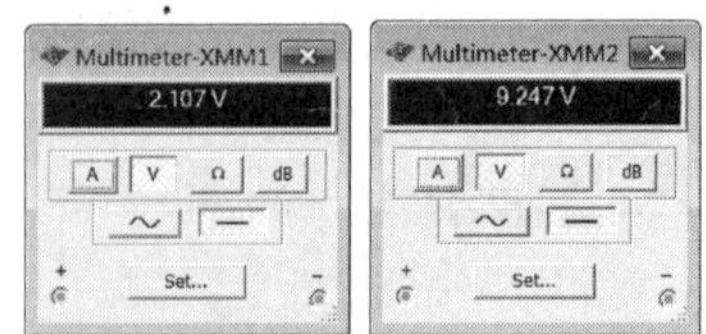

(b)两个万用表检测结果

图 1-89　放大器输入与输出电压测试结果

仿真结果及分析

由图 1-89 中波形可知，仿真结果与理论分析相同，场效应晶体管放大电路对微弱的电信号具有反相放大和控制作用。

任务检测与评估

检测项目		评分标准	分值	学生自评	教师评估
任务知识内容	单管基本放大器的组成及其分析	掌握共射放大电路结构及放大原理	30		
	共基极、共集电极电路	掌握共基极、共集电极电路结构及特点	20		
任务操作技能	共射极基本放大电路仿真	能熟练运用仿真软件建立与调试共射极基本放大、共集电极放大电路，共源极场效应管放大电路并得出各电路特点	40		
	射极输出器电路仿真				
	场效应晶体晶体管放大电路仿真				
	安全操作	安全用电、按章操作，遵守实训室管理制度	5		
	现场管理	按 6S 企业管理体系要求，进行现场管理	5		

任务四 基准稳压电路的分析与检测

- 熟悉稳压二极管的特性；
- 理解并联型硅二极管稳压电路结构与工作特点，认识基准电路的起源；
- 学会对并联型硅二极管稳压电路进行分析与检测。

任务教学方式

教学步骤	时间安排	教学手段及方式
阅读教材	课余	学生自学、查资料、相互讨论
知识点讲授	2 课时	用多媒体课件展示稳压二极管击穿特性；并联型硅稳压二极管稳压电路的讲授重点是其结构和电路中限流电阻的作用
任务操作	2 课时	并联型硅稳压二极管仿真电路可结合待制作产品的实际电路进行
评估检测	与课堂教学同步进行	教师与学生共同完成任务的检测与评估，并能对出现的问题进行分析与处理

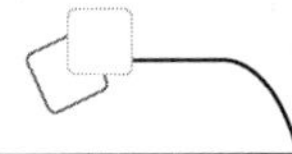

知识 1　稳压二极管的特性

稳压二极管是一种特殊二极管，简称为稳压管。与普通二极管工作在正向、反向特性区不同，稳压管专门工作于反向击穿区，其工作原理是：利用反向击穿后电流在一定范围内变化时，其端电压几乎不变的特点，在电路中起稳压作用。稳压二极管电路符号及其伏安特性曲线如图 1-90 所示。在击穿区，当反向电流从几毫安增加到几十毫安时，反向电压基本保持不变。

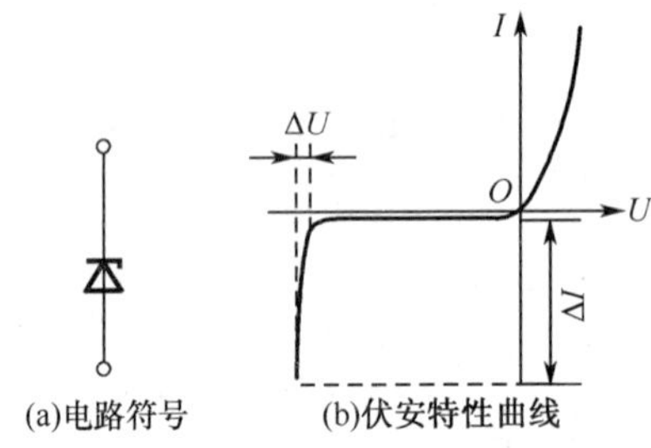

图 1-90　稳压二极管电路符号及其伏安特性曲线

二极管的击穿特性

PN 结的击穿机理有两类，即隧道击穿（或称齐纳击穿）和雪崩击穿。早期认为击穿都是齐纳击穿，所以又将稳压二极管称为齐纳二极管。后来发现，在 6V 以上电压下发生的击穿都属于雪崩击穿。稳压管的稳压数值是温度的函数，所以标准的或高精度的稳压管都采用串联补偿方法来克服稳压数值的温漂。稳压管的反向击穿电压称为稳压管的稳定电压，产品所标出的稳定电压是指额定工作电流下的稳压数值。

稳压二极管的主要参数有稳定电压 U_Z、最小稳定电流 I_{Zmin}（保证稳压管稳定性能的最小工作电流）、最大稳定电流 I_{Zmax}（防止稳压管过流导致发生热击穿而设置的限制电流）、动态电阻 r_Z 及额定功率和电压温度系数等。

稳定电压 U_Z 是指流过规定电流时，稳压管两端的反向电压值，其值为稳压二极管的反向击穿电压值。稳定电流是指稳压管在稳定电压工作时的参考电流值，通常为工作电压等于 U_Z 时所对应的电流值。当工作电流低于 I_Z 时，稳压效果变差，当低于 I_{Zmin} 时，稳压管将失去稳压作用。最大耗散功率 P_{Zmax} 和最大稳定电流 I_{Zmax} 这两个参数是为了保证管子不被热击穿而规定的极限参数，由管子允许的最高结温决定，$P_{Zmax}=I_{Zmax}\times U_Z$。动态电阻 r_Z 为电压变化量与相应的电流变化量之比。r_Z 值很小，通常为几欧到几十欧。稳压二极管反向特性曲线越陡，其稳定性能越好。

稳压二极管主要用于无线电设备和电子仪器中的直流稳压电路，也可用于过压保护、电压基准和电平转移等场合。

能力拓展

1. 稳压二极管稳压值的检测

用万用表检测稳压二极管稳压值，可用稳压值公式 $U_W=E(1-X/N)$ 计算，式中，E 为电池电压；N 为有均匀刻度的某一刻度线上的总分格数（对于直流 50V 刻度线，$N=50$）；X 为测量时指针在刻度线上偏转的分格数，如图 1-91 所示。

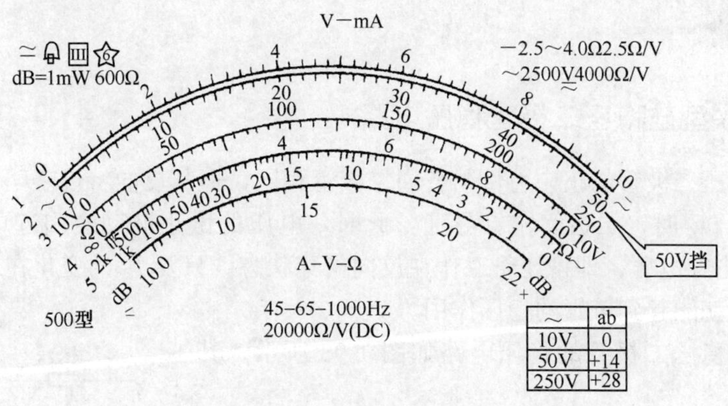

图 1-91 500 型万用表刻度盘

例如，稳压值在 15V 以下的稳压二极管，可以用万用表 R×10k 挡（如 MF500 型内含 15V 电池）测量其稳压值（此时万用表黑表笔接稳压管负极，红表笔接正极）。读数时刻度线最左端为 15V，最右端为 0V。可利用万用表原有的 50V 挡刻度来读数，并代入以下公式

$$稳压值=\frac{50-X}{50}\times 15$$

式中，X 为 50V 挡刻度线上的读数。

同理，若使用 MF47A 或 B 型万用表来检测稳压二极管的稳压值，其内部电池电压 $E=10.5\text{V}$。

需要注意的是，翻阅二极管手册可知，稳压二极管的稳定电流通常在 5mA 以上。而由于万用表内阻较大，不可能提供这样大的电流，所以用万用表测稳压二极管的稳压值所测得的结果不可能精确，且测得的稳压值总是低于其实际稳压值，因此，所测数值仅供参考。

2. 三引脚稳压管

稳压二极管一般是两个引脚，但也有 3 个引脚的。如 2DW232 是一种具有温度补偿特性的、电压稳定性很高的稳压二极管。它由一个正向硅稳压二极管（负温度系数）和一个反向硅稳压二极管（正温度系数）串接在一起，并封装在一个管壳内，其外形与晶体管一样，主要应用于对温度稳定度要求较高的精密稳压电路中。

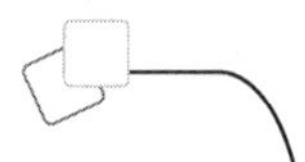

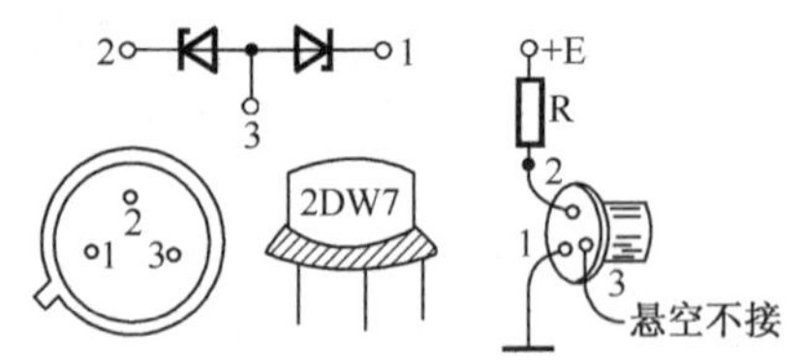

图 1-92　3 个引脚稳压管引脚示意图

在图 1-92 中，引脚 1 和引脚 2 分别为两个稳压二极管的负极，由于内部结构是对称的，两引脚可随意互换，使用时一个接电源正极，另一个接地；引脚 3 为两个稳压二极管的公共正极，悬空不用。若引脚 1 或引脚 2 断了，则可用引脚 3 和引脚 2（或引脚 1）作一般稳压管用，只是稳压值比用引脚 1 和引脚 2 时低了 0.7V 左右。

知识 2　并联型硅稳压二极管稳压电路

虽然硅稳压二极管的正向特性与普通二极管相同，但其反向特性表明，当反向电压达到某一数值 U_Z 时，二极管击穿导通，此时，电压的微小波动会引起电流较大变化 ΔI。U_Z 称为击穿电压，即稳压管工作在反向击穿状态。只要 I_Z 的变化在二极管允许工作范围之内，就能起到较好的稳压作用。

并联型硅稳压二极管的稳压电路如图 1-93 所示。其工作过程如下。

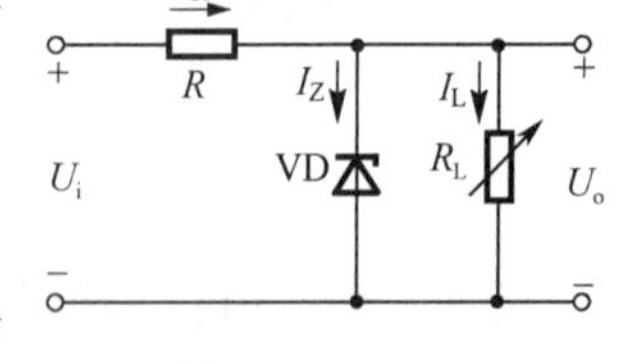

图 1-93　并联型硅稳压二极管稳压电路

1. 假设负载 R_L 不变，输入电压 U_i 变化

1）图 1-93 中，若 U_i 升高，经 R 和 R_L 分压，稳压管端电压增大，引起流过稳压管的电流急剧增加，流过限流电阻器 R 的电流也相应增加，于是 R 上压降增大，从而抵销 U_i 的升高，使输出电压基本不变。

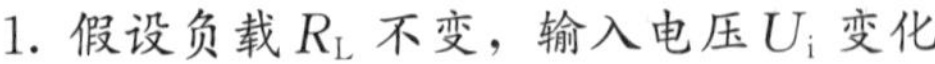

$$U_i\uparrow \longrightarrow U_o\uparrow \longrightarrow I_Z\uparrow \longrightarrow I_R\uparrow \longrightarrow U_R\uparrow \longrightarrow U_o\downarrow = U_i - U_R$$

2）若 U_i 减小，则上述过程正好相反，其结果同样使输出电压 U_o 维持稳定。

2. 假设输入电压 U_i 不变，负载 R_L 变化

1）若 R_L 阻值减小（如并入新负载瞬间），I_L 增大，因 U_i 不变，R_L 分压减小，输出电压下降，稳压管端电压减小，电流 I_Z 急剧下降，即由 I_Z 的减小来补偿 I_L 的增大，从而抵销了负载电流变化在限流电阻器 R 上造成的电压变化，因而输出电压也基本维持稳定。

$$R_L\downarrow \longrightarrow U_o\downarrow \longrightarrow I_Z\downarrow \longrightarrow I_R\downarrow \longrightarrow U_R\downarrow \longrightarrow U_o\uparrow = U_i - U_R$$

2）若 R_L 阻值增大，则上述过程正好相反，同样能使输出电压 U_o 稳定。选择稳压管时，应挑选其动态内阻 r_Z 小的，因为 r_Z 越小，稳压系数和输出电阻也就越小，电路稳压性能越好。

在实际应用电路中，限流电阻器 R 应选择合适的阻值。若 R 值选得太大，则供应电流不足，当负载电流较大时，流过稳压管的电流小到临界值以下时，就失去稳压作用；若 R 值选得太小，则当负载变得很大或开路时，I_R 电流（流过 R 的电流）都流向稳压管，可能超过稳压管的最大稳定电流而烧坏稳压管。

并联型稳压电路的优点是简单、经济，缺点是输出电压不能调节，且稳定度不高，输出电压受稳压管控制，因此只适用于负载电流较小的场合，例如，可用作基准电源或辅助电源。

在并联型硅稳压二极管稳压电路中，稳压管与负载电阻器之间应是串联还是并联？限流电阻器 R 起什么作用？该电阻器 R 是否可去除不用？

实训　并联型硅稳压二极管稳压电路仿真测试

仿真目的

通过仿真测试，进一步熟悉并联型硅稳压二极管稳压电路的工作特点。

仿真步骤及操作

1. 创建并联型硅稳压二极管稳压电路

仿真电路中采用 20V 直流电源，通过一阻值为 10Ω 电位器取样分压。限流电阻器 R_2 用 4.3Ω，R_3 为 20Ω，R_4（假负载）为 1kΩ，稳压管 VD_1 采用 1N4736（稳压值为 6.8V），电路连接如图 1-94 所示。

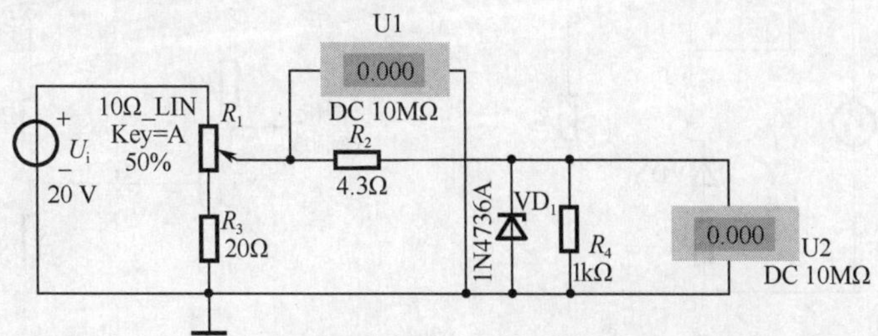

图 1-94　并联型硅稳压二极管稳压仿真电路

2. 并联型硅稳压二极管稳压电路仿真测试

改变电位器中间抽头位置（用字母 A 键或 Shift＋A 键调高或调低百分比），通过电压表 U2 观察 VD_1（或 R_4）两端电压值，并记录于表 1-10 中。

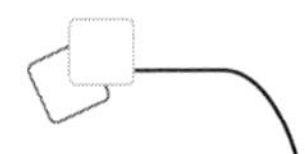

表 1-10　并联型硅稳压二极管稳压电路仿真测试结果记录表

电位器所处位置/%				
直流电压表 U1 示值/V				
直流电压表 U2 示值/V				

仿真结果及分析

无论怎样改变电位器 R_1 的中间抽头位置，假负载 R_4 两端电压值仍为 6.8V。因此，当并联型硅稳压二极管稳压电路输入端电压在一定范围内发生改变时，其输出电压仍会保持（稳定）在一定的数值。

稳压二极管常见应用电路

稳压二极管在应用电路中的两个基本要点：第一要反向接入电路中；第二要串上适当的限流电阻器。

1. 浪涌保护电路

在图 1-95 中的稳压二极管 VD 是作为过压保护器件接入电路。只要电源电压 V_S 超过二极管的稳压值，VD 就导通，使继电器 J 吸合，负载 R_L 就与电源分开。

2. 过压保护电路

在图 1-96 中，E_C 是电视机主供电压，当 E_C 电压过高时，稳压管 VD 击穿导通，晶体管 VT 跟随导通，其集电极电位将由原来的高电平（5V）变为低电平，通过待机控制线的控制使电视机进入待机保护状态。

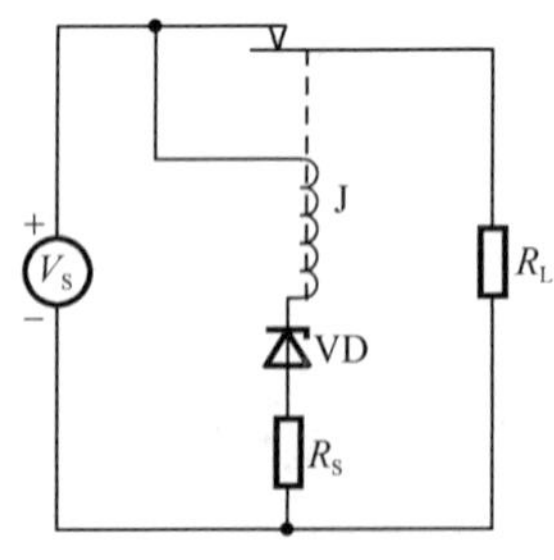

图 1-95　浪涌保护电路

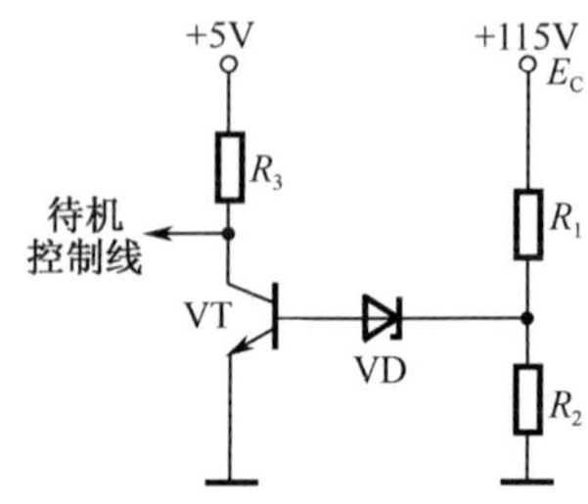

图 1-96　过压保护电路

3. 电弧抑制电路

在图 1-97 中，在电感线圈 L 上并联接入一只合适的稳压二极管 VD（也可接入一只普通二极管，原理一样），当线圈在导通状态切断时，由于其电磁能释放所产生的高压就被二极管所吸收，所以当开关断开时，开关的电弧也就被消除了。这种电路在工业上应用得比较多，如一些较大功率的电磁控制电路就用到它。

4. 并联型稳压电源电路

图 1-98 所示是稳压管用于 12V/0.5V 的并联稳压电源电路，调整管 VT_2 与负载并联，这种电路不必担心负载短路，但其工作效率较低，尤其当负载开路时，输出电流全由 VT_1 和 VT_2 承担，此时效率最低。因此，并联型稳压电源只适用于负载变化不大的情况。

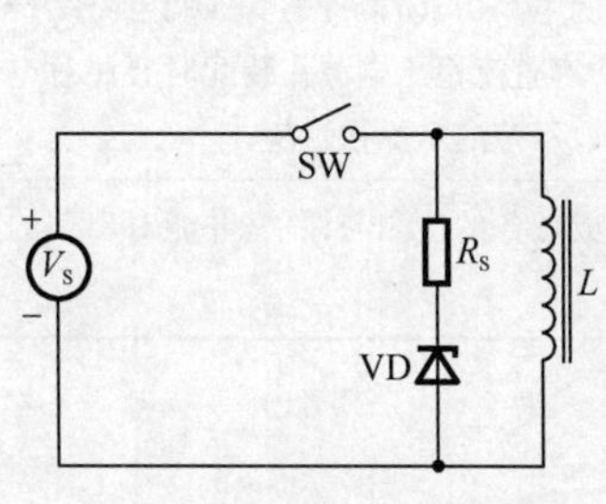

图 1-97　电弧抑制电路

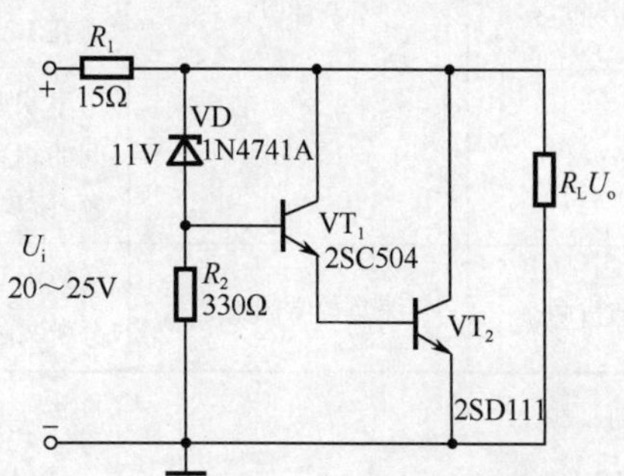

图 1-98　并联型稳压电源电路

任务检测与评估

	检测项目	评分标准	分值	学生自评	教师评估
任务知识内容	稳压二极管工作特性	掌握稳压二极管工作特性	30		
	并联型硅稳压二极管稳压电路	掌握并联型硅稳压二极管稳压电路工作原理	30		
任务操作技能	并联型硅稳压二极管稳压电路(仿真)	能熟练运用仿真软件建立与调试并联型硅稳压二极管稳压电路,能根据结果得出正确的结论	30		
	安全操作	安全用电,按章操作,遵守实训室管理制度	5		
	现场管理	按 6S 企业管理体系要求,进行现场管理	5		

任务五　小功率直流稳压电源的制作与调试

- 掌握串联可调式稳压电路的组成结构，并能简单分析其工作原理；
- 学会小功率串联可调式稳压电路的装调和检测方法。

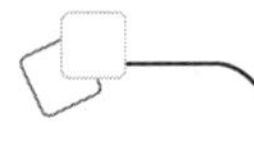

任务教学方式

教学步骤	时间安排	教学手段及方式
阅读教材	课余	学生自学、查资料、相互讨论
知识点讲授	6 课时	讲授重点是串联型稳压电路组成结构；三端集成稳压电路的侧重点在 LM317 的应用
任务操作	10 课时	串联型直流稳压电源电路仿真时，特别要强调电路结构及元器件间的相互关联性；小功率直流稳压电源在装配时要注意电磁兼容问题，检测时，老师应采取示范演示操作过程
评估检测	与课堂教学同步进行	教师与学生共同完成任务的检测与评估，并能对出现的问题进行分析与处理

知识 1　晶体管串联型可调式稳压电路的组成与分析

1. 串联稳压原理

串联型稳压电路就是在直流电压输入端和负载之间串接入一个晶体管，当输入电压 U_i 或负载 R_L 变化引起输出电压 U_o 变化时，U_i 的变化反映到晶体管的输入电压 U_{be}，然后 U_{ce} 也随之变化，达到调整 U_o 的目的，从而保证输出电压基本稳定。工作在放大区的晶体管，其集电极—射极间的电压 U_{ce} 是受基极电流控制的，I_b 增加时，U_{ce} 相应减小；反之，当 I_b 减少时，U_{ce} 增大，此晶体管又称调整管。

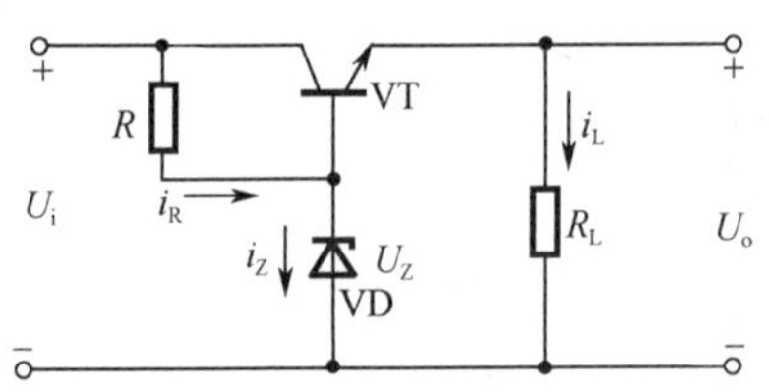

图 1-99　简单的晶体管串联型稳压电路

简单的晶体管串联型稳压电路如图 1-99 所示。图中 R 和 VD 组成并联型稳压电路，为调整管 VT 提供基准电压。由于负载 R_L 和晶体管 VT 串联，相当于一个射极输出器。

当输入电压 U_i 增大（或 R_L 阻值变大）时，U_i 经 U_{ce} 与 R_L 分压使 U_o 升高，由于晶体管 VT 的基极电位 $U_b=U_Z$（稳压管的稳压值）不变，因此 U_{be} 减小，使 I_b 减小，I_c 随之减小，导致 U_{ce} 增大，使 U_o 下降，从而实现稳压，这是 U_o 和 U_Z 的“跟随”关系。当输入电压 U_i 减小（或 R_L 阻值变小）时，则上述过程正好相反，也能实现稳压。

与原来的并联型稳压管稳压电路相比，加了射随器后，电路的带负载的能力增强了。根据射随器的特点分析，负载电流的变化量可以比稳压管工作电流的变化量扩大 $(1+\beta)$ 倍。

进一步分析该电路：若基准电压 U_Z 与输出电压 U_o 差值越大，控制作用越大，差值越小，控制作用就不明显，稳压效果也不佳。且流过稳压管的电流随 U_i 波动较大，

U_Z不稳定，也就降低了稳压精度。若在差值环节上再加入一个放大环节，将这个差值经放大后再去控制调整管基极，则可大大提高稳压性能。

2. 典型的串联型稳压电路

图 1-100 所示为典型的串联型稳压电路，它包括 4 个基本组成部分：调整管、比较放大管、基准电压、取样电路。由 R_3、R_4、R_5 组成电阻串联分压取样电路，取得输出电压差动量，送给比较放大管 VT_2 基极，由 R_2、VD 组成并联型硅稳压二极管稳压电路给 VT_2 提供基准电压。R_1 和 C 组成 RC 滤波电路，VT_1 为调整器件（也可以是复合管或几个功放管并联）。

图 1-101 为串联型稳压电路组成框图。串联型稳压电路稳压过程如下。

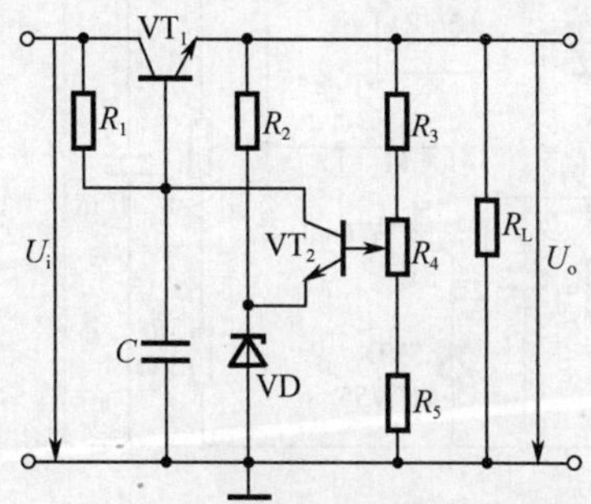

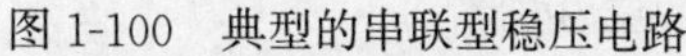

图 1-100 典型的串联型稳压电路

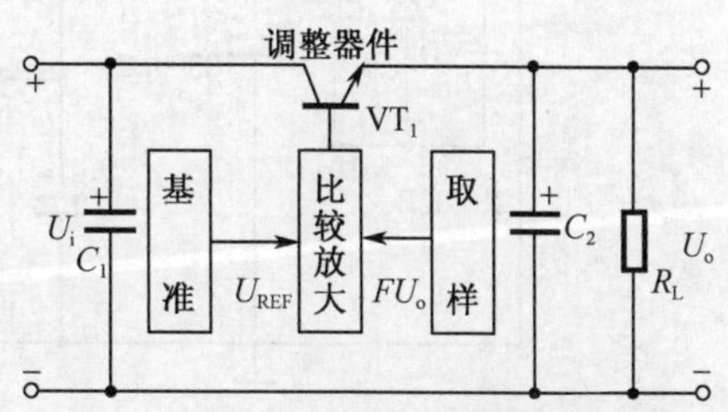

图 1-101 串联型稳压电路组成框图

1）当电网电压升高或负载电流减小（负载减轻）时，输出电压 U_o 升高。这个变化通过取样电路加到比较放大管 VT_2 的基极，基极电压上升，由于 VT_2 的射极电位为稳定的基准电压，则 U_{be2} 增大，导致 VT_2 基极电流和集电极电流增大，于是 VT_2 的集电极电位下降，也即 VT_1 的基极电位下降，则 VT_1 的基极电流随之减小，管压降 U_{ce1} 增大，从而使输出电压 $U_o=U_i-U_{ce1}$ 基本不变。

$$U_o\uparrow\longrightarrow U_{be2}\uparrow\longrightarrow I_{c2}\uparrow\longrightarrow U_{c2}=U_{b1}\downarrow\longrightarrow U_{be1}\downarrow$$
$$U_o\downarrow=U_i-U_{ce1}\longleftarrow U_{ce1}\uparrow\longleftarrow I_{c1}\downarrow\longleftarrow I_{b1}\downarrow$$

2）当电网电压下降或负载电流变大时，使 U_o 有下降趋势，则电路通过下列调整趋势实现稳压。

$$U_o\downarrow\longrightarrow U_{be2}\downarrow\longrightarrow I_{c2}\downarrow\longrightarrow U_{c2}=U_{b1}\uparrow\longrightarrow I_{c1}\uparrow\longrightarrow U_{ce1}\downarrow$$
$$U_o\uparrow=U_i-U_{ce1}$$

串联型稳压电路在使用时，由于某种原因而过载或输出端短路，使得通过调整管的电流急剧增大（比额定值大许多倍），即使这种过载现象时间很短，也会造成调整管过热而烧毁。为使负载电流变动范围加大，使调整管基极电流有较大的变化范围，一方面可采用复合管作调整管，另一方面应采取限流或截流型过流保护电路。比较放大电路可以是单管放大，也可以是差分放大或集成运算放大器放大。

3. 应用实例

图 1-102 所示为某黑白电视机电源电路。$5VD_1$ 和 $5VD_2$ 构成全波整流，$5C_1$ 和 $5C_2$

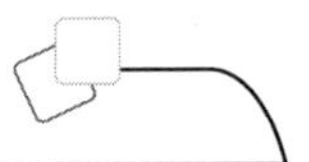

滤除接通电源瞬间的脉冲成分，$5R_1$、$5C_4$ 和 $5R_2$、$5R_3$、$5C_5$ 组成两节 RC 低通滤波电路，可大大减少纹波电压。为提高带负载的能力，调整管采用由 $5VT_1$ 和 $5VT_2$ 组成的复合管。$5R_4$ 对负载电流起引流作用，对调整管工作电流起分流作用。由 $5R_6$ 和 $5VD_3$ 组成并联型二极管稳压电路，给比较放大管 $5VT_3$ 射极提供基准电压，与 $5R_7$、$5R_8$、$5W_1$ 取样电路的取样电压进行比较，获得误差电压，去控制由 $5VT_1$ 和 $5VT_2$ 构成的复合调整管。$5C_8$ 增大了 $5VT_3$ 的交流取样比，进一步减小纹波电压。

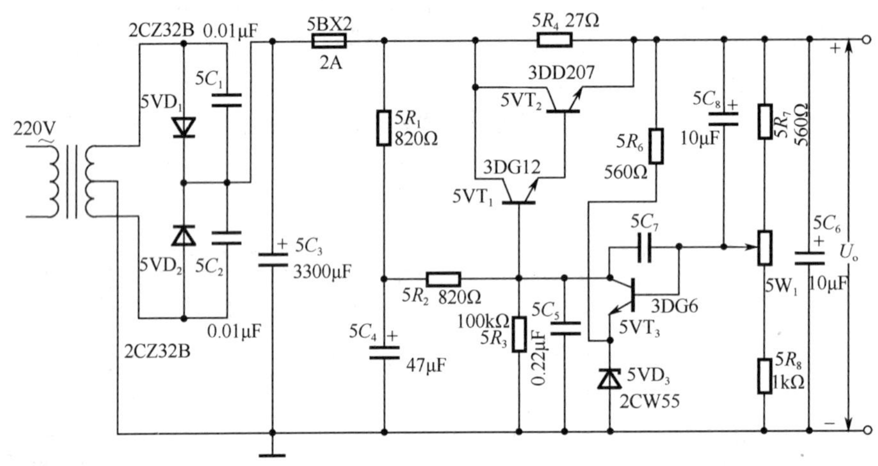

图 1-102　串联可调式稳压电源应用电路

电路要求：由于黑白电视机电源的负载要提供的电流在 1A 以上，所以工作在放大状态的调整管耗散功率要求较大，且需加装散热板。

220V 电网经双 17.5V 变压器降压、全波整流滤波后，稳压电路输入端应为 21～23V，稳压输出为 12V（可通过调整电位器 $5W_1$ 获得）。接上正常负载后，应使整个电源输出电压继续保持 12V，此时稳压电源输入端（全波整流输出端）电压降为 17.5V 左右。

想一想

1）晶体管串联型稳压电源中的调整器件通常是________，它与负载之间成______关系。

2）串联型稳压电路是通过控制______的管压降 U_{ce} 的变化，达到稳定输出电压的电路。它由________、基准电压、________和________ 4 个基本部分组成。

做一做

实训 1　串联型直流稳压电路仿真测试

仿真目的

通过仿真测试，进一步熟悉串联型直流稳压电路的工作特点。

仿真步骤及操作

1. 创建串联型直流稳压电源仿真电路

电路中各元器件参数如图 1-103 所示。电路在搭建完毕后，挂上直流电压表和万用表，用于对电路测试。

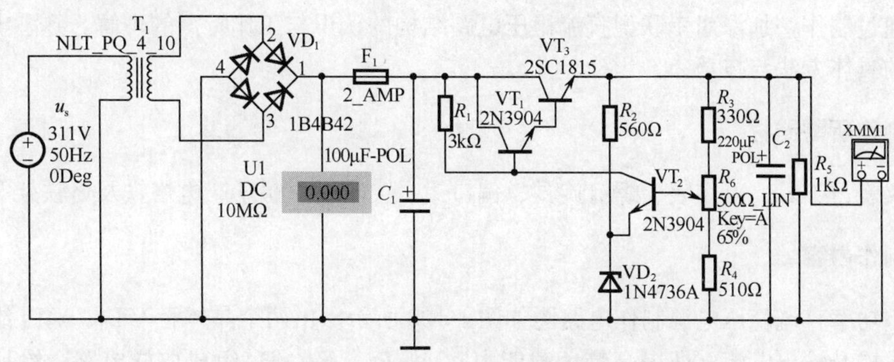

图 1-103　串联型直流稳压电源仿真电路连接示意图

2. 串联型直流稳压电源仿真测试

R_6 电位器调至线性 65%处。交流信号电源电压有效值为 220V（即峰值为 311V），用直流电压表监视整流输出端电压（此时为 35.5V），万用表检测输出电压（此时应为 12V），它们所测示值如图 1-104 所示。

调节交流信号电源，使其输出有效值分别为 200V 和 240V（即峰值 282V 和 340V），用直流电压表和万用表观察检测点电压情况，并填入表 1-11 中。

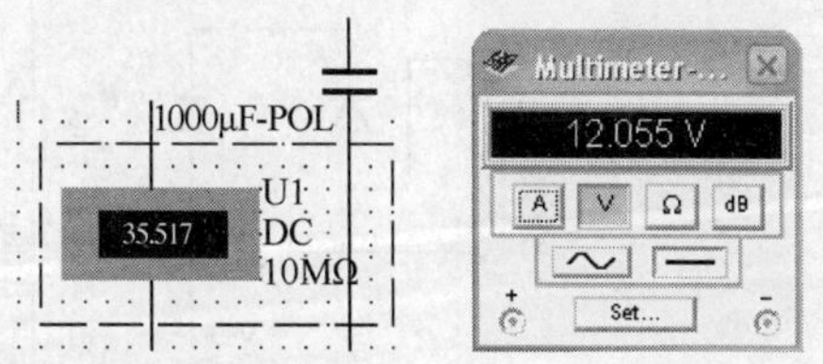

图 1-104　串联型直流稳压电源仿真电路测试结果

表 1-11　串联型直流稳压电路仿真测试结果记录表

交流信号电源电压值/V	220	282	340
直流电源输出电压值/V			

试着将 R_5 的阻值由 1kΩ 变换为 10Ω，看一看输出电压有没有变化。

仿真结果及分析

通过直流电压表观察发现，在一定限度内，尽管桥式整流输出端电压会随交流信号电源电压值变化，但直流电源电路整体输出仍然为 12V，因而能说明该电路有较好的稳压效果。

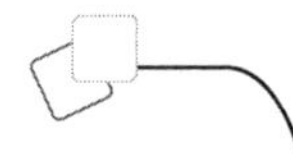

实训2　小功率直流稳压电源电路的制作与调试

制作目的

通过制作，加深对串联型直流稳压电路结构的认识与工作特点的理解。熟悉电子小制作的具体方法与技巧。

制作所需器材

仪表与工具：万用表、螺钉旋具、偏口钳、尖嘴钳、镊子、电烙铁及烙铁架等。

制作内容

小功率直流稳压电源制作电路图如图1-105所示。由两个晶体管 VT_1、VT_3 组成复合管，提升输出电流（即提高带负载能力）。由 R_3、R_4、R_P 组成取样电路，给比较放大管 VT_2 提供取样电压；R_2、VD_6 则给 VT_2 提供基准电压，C_1、C_2 为滤波电容器，C_3 与 R_1 组成RC低通滤波器，进一步降低纹波电压。电源变压器采用220V电源变压器10.5V（5W），其他元器件参数见表1-12。

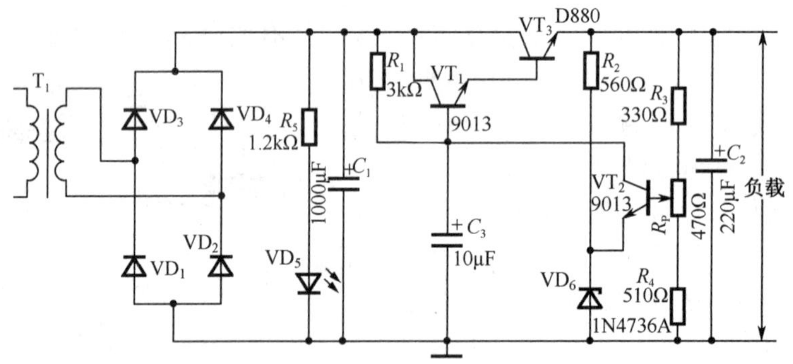

图1-105　小功率直流稳压电源制作电路图

表1-12　制作小功率稳压电源电路所需其他元器件参数表

序号	元器件符号	名称、规格、型号	数量	备注
1	R_1	碳膜电阻器 3kΩ 1/4W J	1	
2	R_2	碳膜电阻器 560Ω 1/4W J	1	
3	R_3	碳膜电阻器 330Ω 1/4W J	1	
4	R_4	碳膜电阻器 510Ω 1/4W J	1	
5	R_5	碳膜电阻器 1.2kΩ 1/4W J	1	
6	R_P	普通碳膜可调 470Ω 1/4W J	1	线性电位器
7	VD_1～VD_4	1N4004	4	4只二极管构成电桥

续表

序号	元器件符号	名称、规格、型号	数量	备注
8	C_1	电解电容器 1000μF/35VZ	1	
9	C_2	电解电容器 220μF/25VZ	1	
10	C_3	电解电容器 10μF/25VZ	1	
11	VD_6	6V8 1/4W(1N4736)	1	稳压管
12	VD_5	LED-red(红色)	1	发光二极管
13	VT_1、VT_2	9013	2	
14	VT_3	D880	1	
15	T1	电源变压器	1	

制作步骤及操作

1）用万用表先检查元器件的质量，防止对性能不良的元器件进行装配。

2）按装配工艺要求（元器件安装顺序一般为先低后高，先轻后重，先易后难，先一般元器件，后特殊元器件），在万能板上插装元器件。该电路的线路板接线图（Protel DXP 中，长×宽为 3 500mil×1 500mil，1cm=40mil）如图 1-106 所示。

注意：线路板接线图只作为设计参考，读者可根据实际情况，适当调整布线和元器件布局。

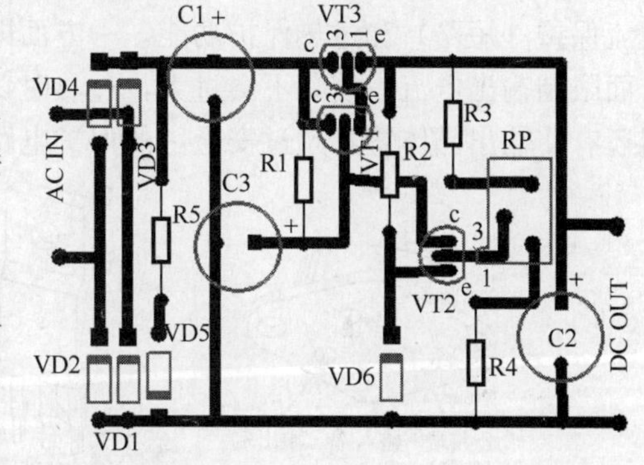

图 1-106 小功率直流稳压电源线路板（PCB）接线图

3）检查安装无误后进行焊接，如图 1-107所示。

4）调试与使用。在线路板装配完成后，用万用表测量该稳压电路输出电压，调节 R_P 电位器，使电路输出 12V（空载）。当加接假负载（在电路输出两端接一个阻值为 50Ω、功率为 20W 的电阻器）时，记录此时万用表的测量示值。

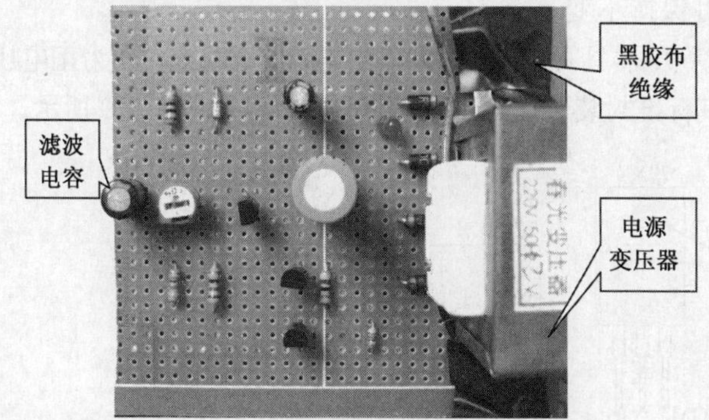

图 1-107 小功率直流稳压电源实物图

操作的结果及分析

该电路在空载或加载（负载有一定的限制要求）时，输出电压可保持不变。

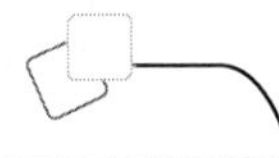

若想进一步加大该电路的输出功率，提高其带负载的能力，除需改用大功率晶体管作为调整管外，还需对该电路进行怎样的改进？

知识 2　三端集成稳压电路及应用

采用集成稳压器可减轻电子设备的体积与重量，并降低成本。集成稳压器本身不能产生功率，只能控制输入端功率的大小，使输出电压不变，供给负载。对于线性集成稳压器，将采用通过降低输入电压来控制功率的方式称为降压式。以下列举的集成稳压器均为降压式。

1. 三端固定式集成稳压器

三端固定式集成稳压器有 78XX/79XX 系列，为固定输出电压式稳压器，片内具有过流保护（短路）和过热保护功能，一方面即使过负载时稳压器也不会遭到损坏；另一方面限制输出电流，使其不会过大，过热时切断输出，使内部电路不致过热，有的稳压器还有使输出晶体管不超过安全区的保护电路等，如图 1-108 所示。

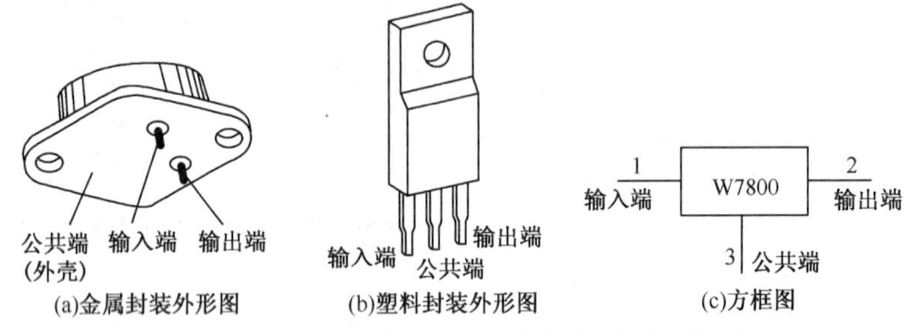

图 1-108　78XX 系列三端固定式集成稳压块封装形式

三端固定式集成稳压器外接两个滤波电容器就可构成简单稳压电路，当输入电压、输出电流或温度变化时，输出电压可保持不变。

78XX/79XX 系列三端固定式集成稳压器具有 1.5A 最大输出电流，78XX 系列为正电压输出，而 79XX 系列为负电压输出，其标准封装形式为 TO-3 和 TO-220，如图 1-109 所示。

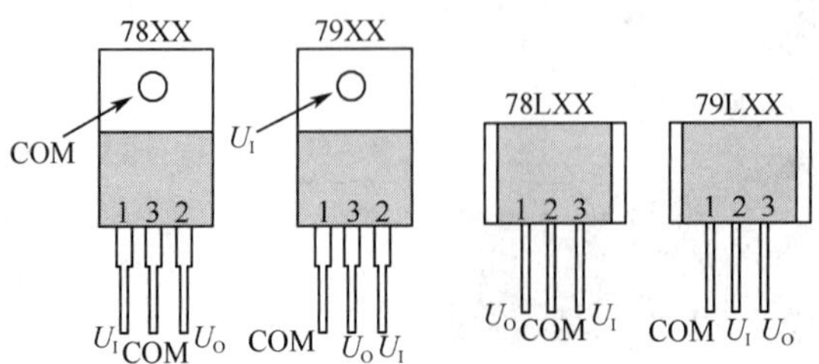

图 1-109　三端固定式集成稳压器塑料封装引脚排列

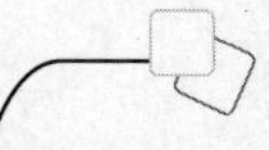

注意：型号后 XX 两位数字代表输出电压值。

最简单的集成稳压电源只有输入、输出和公共引出端，故称之为三端集成稳压器。三端集成稳压器的三端分别为输入端 U_I、输出端 U_O 和公共端 COM，使用时，公共端 COM 通常接地。内部电路由调整管、控制电路、误差放大器、保护电路等组成。

图 1-110 所示是三端固定式集成稳压器的基本应用电路（以 78L12 为例）。集成稳压器的输入端和输出端分别接入电容器 C_1 和 C_2。C_1 为输入稳定电容器，当稳压器输入阻抗降低时，起消振作用。C_2 为输出稳定电容器，可进一步降低输出的纹波电压、输出噪声及负载电流变化的影响。C_1 和 C_2 可采用 0.1～1μF 的陶瓷电容器或钽电容器。有时还接入两保护二极管。稳压器的封装可自然散热，输出较大功率时，应加装散热板。当稳压电路输入电压 U_I 在适当范围变化时，输出电压 U_O 稳定在 12V。

注意：输入与输出端之间的电压不得低于 3V。

2. 三端可调式集成稳压器

常见三端可调式集成稳压器有 LM317/337 系列，输出电压由外接的两个电阻器设定。LM317/337 最大输出电流为 1.5A。LM317 为正输出电压，LM337 为负输出电压。LM317 输出可调范围为 1.2～37V，其标准封装形式为 TO-3 和 TO-220，如图 1-111 所示。

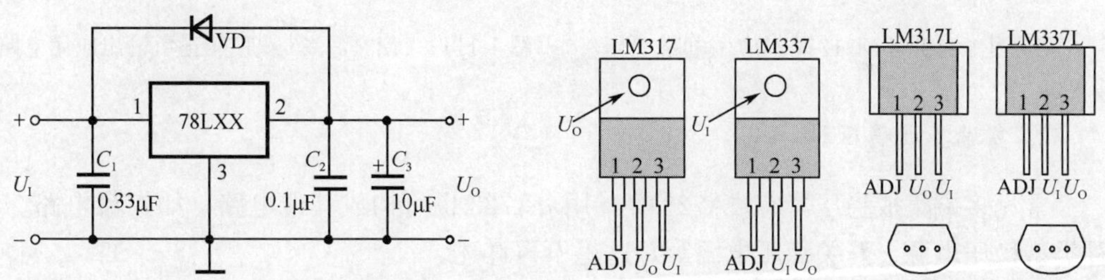

图 1-110　三端固定式集成稳压器的基本应用电路　　图 1-111　三端可调式集成稳压器封装形式

三端可调式集成稳压器内部框图如图 1-112 所示。LM317/337 的 3 个端子为输入端 U_I、输出端 U_O，调整端 ADJ，工作时 U_O 和 ADJ 之间常为恒定电压 U_{REF}。

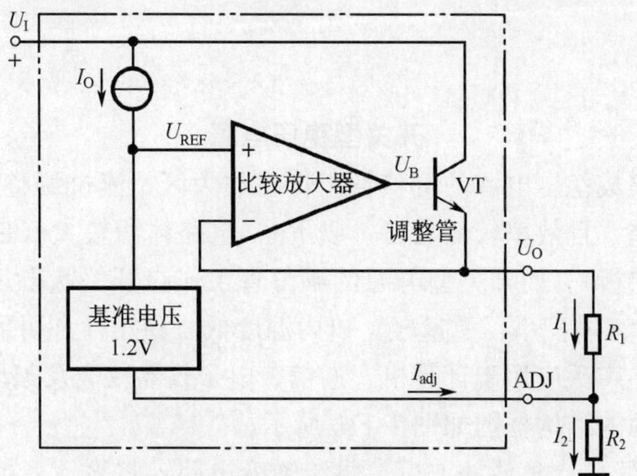

图 1-112　三端可调式集成稳压器内部框图

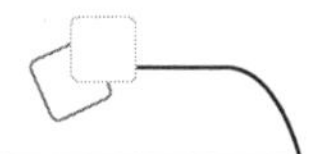

LM317 基本应用电路如图 1-113 所示。调整 ADJ 端电压，可得到任意输出电压 U_O。$U_O=(1+R_2/R_1)U_{REF}$，若 R_2 为连续可调电阻器，则可得到连续可调的输出电压。LM317 的基准电压 U_{REF} 为 1.25V（LM337 为−1.25V）。图 1-113 中 VD_1 和 VD_2 为保护二极管。

图 1-114 所示为 LM317/337 的双稳压正负输出电源实际电路，其输出电压由 R_1 和 R_2（R_1' 和 R_2'）决定。

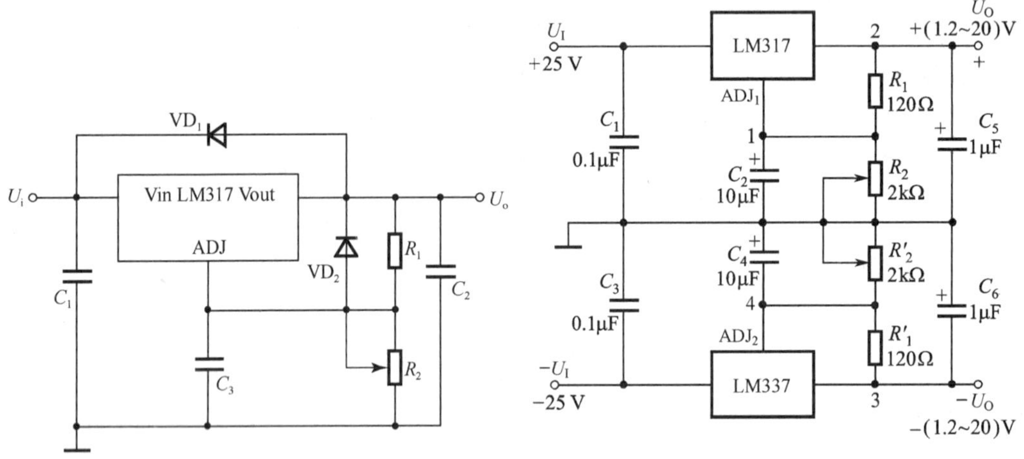

图 1-113　LM317 基本应用电路　　　图 1-114　LM317/337 双稳压正负输出应用电路

3. 多端集成稳压器

常见多端集成稳压器有 μA723 等。用 μA723 也可构成其他电路，如扩流电路、各种类型稳压电源、开关稳压电源等，这里不再详述。

4. 其他集成稳压器

除以上介绍的 78XX/79XX、LM317/337、μA723 等一般串联型集成稳压器外，还有低压降式串联型集成稳压器，如 LT108X 系列、LM2930 等，都有各自的电路特点。

开关型稳压电源

传统的串联型集成稳压电源的调整管工作在放大区，流过调整管的电流是连续的。其带负载的能力较差，且效率较低（60%以下），电路体积较大（带有大体积的电源变压器及调整管的散热板）。而开关型电源的调整管工作在开关状态，具有功耗低、效率高（为 70%～95%）、体积小、重量轻、机内温度低、稳压性和可靠性高等优点，因此开关型稳压电源现已广泛应用于计算机、通信、电子仪器仪表及家用电器中。

开关型稳压电源的结构框图如图 1-115 所示。

220V 电网电压经一次整流滤波后，供给逆变电路，将直流变换成高频交流，再经二次整流滤波后，又变为直流电压，供整机其他电路使用。逆变电路和二次整流滤波电

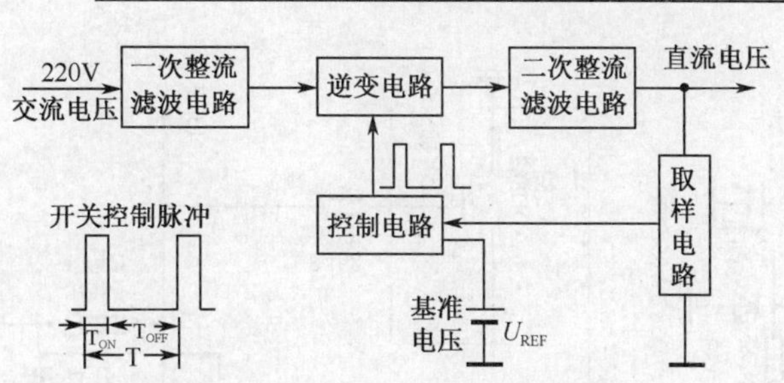

图 1-115　开关型稳压电源的结构框图

路统称为直流/直流变换器，它是开关型稳压电源的核心。控制电路主要包括比较电路、放大电路及控制通/断时间比率电路。

开关型稳压电源的基本原理图如图 1-116 所示，它由开关调整管 VT、储能电路（由 VD、L、C 组成）和控制电路 3 部分组成。控制电路产生一个脉冲宽度可调的矩形脉冲，它控制开关调整管的导通时间的长短。当正脉冲来到时，VT 饱和导通，通过 VT 的电流 i_L 经 L 形成回路，通过 L 的电流 i_L 不能突变，而是从零按线性增大。脉冲宽度越大，VT 导通的时间越长，则 i_L 越大。

开关型稳压电源输出电压的调整是通过改变开关管导通时间与导通、截止变化的周期比值来实现的，或者是通过改变开关调整管基极脉冲信号的脉宽 T_{ON} 与周期 T 的比值来实现，可用以下关系式 $U_o=U_iT_{ON}/T$ 表示。改变 T_{ON} 参数控制方式为调宽型，改变 T 参数的控制方式为调频型。

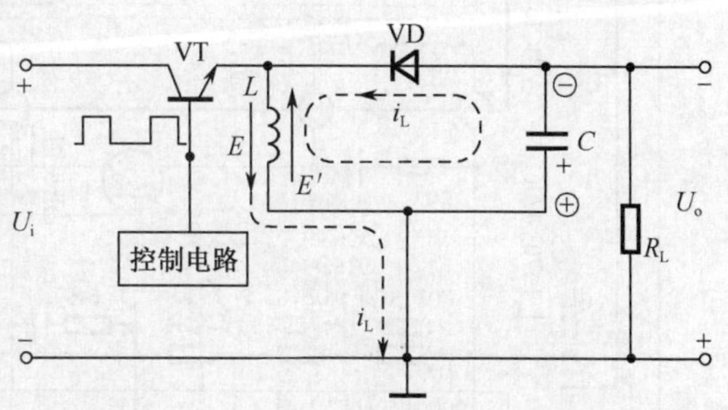

图 1-116　开关型稳压电源的基本原理图

若脉冲变压器（储能电感）与负载串联的为串联型开关稳压电源；脉冲变压器与负载并联的为并联型开关稳压电源。

由主开关元器件、脉冲变压器构成间歇振荡器的工作方式，称为自激式；电视机、显示器等电器中采用的开关电源大都为自激式；而主开关元器件靠集成控制器等外部电路来激励的工作方式称为他激式。

下面以长虹 CN-12 机芯开关电源（图 1-117）为例来分析说明开关型电源的基本组成。自激振荡电路产生间隙振荡，使开关管工作在开关状态，其基本电路如图 1-118 所示。

自激振荡电路工作原理：R520、R521、R522、R526、R515 为开关管 V513 的偏置电阻器，接通电源时，＋300V 电源通过 R520、R521、R522 为开关管提供启动电流，使开关管导通，出现集电极电流，再利用开关变压器①、②绕组的正反馈形成振荡。

（1）开关管由截止转为饱和导通的过程

接通电源，R520、R521、R522 为 V513 提供启动电流，使 V513 开始导通，出现集电极电流 i_c。

i_c 在 T511 中产生感应电动势 e_1 与 e_2，e_2 又通过 C514、R519 形成正反馈，使 V513 很快进入饱和状态。

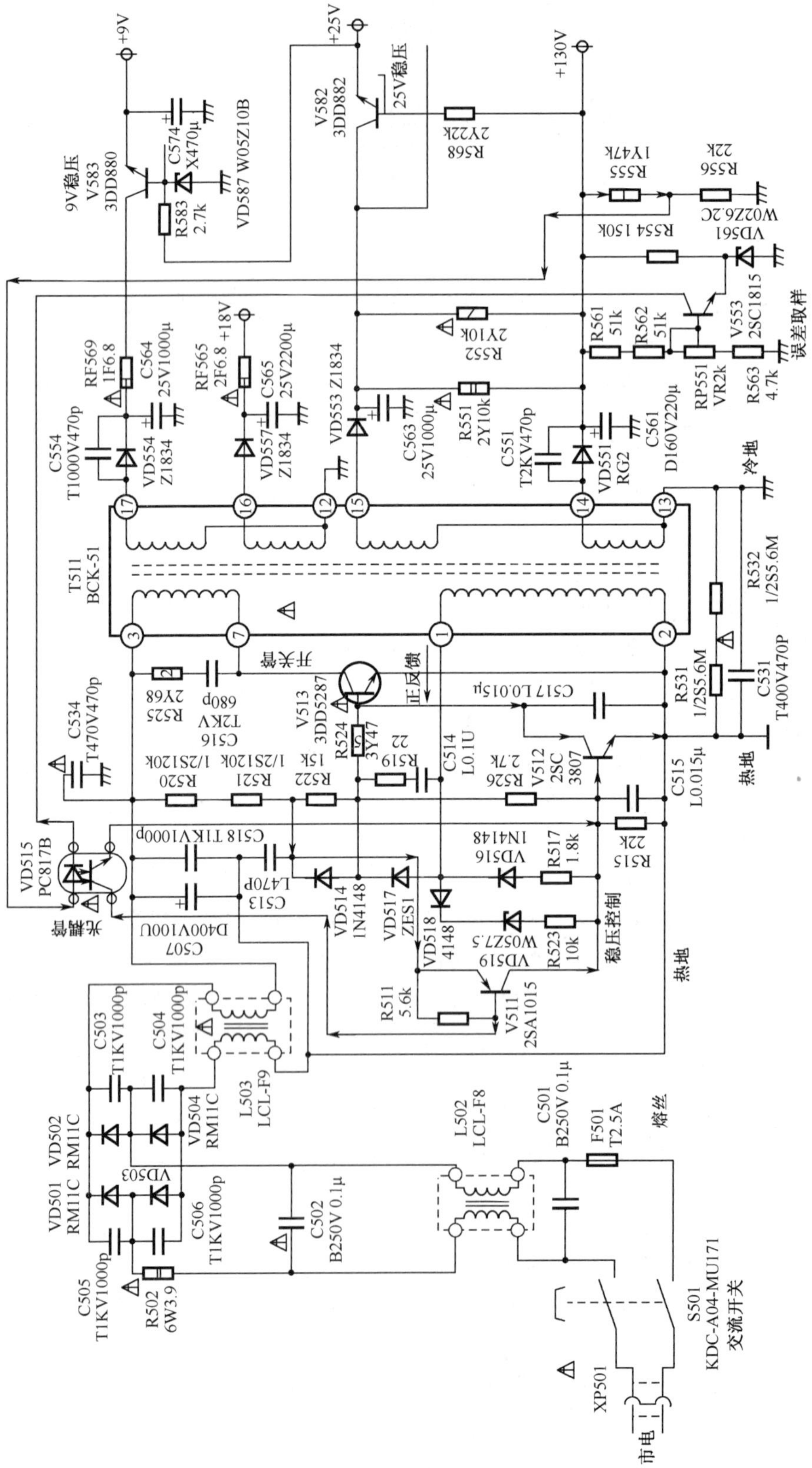

图1-117　长虹CN-12机芯开关电源

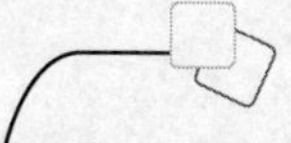

（2）开关管维持饱和导通的过程

开关管饱和以后，i_c 不再受 i_b 控制，且有 $\beta \cdot i_b \gg i_c$，但是，i_c 会因 T511 的电感影响而呈增长趋势，而 i_b 则因 C514 的充电而逐渐减小，经过一段时间后，开关管重新回到放大状态。开关管维持饱和导通时间的长短，取决于 i_c 增长的速度与 C514 充电的快慢。

（3）开关管由饱和导通转为截止的过程

开关管重新回到放大状态后，i_c 将随 i_b 的减小而减小，i_c 的减小，将在 T511 中产生反方向的感应电动势，使 i_b 进一步减小。这又是一个正反馈过程，结果，V513 很快进入截止状态。

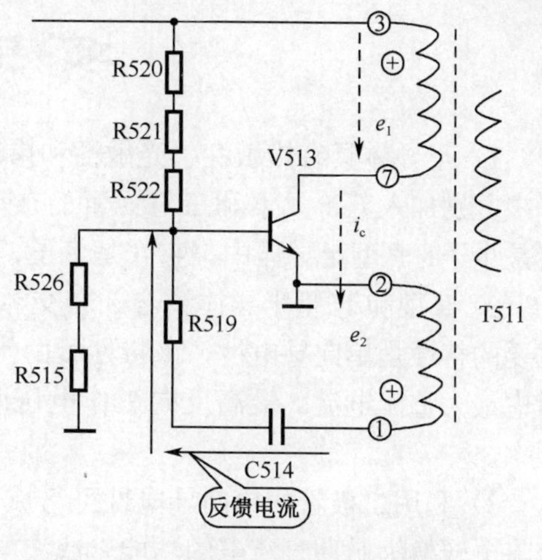

图 1-118　自激振荡电路

（4）开关管维持截止的过程

开关管截止后，T511 上的负电压与 C514 上的电压叠加以后加在 V513 基极，维持 V513 截止。当 V513 基极电位上升到 0.6V 以后，重新出现基极电流，回到振荡的第一过程。

R561、R562、R563 与 RP551 组成误差取样电路。取样电压来自＋130V 输出电压。

R554、VD561 组成基准电压形成电路。由于稳压管的作用，使得比较放大管 V553 发射极基准电压不随输出电压而变化。V553 为比较放大管。它将取样电压与基准电压比较以后输出误差电流，该电流流入光电耦合器的二极管。

若＋130V 输出电压升高，则取样电压升高，V553 基极电压也升高，由于 V553 发射极电压不变，因而 V553 集电极电流增大，即误差电流增大。

V512 为脉宽调整管。该机是通过 V512 对开关管 V513 基极电流的分流作用来控制开关管的导通时间长短，从而改变输出电压高低的。

任务检测与评估

检测项目		评分标准	分值	学生自评	教师评估
任务知识内容	串联型稳压电路	掌握串联型稳压电路工作原理	20		
	集成稳压电路及应用	掌握三端固定式和可调式集成稳压器电路结构	20		
任务操作技能	串联型直流稳压电路仿真	能熟练运用仿真软件建立与调试串联型稳压电路，能根据结果得出正确的结论	20		
	小功率直流稳压电源的制作	能正确安装与调试，且对出现的一般问题进行处理	30		
	安全操作	安全用电、按章操作，遵守实训室管理制度	5		
	现场管理	按 6S 企业管理体系要求，进行现场管理	5		

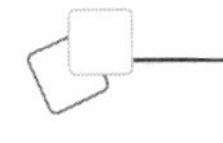

项目小结

1）半导体具有热敏性、光敏性和掺杂性。N 型半导体和 P 型半导体是在本征半导体中分别加入五价元素和三价元素的杂质半导体。N 型半导体中，电子是多子，而空穴是少子；P 型半导体中，空穴是多子，而电子是少子。

2）P 型和 N 型半导体结合，在交界面处形成 PN 结。二极管由 PN 结构成。其最主要的特性是单向导电性，该特性可由伏安特性曲线准确描述。选用或更换二极管必须考虑最大整流电流、最高反向工作电压两个主要参数，高频工作时还应考虑最高工作频率。

3）利用二极管的单向导电性可组成半波整流、全波整流、桥式整流电路，实现将交流电转换为脉冲直流电的功能。滤波电路的作用是对整流输出的脉冲直流进行平滑。常见的电路形式有电容滤波、电感滤波和复式滤波等。

4）利用 PN 结的击穿特性可制作稳压二极管。用稳压二极管构成稳压电路时，首先应保证稳压管反向击穿，另外必须串接限流电阻器。当输入电压波动或负载电阻改变时，稳压二极管通过调整自身电流的大小来维持其端电压基本稳定。

5）双极型晶体管（晶体管）是由两个 PN 结构成的半导体器件，在发射结正偏、集电极反偏的条件下具有电流放大作用。晶体管有 3 个工作区：放大区、截止区和饱和区。晶体管在发射结与集电结均正偏时，处于饱和状态。在发射结与集电结均反偏时，处于截止状态。当晶体管作为电子开关时将工作在这两种状态下。

6）放大器的分析包括直流（静态）分析和交流（动态）分析。前者主要确定晶体管的直流工作点，后者主要确定放大器的交流指标，即放大倍数、输入电阻及输出电阻等。

7）共射极、共集电极和共基极电路是晶体管构成的 3 种基本组态放大器。

8）场效应晶体管是一种电压控制器件，主要分为绝缘栅型和结型两大类。每类又有 P 型沟道和 N 型沟道的区分。

9）晶体管串联型稳压电路是利用晶体管作为电压调整器件与负载串联，从输出电压中取出一部分电压，与基准电压进行比较产生误差电压，该误差电压经放大后去控制调整管的内阻，从而使输出电压稳定。串联型稳压电源一般由调整元器件、取样电路、基准电压和误差（比较）放大电路 4 部分组成，是一个串联型电压负反馈系统。

10）开关型稳压电源电路的调整管工作在开关状态，且开关频率为几十千赫兹，所以可省去沉重的电源变压器，且工作效率很高，稳压效果好，目前用途极为广泛。

思考与练习

一、填空题

1. 半导体中存在着两类载流子，其中带负电荷的载流子叫作________。N 型半导体中多数载流子是________，P 型半导体中多数载流子为______。

2. 二极管的主要特性是具有________。锗二极管导通时的电压降是________V，硅二极管导通时的电压降是________V。

3. 晶体管具有两个 PN 结，分别是________和________，其输出特性区域分 3 个区，分别是________、________和________。

4. 晶体管在电路中的 3 种组态方式是________、________和________。

5. 共集电极放大电路又称为________，它的特点是电压放大倍数小于或接近于________，输出电压与输入电压相位________，输入电阻________，输出电阻________。

6. 在共射极放大电路中，输出电压 u_o 与输入电压 u_i 相位________。

7. 常用小功率直流稳压电源系统由________、________、________和________等 4 个部分组成。

8. 串联型稳压电路是由________、________、________和________等 4 个基本部分组成。

二、选择题

1. 利用二极管的（　　）组成整流电路。

A. 正向特性　　B. 单向导电性　　C. 反向击穿特性

2. 晶体管工作在放大状态时，其两个结的偏压为（　　）。

A. 发射结正偏、集电结反偏　　B. 发射结正偏、集电结正偏

C. 发射结反偏、集电结反偏

3. 用万用表 $R\times1\text{k}$ 挡测二极管，若红表笔接正极、黑表笔接负极时读数为∞；红黑表笔对调后再测，读数为 5kΩ，则该只二极管的状态是（　　）。

A. 性能良好　　B. 性能不良　　C. 内部短路　　D. 内部开路

4. 图 1-119 所示为共射极基本放大电路，当基极电流增大时，则晶体管（　　）。

A. 集电极电流不变　　B. 集电极与发射极间电压 U_{CE} 下降

C. 集电极与发射极间电压 U_{CE} 上升

5. 在图 1-120 中，当 R_W 的滑动触点向上移，输出电压 U_o 会（　　）。

A. 下降　　B. 升高

C. 无影响　　D. 变化因器件参数的不同而不同

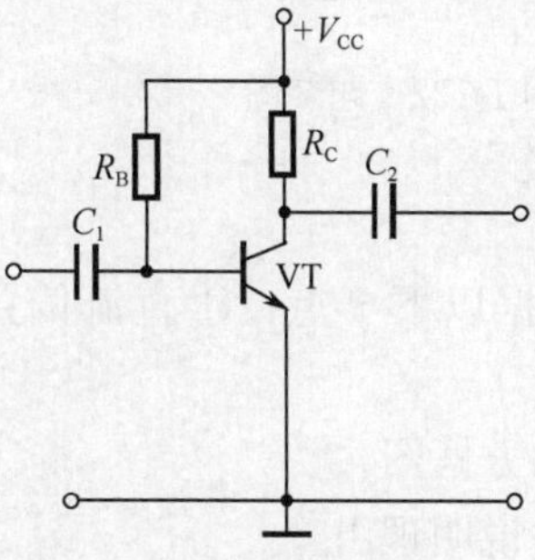

图 1-119　题 4 图

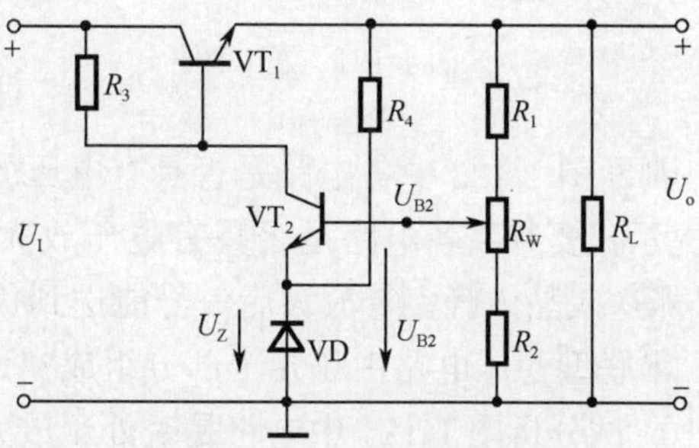

图 1-120　题 5 图

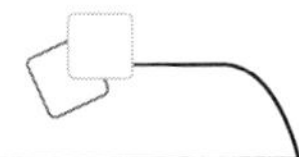

6. 在图 1-120 中，U_o 升高，会引起 U_{B2}（　　）。

A. 下降　　B. 升高　　C. 无影响　　D. 不确定

7. 三端可调式集成稳压器 LW317 的①脚为（　　）。

A. 输入端　　B. 输出端　　C. 公共端　　D. 调整端

8. 开关型稳压电源比串联型稳压电源效率高，其原因主要是（　　）。

A. 输入的电源电压较低　　B. 内部电路元器件较少

C. 采用 LC 组合滤波，使输出更平滑　　D. 调整管处于开关状态

*9. N-JFET 的 $U_P=-4V$，要保证该管工作于放大区，静态 u_{GS} 的取值范围应是（　　）。

A. $>-4V$　　B. $<-4V$　　C. $-4\sim0V$　　D. $<4V$

三、简答题和分析题

1. 什么叫直流稳压电源？它由哪几个部分组成？

2. 画出单相半波整流电路图，试说明其整流过程和特点。

3. 画出单相全波整流电路，试说明其整流过程和特点。

4. 试画出几种典型的电容滤波电路。

5. 硅稳压二极管稳压电路在电网电压波动或负载电流变化时，如何保持输出电压基本不变？

6. 试画出如图 1-121 所示电路的直流通路和交流通路。

（提示：电容器对交流信号来说相当于“短路”；直流电压源对交流信号相当于对“地”短路。）

7. 估算如图 1-122 所示偏置电路静态工作点（$U_{EB}=0.7V$）。

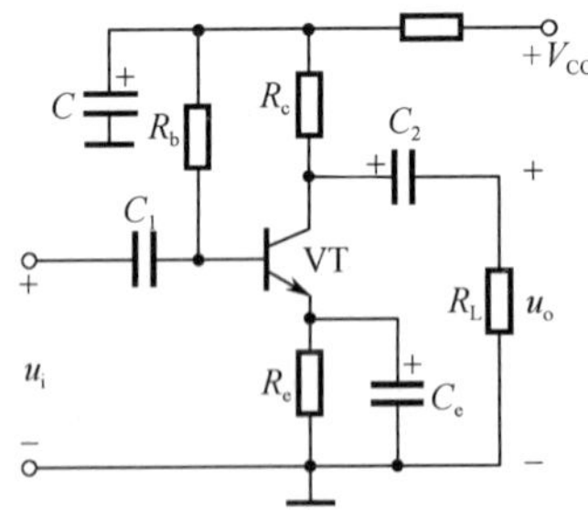

图 1-121　题 6 图

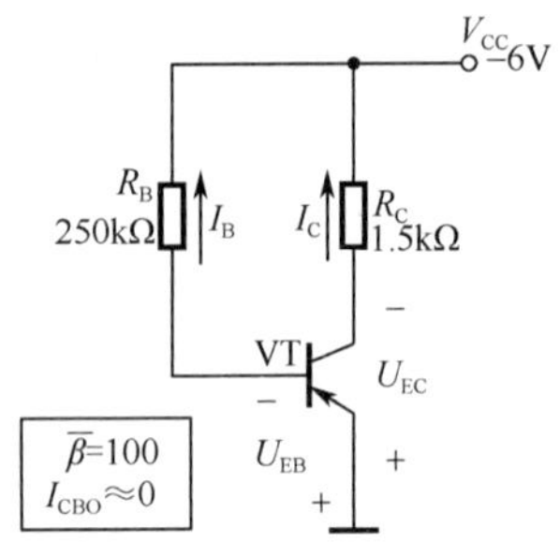

图 1-122　题 7 图

8. 判断图 1-123 中各电路是否具有电压放大作用。

（提示：要判断各电路是否具有电压放大作用可依据以下 3 点：①直流偏置正确；②信号能送入晶体管；③放大后信号能送到负载。）

9. 串联型稳压电路由哪几个部分组成？试画出它的方框图。

*10. 试分析图 1-124 中电路是否处于放大状态，并说明理由。

（提示：图 1-124（a）中，u_{GS} 是正电压，无负偏压，而正常工作需负偏压；图 1-125（b）中 N 型沟道增强型场效应晶体管工作时要求 G、S 之间是正电压，且正电

压要大于开启电压，而图中 G 极始终是零电位，即 $u_{GS}=0$，i_D 始终是 I_{DSS}，因此不能实现放大作用。）

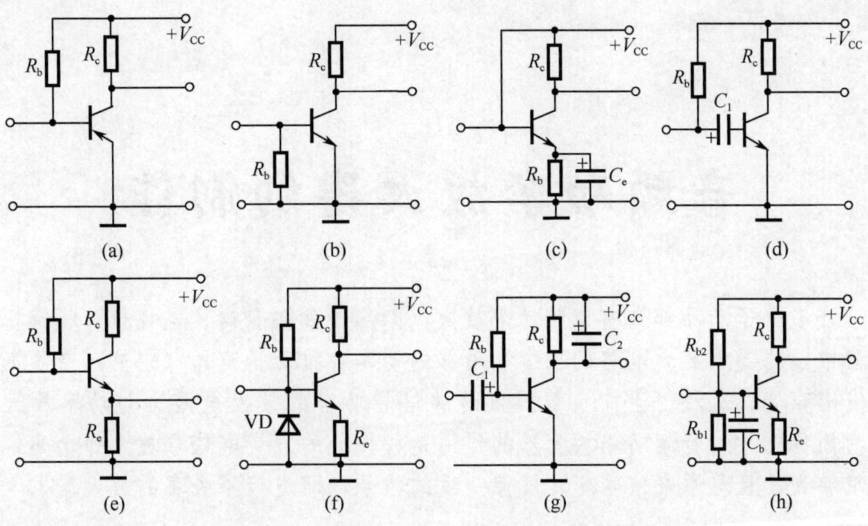

图 1-123　题 8 图

11. 有一个晶体管接在放大电路中，其型号和标志已模糊，测得它的 3 个电极对地的电位分别如图 1-125 所示。试判断该晶体管的导电类型（是 PNP 还是 NPN）和 3 个电极名称，以及半导体材料是硅还是锗。

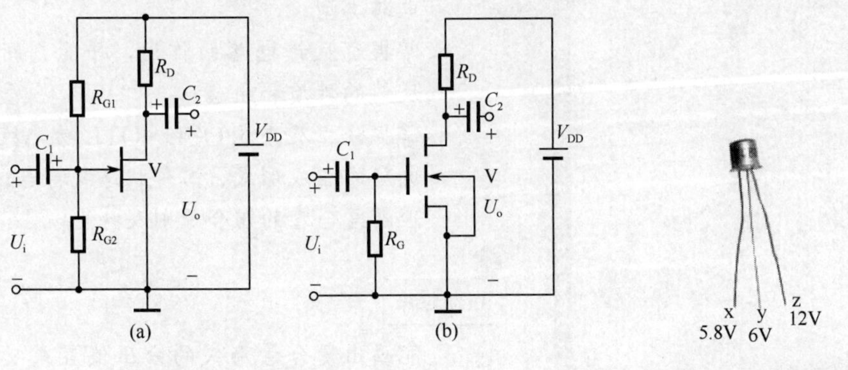

图 1-124　题 10 图　　　图 1-125　题 11 图

项目二

音频功率放大器的制作

许多电子产品都含有音频功率放大电路，诸如在音响、电视机、收音机等电器中，均要求放大电路的末级有足够的功率去推动扬声器（喇叭）音圈振动而发出声音。这种用于向负载提供足够信号功率的放大电路称为功率放大电路，简称功放。音频功率放大器的作用是将微弱的声音电信号放大为功率或幅度足够大，且与原来信号变化规律一致的信号，即进行不失真的放大。

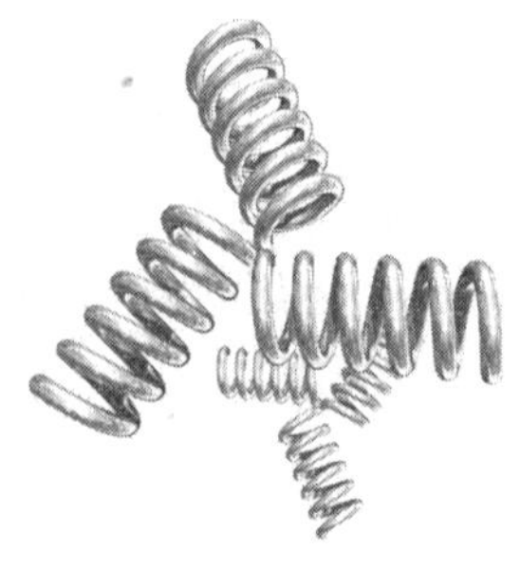

- 熟悉功率放大器应满足的要求及常见电路类型；
- 掌握负反馈电路的作用，并能判断负反馈的性质和组态；
- 掌握分立及集成 OCL、OTL 功率放大电路的组成形式、工作状态及特点；
- 理解复合管的组合原则及特点。

- 能画出复合管形式的分压偏置式功率放大电路；
- 能根据电路需要正确挑选推挽配对晶体管，且会检测功率放大管的质量优劣；
- 能设计 OCL、OTL 功率放大电路，并进行正确安装及调试；
- 能针对放大电路特点，采取有效措施来消除电路中出现的非线性失真。

任务一　前置放大电路的制作

任务目标

- 能熟练画出分压偏置式放大电路图，并能对其自动稳定工作点的原理进行分析；
- 能准确分析电路中各元器件参数对静态工作点的影响，并正确设置静态工作点；
- 能熟练掌握直流工作点与放大器非线性失真的关系；
- 能熟练安装、调试分压偏置式放大电路。

任务教学方式

教学步骤		时间安排	教学手段及方式(供参考)
阅读教材		课余	学生自学、查资料、相互讨论
知识点讲授		4 课时	分压偏置式放大电路和直流工作点与放大器非线性失真关系等内容采用课堂教学，并结合多媒体课件进行讲授
任务操作	仿真操作	2 课时	分压偏置式放大电路的分析与测试采用投影演示及上机仿真操作进行教学
	装调操作	4 课时	音频前置放大电路的制作在实训场地进行教学，装配前可讲授电路原理与装配工艺要求
评估检测		与课堂同步进行	教师与学生共同完成任务的检测与评估，并能对出现的问题进行分析与处理

读一读

知识 1　分压偏置式放大电路

温度变化会引起放大电路的静态工作点发生偏移，从而影响放大电路的正常工作。为了提高静态工作点的稳定性，在放大电路中通常采用分压偏置式放大电路来提高静态工作点的稳定性。

分压偏置式放大电路是最常用的音频信号前置放大电路。下面以 NPN 型晶体管所组成的分压偏置式放大电路为例，介绍放大电路的工作原理。

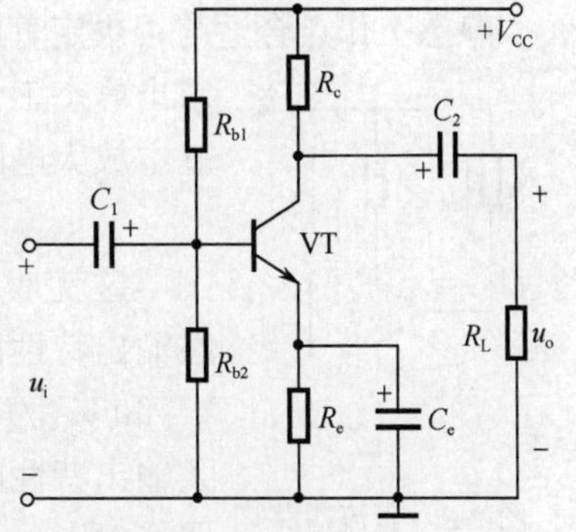

图 2-1　分压偏置式放大电路

1. 电路结构及各元器件的作用

电路结构如图 2-1 所示。

R_{b1}为上偏置电阻器，R_{b2}为下偏置电阻器，R_{b1}、R_{b2}的阻值一般为几十千欧。

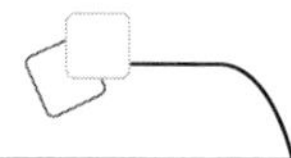

电源电压V_{CC}经R_{b1}、R_{b2}分压后得到基极电压U_{BQ}，为晶体管VT的发射结提供合适的正向偏置电压，同时给基极提供一个合适的基极电流。

R_e为发射极电阻器，也称发射极负反馈电阻器，主要起到稳定工作点的作用。

C_e称为发射极交流旁路电容器，作用是避免交流信号电压在发射极电阻器R_e上产生压降，造成放大电路电压的放大倍数下降。

R_c为集电极电阻器，电源通过R_c给集电结加上反向偏压，使晶体管工作在放大区。VT为晶体管，是放大电路的核心器件。R_L为负载电阻器。

2. 稳定工作点的原理

当温度升高时，由于晶体管VT的β、I_{CEO}增大及U_{BEO}减小而引起集电极电流I_{CQ}增大，则发射极电阻器R_e上的压降U_{EQ}增大。

基极电位U_{BQ}由R_{b1}、R_{b2}串联分压提供，大小基本稳定，因此发射结电压U_{BEQ}（$U_{BEQ}=U_{BQ}-U_{EQ}$）减小，于是集电极电流I_{CQ}的增加受到限制，达到稳定静态工作点的目的。上述自动稳定工作点过程总结如下：

温度T升高→集电极电流I_C（$I_C=I_{CQ}+I_{CEO}$）增大→发射极电流I_{EQ}增大→发射极电位U_{EQ}升高→发射结电压U_{BEQ}下降→基极电流I_{BQ}减小→集电极电流I_C下降。

注意： 分压偏置式放大电路稳定工作点的关键在于利用发射极电阻器R_e两端的电压来反映集电极电流的变化情况，实质上是通过R_e的变化量来控制并调节集电极电流I_C的变化，最后达到稳定静态工作点的目的。可从以下3点加深理解：

1）由于温度变化对β、I_{CEO}及U_{BEQ}等参数产生影响，将导致晶体管集电极电流I_C变化，从而引起放大电路工作点的偏移。因此，要稳定工作点，关键在于稳定晶体管集电极电流I_C。

2）放大电路中晶体管基极电压U_{BEQ}由偏置电阻器R_{b1}、R_{b2}分压得到（即分压式偏置电路），故晶体管基极电压相对比较稳定，与温度无关。

3）由于晶体管发射极电阻器R_e的存在，与基极电压共同起作用，稳定了晶体管集电极电流的变化，使放大电路的静态工作点趋于稳定。

3. 元器件参数对静态工作点的影响

静态工作点合适与否决定着电路能否正常进行交流放大，可以用以前学过的估算法求出静态工作点，也可以用作图的方法求出。图2-2所示为共射极基本放大电路的直流通路，在集电极回路可以列出如下方程：

$$U_{CE}=V_{CC}-I_CR_c$$

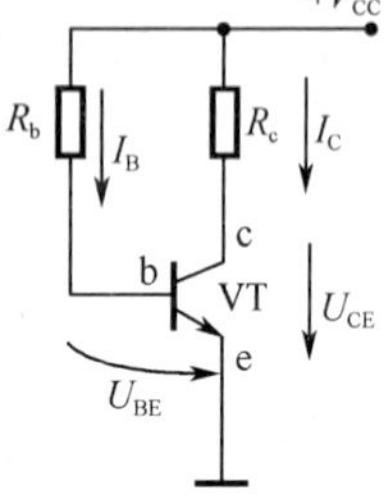

图2-2　直流通路

这就是直流负载线方程。U_{CE}与I_C是线性关系，是一条直线。在输出特性曲线所在的坐标中，只需在坐标轴上确定两个特殊点V_{CC}和V_{CC}/R_c，便可作出这条直流负载线MN，其中，$i_B=I_{BQ}$的这条输出特性曲线与直流负载线MN的交点即为静态工作点Q，如图2-3所示。

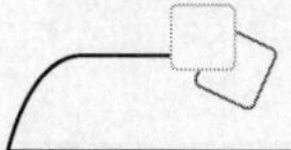

电路中元器件参数 R_b、R_c 对静态工作点 Q 的影响如图 2-4 所示。

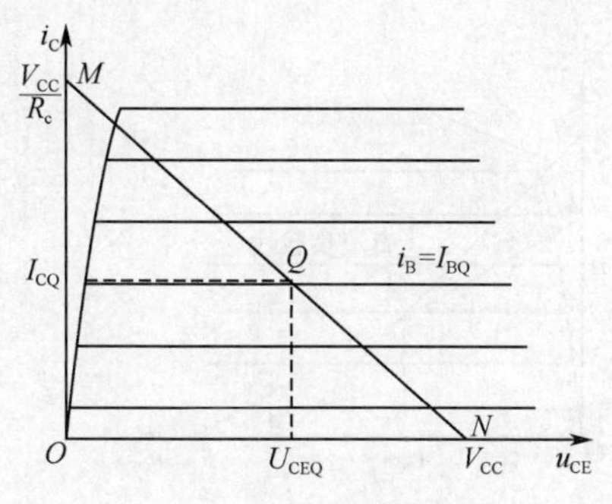

图 2-3　直流负载线与 Q 点

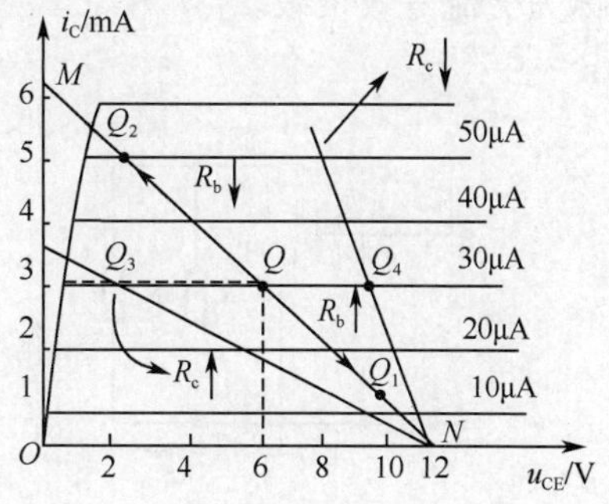

图 2-4　Q 点与 R_b、R_c 的关系

1）增大 R_b 时，静态工作点由 Q 下移到 Q_1；减小 R_b 时，静态工作点由 Q 上移到 Q_2。

2）增大 R_c 时，静态工作点由 Q 左移到 Q_3；减小 R_c 时，静态工作点由 Q 右移到 Q_4。

同理可分析 V_{CC} 对静态工作点 Q 的影响。

想一想

1）为什么说要稳定放大电路的静态工作点，关键在于稳定晶体管集电极电流 I_C？

2）如何通过直流负载线求放大电路的静态工作点 Q？

3）当分压偏置式放大电路的温度降低时，它的工作点能稳定吗？为什么？

知识 2　直流工作点与放大器非线性失真的关系

对放大器最基本的要求是实现交流信号的不失真放大，即输出信号的波形与输入信号的波形应是相似的。如果放大器的工作点设置不合适，将导致输出波形产生失真现象。例如，在音频放大电路中，表现为声音失真；而在电视扫描放大电路中，将表现为图像比例失真。这种失真是由于电路的工作范围超出了晶体管的特性曲线的线性区而产生的，称为非线性失真，它包括饱和失真和截止失真两类。

1. 交流通路与交流负载线

放大电路在输入交流信号的情况下处于动态工作状态，称为动态。在动态时，放大电路在输入信号 u_i 和直流电源 V_{CC} 共同作用下工作，电路中既有直流分量，又有交流分量，形成了交、直流共存于同一电路之中的情况，各极的电流和各极的电压都在静态值的基础上叠加一个随输入信号 u_i 发生相应变化的交流分量。由于耦合电容对交流信号可看成短路，而直流电源 V_{CC} 对交流信号则可看成直接对地短路，由此可画出放大电路

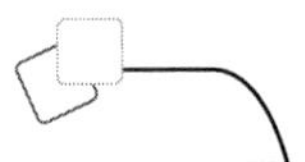

的交流通路图。图 2-5（a）所示为共射极基本放大电路的交流通路图，图中，$R'_L=R_L//R_c$，称为交流等效负载。

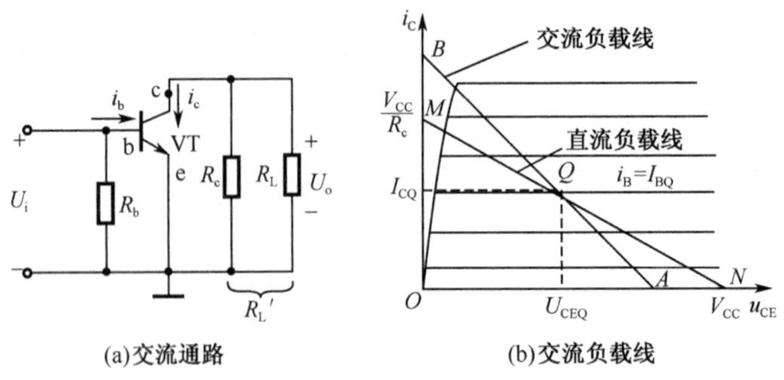

图 2-5　共射极基本放大电路的交流通路与交流负载线

由图 2-5（a）可知

$$u_{ce}=-i_c R'_L$$

而 $u_{ce}=u_{CE}-U_{CE}$，$i_c=i_C-I_C$，代入上式可得

$$u_{CE}-U_{CE}=-(i_C-I_C)R'_L$$

上式表明，动态时 i_C 与 u_{CE}的关系仍为一直线，称为交流负载线，该直线的斜率为 $-\frac{1}{R'_L}$，即斜率的大小由交流负载电阻 R'_L决定，如图 2-5（b）所示。显然，这条直线通过静态工作点 Q（U_{CEQ}、I_{CQ}），且与两坐标轴的交点分别为

$$A(U_{CE}+I_C R'_L,0),B(0,I_C+U_{CE}/R'_L)$$

2. 放大电路的非线性失真

(1) 饱和失真现象

在如图 2-1 所示的音频信号前置放大电路中，当输入信号 u_i 为正弦信号时，若上偏置电阻器 R_{b1}设置为 5.1kΩ（偏小），基极电流 I_{BQ}就较大，此时放大电路输出的电压波形就会产生失真，其负半周波形被削去一部分，称之为饱和失真，如图 2-6 所示。

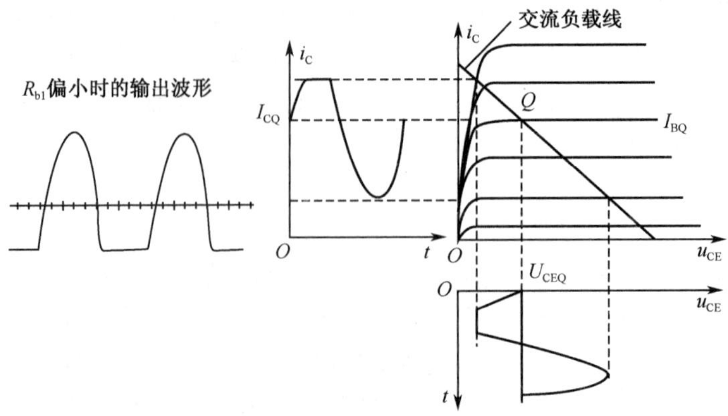

图 2-6　饱和失真波形与图解分析

根据图解分析法可以从图 2-6 看出，I_{BQ}偏大时，静态工作点 Q 点偏高，在饱和临界点附近，i_B 增大无法使 i_C 相应增大，于是会在 i_C 的正半周、u_{CE}的负半周出现饱和失真（切割失真）现象。

为了克服放大电路出现的饱和失真现象，可适当增大上偏置电阻器 R_{b1}，使 I_{BQ}降低、Q 点下移。

（2）截止失真现象

在如图 2-1 所示的音频信号前置放大电路中，当输入信号 u_i 为正弦信号时，若上偏置电阻器 R_{b1}设置为 330kΩ（偏大），基极电流 I_{BQ}就较小，此时放大电路输出的电压波形也会产生失真，其正半周被削去一部分，称之为截止失真，如图 2-7 所示。

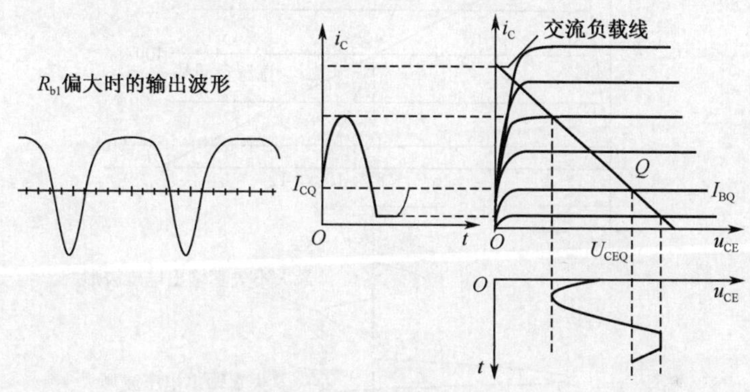

图 2-7　截止失真波形与图解分析

根据图解分析法可以从图 2-7 看出，I_{BQ}偏小时，静态工作点 Q 点偏低，在输入信号 u_i 为负半周时，晶体管的发射结将在一段时间内处于反向偏置，于是在 i_C 的负半周、u_{CE}的正半周会出现相应的波顶被削去，即截止失真现象。

为了克服放大电路出现的截止失真现象，可适当减小上偏置电阻器 R_{b1} 的值，使 I_{BQ}升高、Q 点上移。

即使 Q 点设置合理，若输入信号幅度过大，也可能同时出现截止失真和饱和失真。

Q 点选择不当引起放大电路的非线性失真分析，可概括如表 2-1 所示。

表 2-1　Q 点设置引起的放大电路非线性失真

失真		截止失真	饱和失真
示波器波形	NPN 管	u_o 正半周削顶	u_o 负半周削顶
	PNP 管	u_o 负半周削顶	u_o 正半周削顶
原因	Q 点	过低	过高
	R_{b1}	偏大	偏小
调整方法		减小 R_{b1} 使 Q 点抬高	增大 R_{b1} 使 Q 点降低

为了减小或避免非线性失真，必须合理选择静态工作点的位置，一般选在交流负载线的中点附近，同时限制输入信号的幅度。

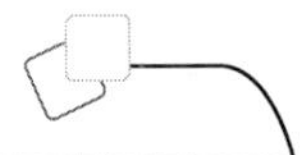

3. 放大电路的最大不失真输出电压幅度

最大不失真输出电压幅度是指放大电路不产生截止或饱和失真时，输出所能获得的最大电压幅度，用U_{om}表示，如图 2-8 所示。

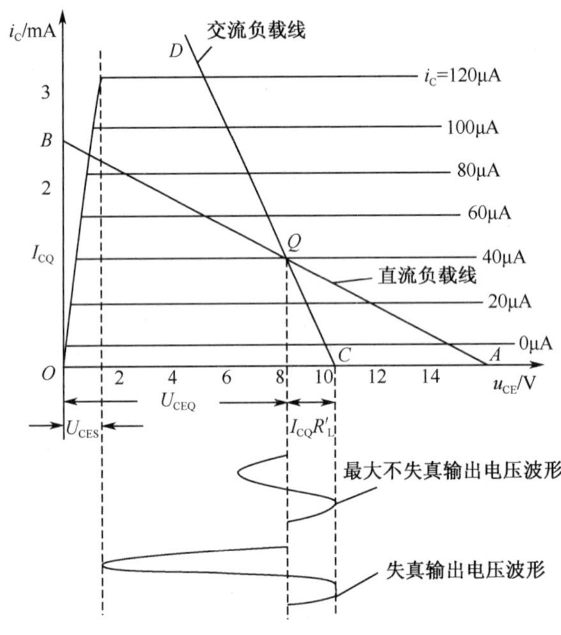

图 2-8　放大电路最大不失真输出电压幅度

从晶体管输出特性曲线反映出，由于受截止区域和饱和区域的限制，放大器的不失真输出电压有一个范围，其最大值称为放大器的输出动态范围。

由图 2-8 可知，因受截止失真限制，其最大不失真输出电压的幅度为

$$U_{om}=I_{CQ}R'_L$$

而因受饱和失真限制，最大不失真输出电压的幅度为

$$U_{om}=U_{CEQ}-U_{CES}$$

式中，U_{CES}为晶体管的临界饱和压降。比较以上两式所确定的数值，其中较小的即为放大器最大不失真输出电压的幅度，而输出动态范围U_{opp}则为该幅度的 2 倍，即

$$U_{opp}=2U_{om}$$

显然，为了充分利用晶体管的放大区，使输出动态范围最大，直流工作点应选在交流负载线 CD 的中点处，即线性放大区的中点，这样，正、负半周信号都能得到充分放大，并最大限度地利用了动态范围。

想一想

1）试分析“放大电路输出的电压波形负半周产生削顶失真一定是饱和失真，而放大电路输出的电压波形正半周产生的削顶失真一定是截止失真”的说法是否正确？为什么？

2）采用直流负载线和交流负载线对分析电路有哪方面的帮助？请举例说明。

实训 1　分压偏置式放大电路的仿真测试

仿真目的

1）进一步熟悉分压偏置式放大电路的组成与工作原理。

2）掌握电路中各元器件参数对静态工作点 Q 的影响。

3）掌握引起输出波形非线性失真的原因及消除措施。

仿真内容

分压偏置式放大电路仿真图如图 2-9 所示。函数信号发生器输出正弦波信号作为电路输入信号，在电路信号输出端外接双踪示波器，那么从双踪示波器中可以观察输出信号波形的幅度及形状，如图 2-10 所示。

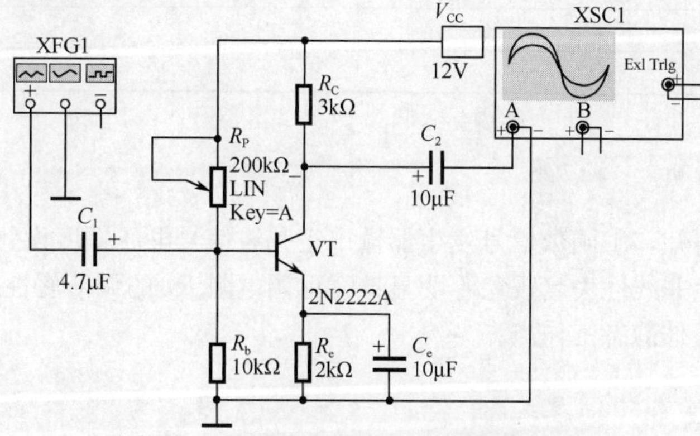

图 2-9　分压偏置式放大电路仿真图

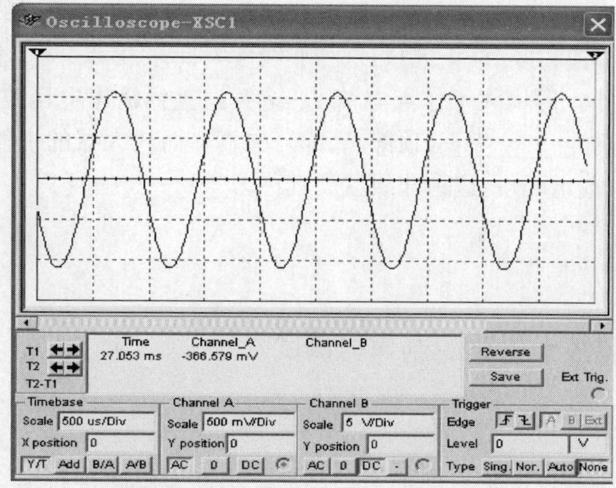

图 2-10　分压偏置式放大电路输出波形

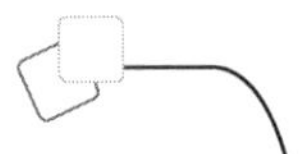

仿真步骤及操作

1）打开 EWB（Multisim 14.0）仿真软件，按如图 2-9 所示创建和连接电路。

2）设置函数信号发生器输出正弦波信号电压 $U_{m}=40\text{mV}$，频率 $f=1\text{kHz}$。

3）按快捷键 F5 或单击仿真开关或单击仿真按钮（下同），双击示波器，打开示波器面板，将各项参数调整到合适的位置，观察示波器测试出的波形，同时调节 R_{P}，使输出波形幅度最大且无失真现象，读出输出波形的幅度 U_{om} 的大小，将结果填入表 2-2 中。

4）按要求改变电路上偏置可调电阻器大小，重复仿真步骤 3），观察示波器测试出的波形，并读出输出波形幅度 U_{om} 的大小，将结果填入表 2-2 中。

表 2-2　分压偏置式放大电路仿真测试结果记录表

调节 R_{P} 大小	读出输出波形幅值 U_{om} 大小/V	画出输出波形形状	观察有无非线性失真
5%			
13%			
30%			

仿真结果及分析

由仿真结果可知，①函数信号发生器输出正弦波信号电压幅度设置不能太小，否则电路输出波形产生非线性失真现象不明显；②可调电阻 R_{P} 的调节属性应设置小于 5%，否则无法调节到最佳静态工作点。

议一议

1）调节 R_{P} 大小，即减小工作点电流 I_{B} 或 I_{C}，直到输出电压波形出现明显失真。此时输出波形的失真为________（顶部/底部）失真，而放大器的静态工作点 Q 则更接近于________（饱和区/截止区），这种非线性失真称为________失真。

2）调节 R_{P} 大小，即增大工作点电流 I_{B} 或 I_{C}，直到输出电压波形出现明显失真。此时输出波形的失真为________（顶部/底部）失真，而放大器的工作点 Q 则更接近于________（饱和区/截止区），这种非线性失真称为________失真。

实训 2　音频前置放大电路的制作与调试

实训目的

进一步熟悉音频前置放大电路的电路结构，提高对电路进行综合调试和检修的水平，培养实际动手和解决实际问题的能力。

实训所需工具（器材）及元器件清单

面包板1块，万用表、低频信号发生器、示波器、电烙铁、剪钳、镊子、焊锡、松香等常用装配、调试工具，元器件若干（表2-3）。

表2-3 制作音频前置放大电路所系元器件清单

序号	名称	型号规格	数量	元器件标号
1	电阻器	30kΩ	1	R_{b1}
2	电阻器	10kΩ	1	R_{b2}
3	电阻器	2kΩ	1	R_e
4	电阻器	3kΩ	1	R_c
5	电解电容器	4.7μF	1	C_1
6	电解电容器	10μF	2	C_2、C_e
7	音量调节电位器	5kΩ	1	R_{P1}
8	直流稳压电源	12V	1	V_{CC}

实训内容

1）制作电路如图2-11所示，面包板上元器件布局及连线如图2-12所示。

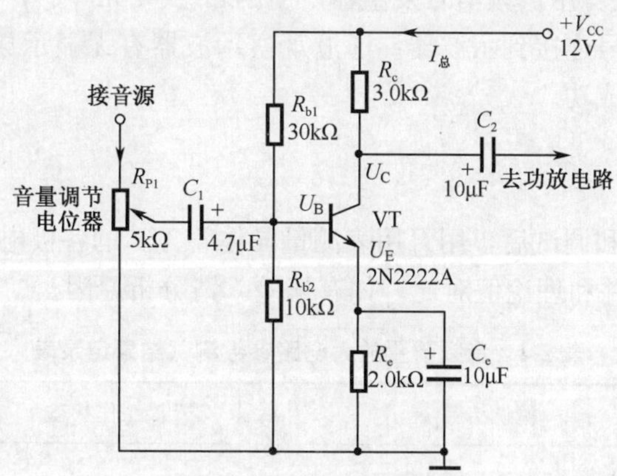

图2-11 音频前置放大电路

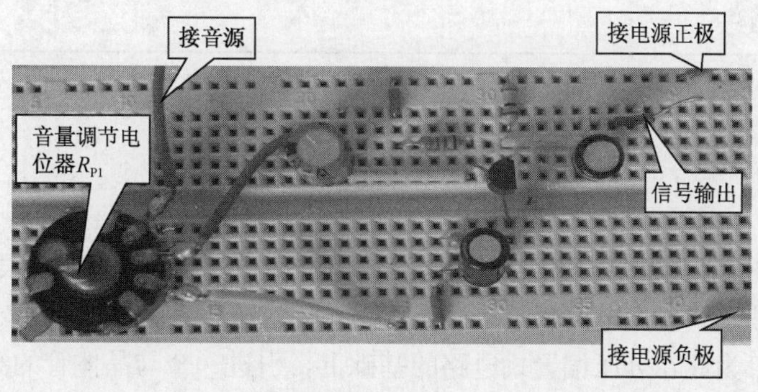

图2-12 面包板上元器件布局及连线

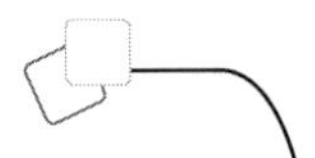

2）电路结构及各元器件作用分析。该电路属于典型的分压式偏置放大电路，R_{b1}、R_{b2}为上、下偏置电阻，作用是通过对电源的分压固定基极电位；R_c为集电极负载电阻，作用是将放大了的集电极电流转化为信号电压输出，使放大电路具有电压放大功能；VT是NPN型放大管，起放大作用，是整个电路的核心；R_e是发射极负反馈电阻器，起到稳定静态电流I_{EQ}的作用；C_1、C_2为耦合电容器，作用是隔离直流，传送交流；C_e并联在R_e两端，称为射极旁路电容器，对交流信号相当于短路，使交流信号放大能力不因R_e的接入而降低；R_{P1}为音量调节电位器，可调节信号输出音量的大小；该电路由12V直流电源供电。

实训步骤及操作

1）要求按电子产品的装配工艺完成制作过程。一般应注意以下几点。

首先，在安装前应对元器件的好坏进行检查，防止已损坏的元器件被装上面包板。其次，元器件引脚若有氧化膜，则应除去氧化膜，并进行搪锡处理。再次，安装时要确保元器件的极性正确，如二极管的正、负极，晶体管的e、b、c极，电解电容器的正、负极。最后，安装时，应先安装小型元器件（如电阻器），然后安装中型元器件，最后安装大型元器件，同一种元器件的高度应当尽量一致，这样便于安装操作。

2）电路调试方法：用低频信号发生器产生的$U_{om}=20\text{mV}$、$f=1\text{kHz}$正弦交流信号作音源，电路输出信号连接到示波器。通过观察示波器有无显示放大的无失真的波形，来判断电路组装是否成功。

实训结果与分析

电路安装、连接和调试后，用万用表测量晶体管VT的各极电位、电流及电路总电流，填入表2-4中，并和理论值对比，如有偏差，请分析原因。

表2-4　音频前置放大电路参数测试结果记录表

测试点	测试结果			工作状态	原因分析
晶体管VT各极电位/V	$U_B=$	$U_C=$	$U_E=$		
总电流/mA	$I_{总}=$				

温度补偿偏置式放大电路

在前面如图2-1所示分压偏置放大电路中，如果电源电压V_{CC}不是很高，或者R_e不是很大，分压偏置式放大电路就无法满足$U_B=U_{BE}$这个条件，这时它稳定静态工作点的效果就变差了。为此在分压偏置式电路的基础上，引进一个与晶体管的温度特性相类似的元器件，利用元器件随温度的变化去补偿（或抵销）晶体管参数随温度的变化，达到稳定工作点的目的。这种偏置电路，就是温度补偿偏置式电路。常用的补偿元器件有热敏电阻器和二极管，它们构成的温度补偿偏置式电路如图 2-13 所示。

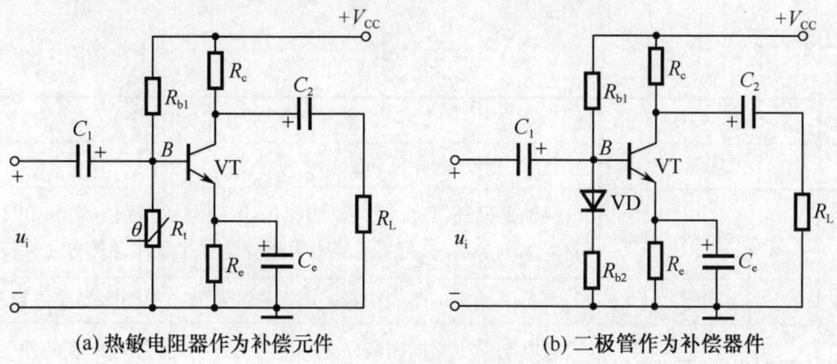

(a) 热敏电阻器作为补偿元件 (b) 二极管作为补偿器件

图 2-13 温度补偿偏置式电路

在如图 2-13（a）所示的电路中，具有负温度系数的热敏电阻器 R_t 取代了 R_{b2} 的位置，温度变化时，电阻器的阻值也发生相应的变化，因此所分得的电压也发生了变化。如当温度升高时，U_{BE} 减小，但同时电阻器 R_t 也相应减小，使 U_B 减小，这样 U_B 与 U_{BE} 的变化量相互抵销，保证集电极电流 I_C 基本稳定。

在如图 2-13（b）所示的电路中，当温度变化时，使二极管 VD 两端的电压 U_D 与晶体管 VT 的结电压 U_{BE} 的变化相同，相互抵销，从而保证了集电极电流 I_C 的基本稳定。

任务检测与评估

检测项目		评分标准	分值	学生自评	教师评估
任务知识内容	分压偏置式放大电路	掌握电路结构、工作原理与应用特点	20		
	直流工作点与放大电路非线性失真的关系	掌握交流负载线含义、放大电路非线性失真分析	20		
任务操作技能	分压偏置式放大电路的分析与仿真测试	能熟练使用仿真软件完成仿真操作，步骤清晰并获得正确参数	20		
	音频前置放大电路的制作与调式	能按照工艺要求完成元器件的安装，制作出的产品功能正常，相关参数正确	30		
	安全操作	安全用电，按章操作，遵守实训室管理制度	5		
	现场管理	按 6S 企业管理体系要求，进行现场管理	5		

任务二 负反馈在放大电路中的应用

- 掌握反馈的概念、类型及其特点；

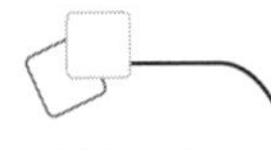

- 能理解负反馈的概念及特点，并掌握判断负反馈放大电路类型的方法；
- 掌握负反馈对放大电路性能的影响。

任务教学方式

教学步骤	时间安排	教学手段及方式(供参考)
阅读教材	课余	自学、查资料、相互讨论
知识点讲授	4 课时	反馈的概述、负反馈类型的应用、4 种类型判别方法和负反馈对放大电路的影响等内容，可采取课堂讲授并结合多媒体课件方式进行教学
任务操作	2 课时	负反馈放大电路的仿真采用投影演示及上机仿真操作进行教学
评估检测	与课堂教学同步进行	教师与学生共同完成任务的检测与评估，并能对出现的问题进行分析与处理

反馈在电子电路中的应用十分广泛，特别是在放大电路中引入负反馈可大大改善放大电路的性能，前面介绍的分压偏置式放大电路实质上就是利用负反馈原理来稳定静态工作点的。

知识 1　反馈的类型与判断

1. 反馈的概念

反馈就是把放大电路输出信号（电压或电流）的一部分或全部通过特定的电路送回到输入端。从输出端反馈到输入端的信号称反馈信号，传递反馈信号的电路称为反馈电路，如图 2-14 所示，其中 X_i 为外部输入信号，X_d 为净输入信号，X_f 为反馈信号。

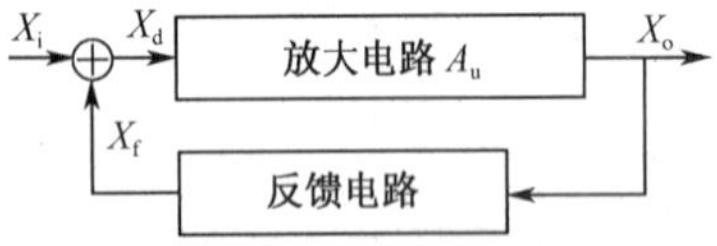

图 2-14　反馈电路方框图

2. 反馈的类型

反馈有正、负反馈之分，在放大电路中通常引入负反馈以改善放大电路的性能，正反馈则多用于振荡电路。

1）正反馈。如果反馈信号加到放大电路的输入端，使输入端的信号得到加强，这种反馈称为正反馈。正反馈会使放大电路信号越来越强，最后形成自激振荡，如话筒啸叫现象。

2）负反馈。如果反馈信号加到放大电路输入端，使输入端信号减弱，这种反馈类型则称为负反馈。负反馈能增强放大电路的稳定性，故广泛应用于各类放大电路中。

3. 负反馈的 4 种类型及其判别

（1）负反馈的 4 种类型

根据反馈信号与输出信号的关系，可分为电压负反馈与电流负反馈。如果反馈量取

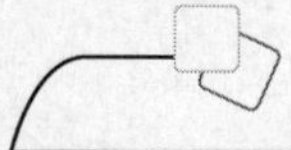

自输出电流，反馈信号为电流信号则称为电流负反馈，如图 2-15（a）、（b）所示。电流负反馈能够稳定放大电路的输出电流，提高输出电阻。如果反馈量取自输出电压，反馈信号为电压信号则称为电压负反馈，如图 2-15（c）、（d）所示。电压负反馈能够稳定放大电路的输出电压，降低输出电阻。

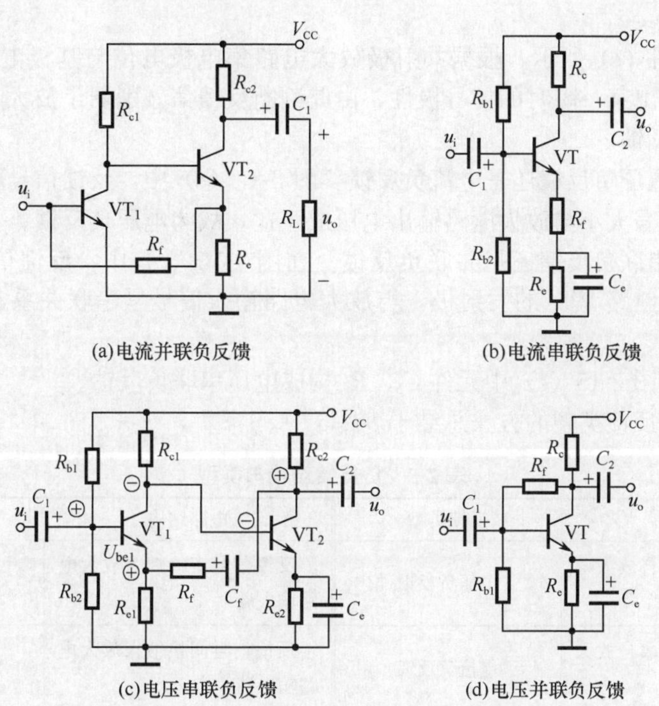

图 2-15　负反馈放大电路的 4 种类型

根据反馈信号与输入信号的关系，可分为并联负反馈与串联负反馈。如果反馈信号输入端与放大电路输入端呈并联关系，则称为并联负反馈，如图 2-15（a）、（d）所示，此时的反馈信号与输入信号通常在同一节点引入；如果与放大电路输入端呈串联关系，则称为串联负反馈，如图 2-15（b）、（c）所示，此时的反馈信号与输入信号不在同一节点。

由以上反馈组合，可得出放大电路中负反馈共有以下 4 种类型。

1）电流并联负反馈，如图 2-15（a）所示。

2）电流串联负反馈，如图 2-15（b）所示。

3）电压串联负反馈，如图 2-15（c）所示。

4）电压并联负反馈，如图 2-15（d）所示。

（2）负反馈类型的判别

现以图 2-15（c）为例，来说明负反馈类型的判别方法。

1）瞬时相位极性法判别是正反馈还是负反馈。瞬时相位极性法是判断电路中反馈极性的基本方法，具体做法如下。

① 假设输入信号瞬时对地有一正向（或负向）的变化，即瞬时电位升高时，相应的瞬时极性用⊕表示，瞬时电位降低时，相应的瞬时极性用⊖表示。

② 按照信号先放大后反馈的传输途径，根据电路的工作原理，确定各相关点的相位关系，从而逐级推出电路中相关点的瞬时极性。

③ 判断反馈到输入回路的反馈信号是增强还是削弱了原来的输入信号。如果反馈信号增强了原来的输入信号，则是正反馈；如果反馈信号削弱了原来的输入信号，则是负反馈。

如图 2-15 图（c）所示，根据共射极放大电路集电极电位与基极电位反相的特性，在电路中可以标出某一瞬时的信号极性，由此判断反馈信号削弱了放大器输入信号（u_i 减小），故为负反馈。

2）判别是电压负反馈还是电流负反馈。图 2-15（c）中，反馈信号取自放大电路的输出端，反馈信号大小与放大电路输出电压成正比，故为电压负反馈。

3）判别是串联负反馈还是并联负反馈。在图 2-15（c）中，反馈信号通过 C_f、R_f 馈入第一级放大电路 VT_1 的发射极，与放大电路输入信号呈串联关系，故判断为串联负反馈。

综上分析，图 2-15（c）中元件 C_f、R_f 构成电压串联负反馈。

现将判别负反馈类型的方法总结于表 2-5 中。

表 2-5　负反馈结构与类型

电路结构	反馈类型	电路结构	反馈类型
反馈信号直接取自放大电路输出端	电压负反馈	反馈信号直接馈入放大电路输入端	并联负反馈
反馈信号不直接取自放大电路输出端	电流负反馈	反馈信号间接馈入放大电路输入端	串联负反馈

想一想

1）为了减轻前级信号源的负担并保证其输出电压的稳定性，放大器中应采用什么类型的负反馈形式？

2）为了提高带负载能力并保证输出电压的稳定性，放大器中应采用什么类型的负反馈形式？

知识 2　负反馈对放大电路性能的影响

放大电路引入负反馈后，虽然放大倍数降低了，但提高了放大电路的稳定性，而且可以改善电路的许多性能，如提高放大倍数的稳定性，减小非线性失真，根据需要改变放大电路的输入/输出电阻及展宽通频带等。

1. 降低了放大倍数

实验证明，引入交流负反馈会使放大电路的放大倍数下降。

例如，在电压串联负反馈电路中，无反馈时放大倍数 $A_u=\frac{u_o}{u_i}$，与接入负反馈后的放大倍数 $A_{uf}=\frac{u_o}{u_i}$的关系如下。

因为

$$u_i'=u_i-u_f$$

在反馈放大电路中，将反馈信号电压 u_f 与输出信号电压 u_o 之比，定义为反馈系数 F，即

$$F=\frac{u_f}{u_o}$$

F 反映反馈量的大小，其数值在 0～1 之间。$F=0$，表示反馈量为零；$F=1$，则表示输出电压全部反馈到输入端。

经过推算可以得出负反馈放大电路的放大倍数公式为

$$A_{uf}=\frac{A_u}{1+A_uF}$$

式中，$(1+A_uF)$ 是衡量负反馈程度的一个重要指标，称为反馈深度，$(1+A_uF)$ 越大，反映负反馈放大电路的放大倍数 A_{uf} 比无反馈时的放大倍数 A_u 小得就越多。

2. 提高了放大倍数的稳定性

由于周围环境温度变化，更换不同 β 值的晶体管以及负载电阻变化等原因，均会导致放大电路的放大倍数发生变化。当输入信号一定时，引入电压负反馈，能使输出电压基本维持恒定；引入电流负反馈，能使输出电流基本维持恒定，也就是说能维持放大倍数的稳定。

3. 减小了非线性失真

理想放大电路应当是线性的，它的输出波形与输入波形相比，不同之处仅仅是幅值增大了。但由于晶体管是非线性器件，当输入信号较大时，晶体管易进入非线性区（饱和、截止状态），导致输出信号出现非线性失真，引入负反馈电路后，能显著减小非线性失真，改善输出波形，负反馈愈深，则波形失真愈小。

4. 改变了输入/输出电阻

放大器引入不同类型的负反馈后，能相应改变放大器的输入/输出电阻，以满足放大电路在各种场合的使用。4 种负反馈类型对输入/输出电阻的影响见表 2-6。

表 2-6　4 种负反馈类型对输入/输出电阻的影响

反馈类型	r_i 变化	r_o 变化	效果
电压负反馈	—	变小	稳定输出电压
电流负反馈	—	变大	稳定输出电流
并联负反馈	变小	—	—
串联负反馈	变大	—	减轻前级放大器负担

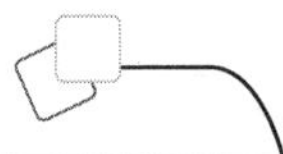

5. 扩展了放大电路的通频带

通频带是放大电路的重要技术指标。从本质上说，放大电路的通频带受到一定限制，是由于放大电路对不同频率的输入信号呈现出不同的放大能力而造成的。引入负反馈后，使放大电路在较大的信号频率范围内放大倍数几乎不变，相当于放大电路的通频带（也称带宽）增大。

不带负反馈时，通频带 $BW=f_H-f_L$，由于 $f_H \gg f_L$，所以 $BW=f_H$。引入负反馈后，可以使放大电路的闭环通频带展宽为开环时的（$1+AF$）倍，即

$$BW_f \approx (1+AF)\,BW$$

所以，在一些要求有较宽频带的音/视频放大电路中，引入负反馈是展宽频带的有效措施之一。

想一想

1）如何通过输入/输出信号波形来形象说明负反馈可以使放大电路的非线性失真得到改善？

2）为什么在串联负反馈中，信号源内阻的值越小，其反馈效果越好？而在并联负反馈中，情况则相反，信号源内阻的值越大，其反馈效果越好？

放大电路中的自激及其消除方法

负反馈能改善放大电路的性能，且改善的程度与反馈深度 $|1+\dot{A}\dot{F}|$ 有关。一般情况下，$|1+\dot{A}\dot{F}|$ 越大，即负反馈深度越深，改善的效果越好。但是反馈深度过深，可能出现即使输入信号为零时，放大电路也会产生一定幅度、一定频率的信号输出的现象，这种现象称为自激振荡，自激振荡使放大电路工作不稳定。

1. 产生自激振荡的条件和原因

（1）产生自激振荡的条件

由分析可知，当负反馈放大电路的反馈深度 $1+\dot{A}\dot{F}=0$ 时，就会产生自激振荡，所以自激振荡条件为

$$1+\dot{A}\dot{F}=0 \quad 或 \quad \dot{A}\dot{F}=-1$$

其中，$\dot{A}\dot{F}$ 的模和辐角分别表示为

$$|\dot{A}\dot{F}|=1$$

$$\varphi_{af}=\varphi_a+\varphi_f=\pm(2n+1)\times180°,\ n=0,1,2\cdots$$

$|\dot{A}\dot{F}|=1$ 称为自激振荡的幅值条件，即环路增益等于1；$\varphi_{af}=\varphi_a+\varphi_f$ 称为自激

振荡的相位条件，φ_{af}为环路附加相移，φ_a 为基本放大电路的相移，φ_f 为反馈网络的相移。当反馈网络为纯电阻时，φ_f 为 0°，这时总的附加相移 φ_{af}就等于开环放大电路的附加相移 φ_a。

自激振荡的相位条件，说明负反馈放大电路产生自激时，在原有负反馈电路中有 180°相移，在此基础上环路又产生了±180°（或奇数倍的 180°）的附加相移，而使反馈信号极性发生了±180°的变化，负反馈变成了正反馈，而环路增益又满足 $|\dot{A}\dot{F}|=1$，这就是自激振荡的实质。

（2）自激振荡产生的原因

由放大电路的频率特性分析可知，单级放大电路在低频或高频时，会产生附加相移，最大的附加相移可达±90°，两级放大电路的最大附加相移可达±180°，但这时放大倍数近似为零，不满足幅度条件，因此两级负反馈放大电路也是稳定的。三级放大电路的附加相移可以达到±270°，级数愈多附加相移也愈大。当其附加相移达到±180°，同时反馈信号的幅值等于或大于净输入信号的幅值时，即 $|\dot{A}\dot{F}|\geqslant 1$，负反馈放大电路就会产生自激振荡。

2. 消除自激振荡的常用方法

消除自激振荡的常用方法是采用相位补偿法，即在基本放大电路或反馈网络中增加一些阻容器件，以改变频率特性，破坏自激条件，使电路稳定工作。

相位补偿有电容滞后补偿、RC 滞后补偿、密勒补偿和超前补偿等。下面仅介绍电容滞后补偿和 RC 滞后补偿两种方法。

（1）电容滞后补偿

这是一种最简单的补偿方法，它是将补偿电容器 C 并接到基本放大电路时间常数最大的回路上，如图 2-16（a）、（b）所示，从而改变了放大电路的频率特性，使相移达到±180°时，其幅值条件不能得到满足，这样使电路稳定工作，但电路的带宽明显变窄。

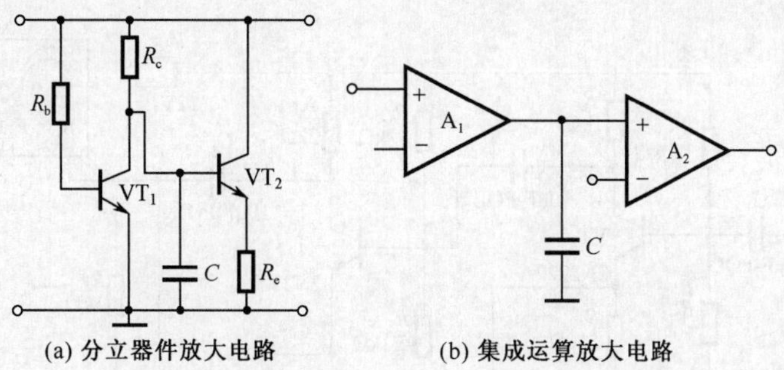

图 2-16　电容滞后补偿电路

（2）RC 滞后补偿

RC 滞后补偿是采用 R、C 串联网络来取代电容滞后补偿中的电容器 C，如图 2-17（a）、（b）所示。这种补偿电路的指导思想同样也是利用改变频率特性破坏自激振荡条

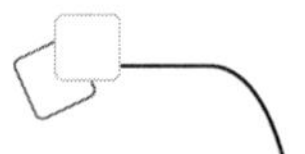

件使电路稳定工作。虽然此种补偿方法也会引起带宽变窄，但相比电容滞后补偿方式已改善不少。

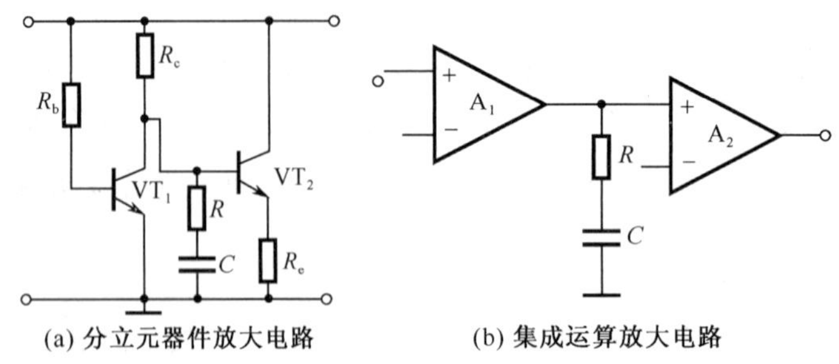

图 2-17　RC 滞后补偿电路

实训　负反馈放大电路的仿真测试

仿真目的

1）进一步熟悉负反馈放大电路的组成与工作原理。

2）理解电压串联负反馈对放大电路的电压放大倍数的影响。

仿真内容

图 2-18 所示电路是由两级共射极放大电路组成，反馈信号从电路输出级（VT_2 的集电极）馈入至第一级放大管 VT_1 的发射极。根据瞬时相位极性法判断，R_f 形成电压串联负反馈电路。当函数信号发生器输出正弦波信号时，通过双踪示波器面板观察波形的显示情形。反馈电路的通、断由开关 S_1 控制（仿真时由键盘按键“B”控制）。

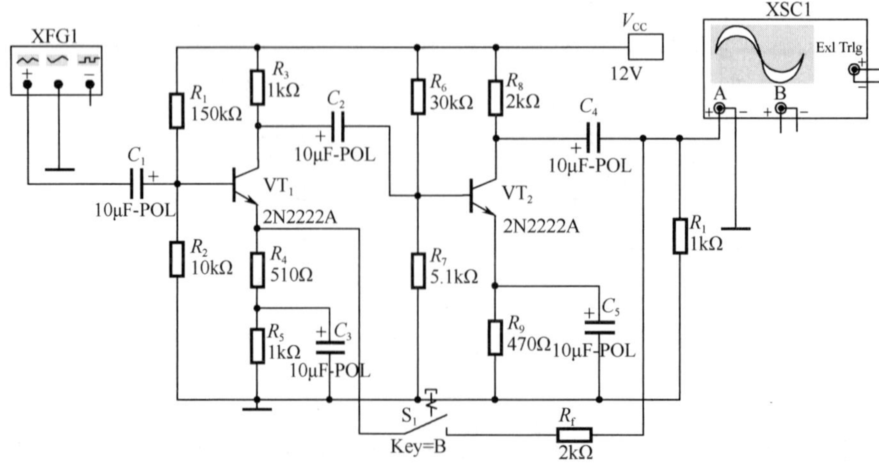

图 2-18　负反馈放大电路仿真电路

仿真步骤及操作

1）打开 EWB 仿真软件，按如图 2-18 所示创建和连接负反馈放大电路。

2）设置函数信号发生器输出正弦波信号电压 $U_m=20mV$，频率 $f=1kHz$。

3）用 B 键控制开关 S_1 使之处于断开状态，按快捷键 F5 或单击仿真开关 或单击仿真按钮 （下同），双击示波器，打开示波器面板，将各项参数调整到合适的位置，观察示波器测试出的波形（图 2-19），并读出输出波形的幅度 U_{om} 的大小，将结果填入表 2-7 中。

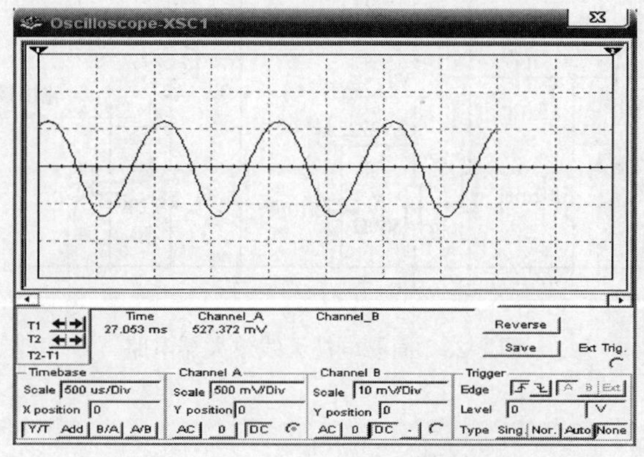

图 2-19　双踪示波器显示的输出波形

4）用 B 键控制开关 S_1 使之处于接通状态，重复仿真步骤 3），观察示波器测试出的波形，并读出输出波形的幅度 U_{om} 的大小，将结果填入表 2-7 中。

仿真结果及分析

1）当开关 S_1 分别处于接通和断开状态时，观察示波器两次显示的波形，进行对比，并计算当开关 S_1 分别处于接通和断开状态下，放大电路的电压放大倍数 A_u 的大小，将结果填入表 2-7 中。

2）根据仿真结果，写出引入负反馈后，对放大电路放大倍数的影响。

表 2-7　负反馈放大电路仿真测试结果记录表

开关状态	输出电压 U_{om}	电压放大倍数 A_u
S_1 断开(无反馈)		
S_1 接通(有反馈)		

注意：创建仿真电路时，要连接好地线，否则仿真不能实现；通过控制计算机键盘按键 B 可实现负反馈电路的通与断，从而输出不同幅度的波形，观察示波器显示的不同状态下的波形时，最好保持示波器的面板参数相同，以便比较输出信号的幅度。

图 2-20 所示为简易电视天线放大器，与室外天线配合使用，它由两级放大电路组

成，对 VHF 波段的 12 个频道有较均匀的放大作用，电压增益约为 32dB，输入和输出端与 75Ω 的同轴电缆连接。

1）电路中各元器件的作用是什么？

2）试分析电路的工作原理及信号流程。

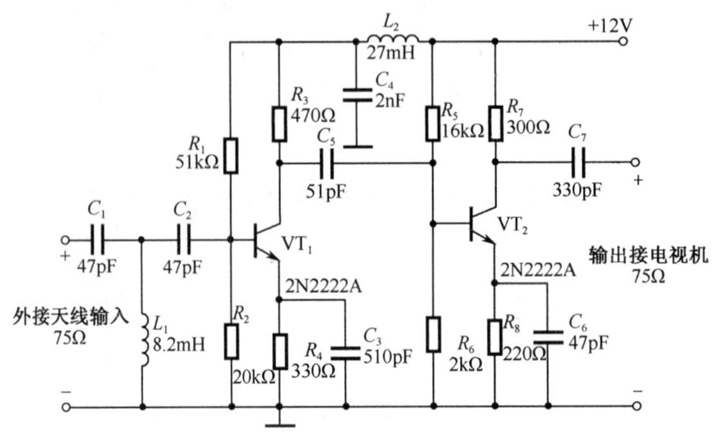

图 2-20　简易电视天线放大器电路

任务检测与评估

检测项目		评分标准	分值	学生自评	教师评估
任务知识内容	反馈的类型与判断	掌握反馈概念、类型及负反馈的判断方法	35		
	负反馈对放大电路性能的影响	掌握负反馈对放大电路性能的影响	20		
任务操作技能	负反馈放大电路的仿真	能熟练使用仿真软件完成仿真操作，步骤清晰并获得正确参数	35		
	安全操作	安全用电，按章操作，遵守实训室管理制度	5		
	现场管理	按 6S 企业管理体系要求，进行现场管理	5		

任务三　功率放大电路的制作

- 掌握功率放大电路的常见类型及其特点；

- 能区分 OCL 功率放大电路与 OTL 功率放大电路的结构，并能分析其工作原理；
- 能安装、调试常用集成音频功率放大电路。

 任务教学方式

<table>
<tr><th colspan="2">教学步骤</th><th>时间安排</th><th>教学手段及方式(供参考)</th></tr>
<tr><td colspan="2">阅读教材</td><td>课余</td><td>自学、查资料、相互讨论</td></tr>
<tr><td colspan="2">知识点讲授</td><td>10 课时</td><td>功率放大电路的性能要求与分类、双电源互补对称功率放大电路、单电源互补对称功率放大电路、复合管、桥式互补对称功率放大电路和常用集成功率放大电路等内容采取课堂讲授并结合实物演示、多媒体课件方式进行教学</td></tr>
<tr><td rowspan="2">任务操作</td><td>仿真操作</td><td>2 课时</td><td>甲乙类单电源互补对称电路分析与测试采取投影演示及上机仿真操作进行教学</td></tr>
<tr><td>装调操作</td><td>6 课时</td><td>TDA2030A 双声道音频功率放大器的制作在实训场地进行教学，装配前可讲授电路原理与装配工艺要求</td></tr>
<tr><td colspan="2">评估检测</td><td>与课堂同时进行</td><td>教师与学生共同完成任务的检测与评估，并能对出现的问题进行分析与处理</td></tr>
</table>

知识 1　功率放大电路的性能要求与分类

1. 功率放大电路的性能要求

在实际电路中，放大电路在实质上都是能量转换电路，但性能要求有所不同。电压放大电路的主要任务是把微弱的信号电压进行放大，使负载得到不失真的电压信号，注重电压放大倍数、输入与输出电阻等指标。而功率放大电路的主要任务是不失真地放大信号的功率，常工作于大电流、高电压的大信号状态下，注重的是最大输出功率、电源效率、功放管的极限参数和电路消除失真的措施等，针对上述特点，对功率放大电路一般有以下要求。

(1) 有足够大的输出功率

功率放大电路提供给负载的信号功率称为输出功率，为使功率放大电路的晶体管(简称功放管) 的电压和电流都允许有足够大的输出幅度，功率放大电路常工作于接近极限的工作状态。

(2) 效率要高

功率放大电路的最大输出功率与电源提供的直流功率之比称为效率。在输出同样的信号功率时，效率愈高的功率放大器，直流电源消耗的功率就愈低。

（3）非线性失真要小

由于功放管处于大信号工作状态，要求其工作在放大区，若进入饱和区和截止区都会造成非线性失真。功率放大器的非线性失真必须在允许的范围内，特别是高保真的音响及扩音设备对这方面有较严格的要求。

（4）功率放大管的散热要好

在功率放大电路中，有相当大的功率消耗在功放管的集电结上，使功放管温度升高，性能变差，为了使功率放大电路既有较大的输出功率，又不损坏功放管，所以必须要给功放管加装良好的散热装置及各种保护措施。

2. 功率放大电路的分类

功率放大电路类型根据静态工作点处于直流负载线的中点、近截止区和截止区这 3 个位置，分为甲类、甲乙类、乙类 3 种。

（1）甲类功率放大电路

在图 2-21（a）中，晶体管的静态工作点 Q 设置在交流负载线的中点附近，在输入信号的整个周期内始终处于导通状态，电源始终不断地输出功率。在无信号输入时，这些功率就消耗在功放管等器件上。在有信号输入时，一部分功率转化为有用的输出功率，因此甲类功率放大电路的功率损耗较大，效率较低，转换效率最高只能达到 50%。

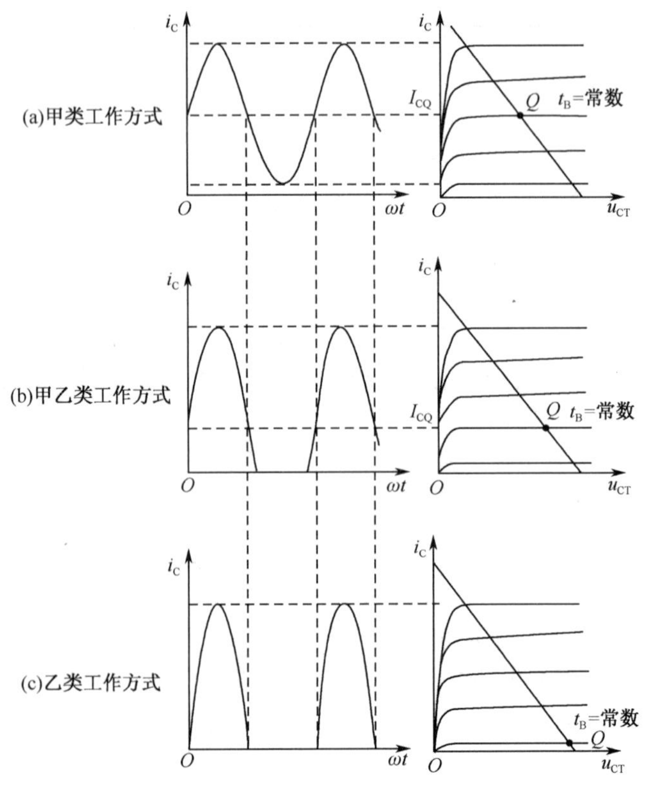

图 2-21　功率放大电路的 3 种状态

(2) 甲乙类功率放大电路

在图 2-21 (b) 中，晶体管的静态工作点 Q 介于甲类和乙类中间，甲乙类功率放大电路的效率较高，是实用的功率放大器经常采用的方式。

(3) 乙类功放

在图 2-21 (c) 中，晶体管的静态工作点 Q 设置在交流负载线的截止区，在输入信号的整个周期内，晶体管有半个周期工作在放大区，另半个周期工作在截止区。乙类功率放大电路只有采用两个功放管实现轮流工作的才能输出完整的波形。乙类功放的效率最高可达 78.5%。

想一想

在一个周期内，甲类功率放大电路、甲乙类功率放大电路、乙类功率放大电路中的功放管的导通时间哪个最长？哪个最短？

知识 2　互补对称功率放大电路

选两只特性相同、类型不同的晶体管，使它们工作在乙类放大状态，一只负担正半周信号的放大，另一只负担负半周信号的放大，在负载上将这两个输出波形合在一起，得到一个完整的放大了的波形，这就是互补功率放大电路。

1. 双电源互补对称功率放大电路

双电源互补对称功率放大电路又称为无输出电容功率放大电路，简称 OCL 功率放大电路。

(1) 电路基本结构

图 2-22 所示 $+V_{CC}$ 与 $-V_{CC}$ 为正负双电源（电压大小相等，极性相反），晶体管 VT_1、VT_2 是互补对管，要求两管的特性参数基本相同，其中 VT_1 为 NPN 型晶体管，VT_2 为 PNP 晶体管，R_L 为负载。

(2) 工作原理

因为 VT_1、VT_2 是互补对管，静态时中点（A 点）的电位 $U_A=0V$。当基极输入信号 u_i 在正半周时，两只功放管的基极电位升高，使 VT_1 正偏导通，VT_2 反偏截止，VT_1 的集电极电流 i_{c1} 由正向电源 $+V_{CC}$ 经过 VT_1 流向负载 R_L，这样 R_L 上得到被放大的正半周信号电流。

当基极输入信号 u_i 负半周时，两只功放管的基极电位下降，使 VT_2 正偏导通，VT_1 截止，电流 i_{c2} 由 R_L 流向 VT_2 的发射极，最后回到 $-V_{CC}$，这样在 R_L 上得到被放大的负半周信号电流。

可见，在输入信号 u_i 的整个周期内，VT_1、VT_2 两管轮流交替地工作，分别放大信号的正、负半周，相互补充，从而在负载上得到完整的信号波形，如图 2-22 所示。

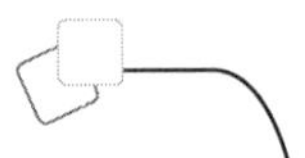

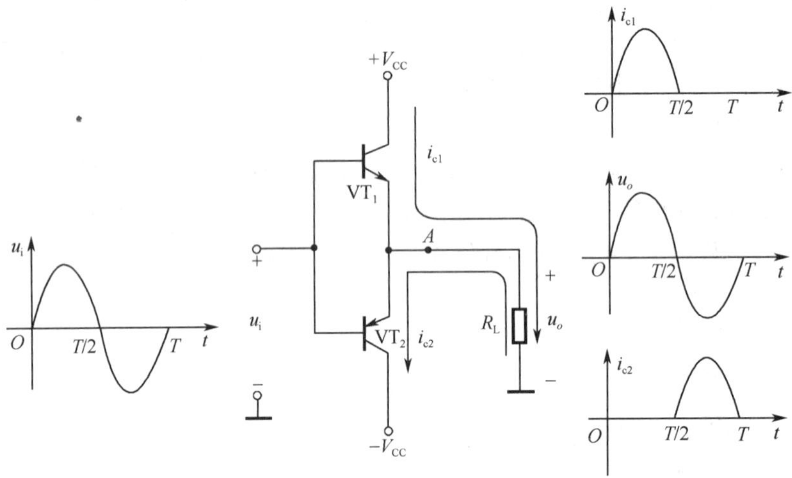

图 2-22　双电源互补对称功率放大电路

由于该电路又采用两个正负电源供电，所以又称为双电源互补对称电路。此时，该电路相当于两射极输出器的结构。

注意：功率放大电路连接成射极输出的形式，使输出电阻小，无须变压器耦合就能与低阻抗负载实现较好的阻抗匹配，从而在负载上得到较大的输出功率。

（3）性能指标计算

双电源互补对称功率放大电路的性能指标主要有输出功率、电源供给功率、管耗及效率等。

1）输出功率 P_o。输出功率是负载 R_L 上的电流与电压 u_o 有效值的乘积。在 R_L 上的电压和电流的峰值分别为 U_{cem} 和 I_{cm}，则有

$$P_o=I_o\cdot U_o=\frac{I_{cm}}{\sqrt{2}}\cdot\frac{U_{cem}}{\sqrt{2}}=\frac{1}{2}I_{cm}\cdot U_{cem}$$

当输入信号足够大时，$U_{om}=U_{cem}=V_{CC}-U_{CES}\approx V_{CC}$，这时输出功率也达到最大值，其值为

$$P_{om}=\frac{1}{2}\frac{(V_{CC}-U_{CES})^2}{R_L}$$

若忽略 U_{CES}，则有

$$P_{om}\approx\frac{1}{2}\frac{V_{CC}^2}{R_L}$$

2）直流电源供给功率 P_V。直流电源供给功率是供给管子的直流平均电流 I_{CAV} 与电源电压 V_{CC} 的乘积。相对于正、负电源同一电压值而言，I_{CAV} 相当于单相全波整流电流波形直流成分，即 $I_{CAV}=\frac{2}{\pi}I_{cm}=\frac{2}{\pi}\frac{U_{om}}{R_L}$，故

$$P_V=I_{CAV}\cdot V_{CC}=\frac{2}{\pi}\frac{U_{om}}{R_L}\cdot V_{CC}$$

3）效率 η。功率放大电路的效率是指输出功率与电源供给功率之比：

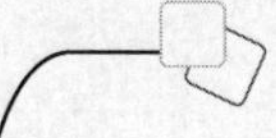

$$\eta=\frac{P_o}{P_V}=\frac{\pi}{4}\frac{U_{om}}{V_{CC}}$$

在理想情况下，$U_{om}=V_{CC}-U_{CES}\approx V_{CC}$，则有

$$\eta=\frac{\pi}{4}\approx 78.5\%$$

4）晶体管的最大管耗 $P_{T(max)}$。电源提供的功率一部分转换成信号功率送给负载，另一部分被晶体管的集电极所消耗，转化为热能而消散，晶体管所消耗功率称为管耗。可以证明，当$U_{om}=\frac{2}{\pi}V_{CC}\approx 0.6V_{CC}$时，管耗最大，每只管子的最大管耗为

$$P_{T(max)}=\frac{1}{\pi^2}\cdot\frac{V_{CC}^2}{R_L}\approx 0.2P_{om}$$

(4) 功放管的选择条件

功放管的极限参数有 P_{CM}、I_{CM}、$U_{(BR)CEO}$，应满足下列条件：

1）功放管集电极的最大允许功耗为

$$P_{CM}\geqslant P_{T(max)}=0.2P_{om}$$

2）功放管的最大耐压为

$$U_{(BR)CEO}\geqslant 2V_{CC}$$

3）功放管的最大集电极电流为

$$I_{CM}\geqslant\frac{V_{CC}}{R_L}$$

(5) 电路存在的问题与解决方法

1）存在的问题分析。在对图 2-22 所示 OCL 功率放大电路工作原理进行讨论时，没有考虑晶体管死区电压的影响，认为晶体管此时为理想工作状态。实际上，由于电路中没有直流偏置，晶体管应工作于乙类状态。图 2-23 所示，设输入信号 u_i 为正弦波，在正负半周 R_L 上得到的电流分别是 i_{c1}（近似等于 i_{e1}）和 i_{c2}（近似等于 i_{e2}），由于输入信号要克服死区电压才能使晶体管导通放大，因此在 R_L 上虽然也能得到一个完整正弦波，但在波形上却存在着一定的失真。通常把这种出现在输出波形正负半周交界处的失真，称为交越失真。

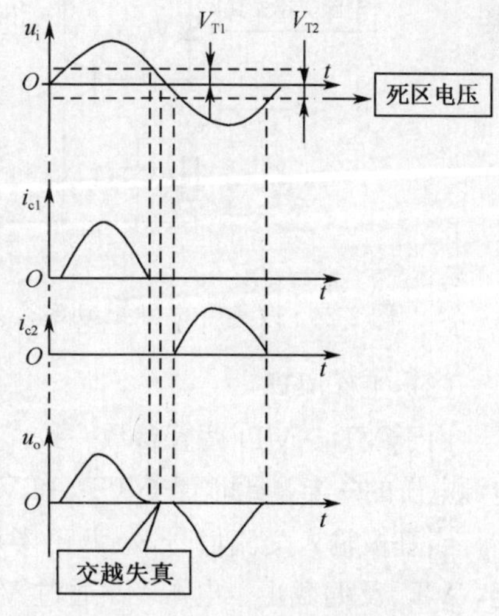

图 2-23　交越失真波形

交越失真产生的原因是由于晶体管发射结死区电压的存在（硅管约为 0.6V，锗管约为 0.2V），输入信号电压小于功率放大管死区电压时，功率放大管处于截止状态，输出电流为零。只有在输入信号克服死区电压后才能导通，因此输出波形会产生交越失真。

如果音响功率放大器出现交越失真，会使声音质量下降。

2）消除交越失真办法。因为 OCL 电路工作在乙类工作状态，不可避免地存在着交越失真，如果在电路的结构上采取措施则可以有效地克服交越失真。

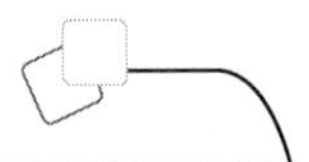

图 2-24 所示为改进后的 OCL 功率放大电路。电路中给 VT_2、VT_3 发射结加适当的正向偏压，提供一定的静态偏置电流，使 VT_2、VT_3 导通时间稍微超过半个周期，即工作在甲乙类状态。图 2-24 中 VD_1、VD_2 起到提供偏置电压的作用，静态时，晶体管 VT_2、VT_3 处于微导通状态，这样就克服了晶体管死区电压对输入信号的影响，从而消除了交越失真。

2. 单电源互补对称功率放大电路

单电源互补对称功率放大电路又称为无输出变压器功率放大电路，简称 OTL 功率放大电路。

(1) 电路结构

图 2-25 所示为 OTL 功率放大电路的基本组成电路，NPN 型晶体管 VT_1 与 PNP 型晶体管 VT_2 是一对导电类型不同、特性对称的配对管，采用单电源供电，输出电容器 C_1 一般为大容量的电解电容器。从电路连接方式上看两管均接成射极输出电路，工作于乙类状态。

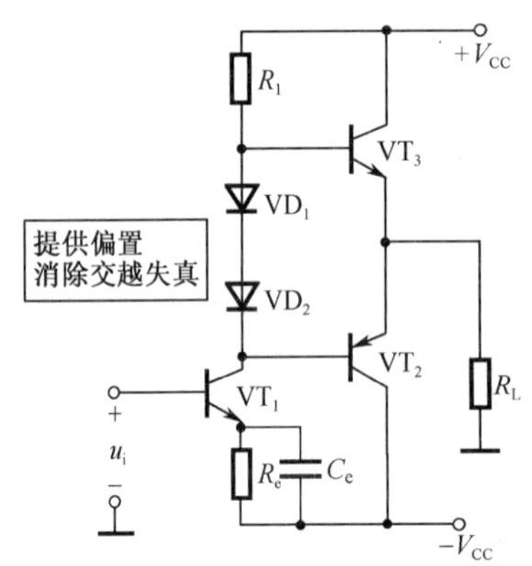

图 2-24　改进后的 OCL 功率放大电路

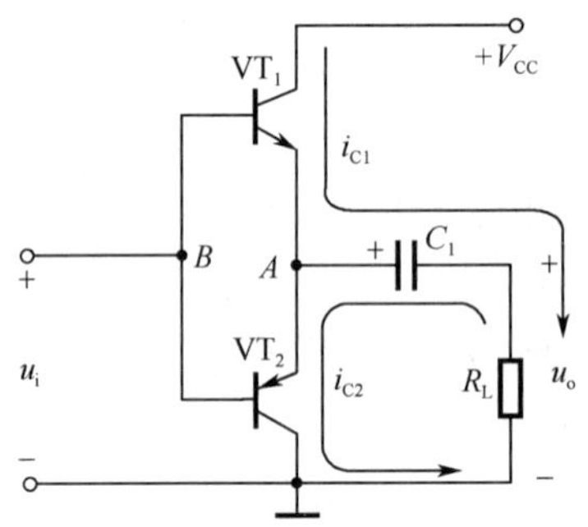

图 2-25　OTL 功率放大电路

(2) 工作原理

由于 VT_1、VT_2 两管参数一致，静态（无信号输入）时，A 点电位和 B 点电位均为电源电压的一半，此时管子 VT_1 和 VT_2 的发射结电压 $U_{AB}=U_B-U_A=0V$，双管都截止。

当基极输入交流信号 u_i 为正半周时，由于两个功放管基极电压升高，使 VT_1 导通，VT_2 反偏截止。电源 V_{CC} 通过 VT_1 向耦合电容器 C_1 充电，并在负载 R_L 上输出正半周波形。

当基极输入交流信号 u_i 为负半周时，由于两个功放管基极电压下降，VT_1 截止，VT_2 导通，耦合电容器 C_1 放电向 VT_2 提供电源，并在负载 R_L 上输出负半周波形。

综上所述可知，功放管 VT_1 放大输入信号 u_i 的正半周，功放管 VT_2 放大输入信号 u_i 的负半周，两管轮流交替工作，互相补充，使负载获得完整的信号波形。

(3) 输出功率和效率

由于电路采用单电源供电，每个管子的工作电压不是原来的 V_{CC}，而是 $V_{CC}/2$，所

以在计算电路的 P_{om} 时，只需将 $V_{CC}/2$ 代替 OCL 功率放大电路公式中的 V_{CC} 即可，得 $P_{om}=\frac{V_{CC}^2}{8R_L}$。

(4) 实用 OTL 功率放大电路分析

图 2-26 所示为实用的 OTL 功率放大电路，它由前置放大级电路和功率放大级电路组成。

1) 前置放大级电路。该电路属于工作点稳定的分压前置式放大电路，主要由 VT_1、R_{P1}、R_1、R_2、R_3、C_2 等元器件组成。R_{P1} 为上偏置电阻器，R_1 为下偏置电阻器，A 点的电压（$V_{CC}/2$）通过 R_{P1} 与 R_1 分压后为前置放大管 VT_1 提供基极电压；R_{P1} 一端连接输出端，另一端连接输入端，因此还起到了电压并联负反馈的作用，可以稳定静态工作点和提高输出信号电压的稳定度；R_2 是 VT_1 管的发射极电阻器，起稳定静态电流的作用；C_2 并联在 R_2 上，起交流旁路的作用，这样 R_2 只起直流负反馈作用，而无交流负反馈，使放大倍数不会因 R_2 而降低；R_3 是 VT_1 的集电极电阻器，可将放大的电流转换为信号电压后，一端加至输出管 VT_2 和 VT_3 的基极（R_{P2} 阻值较小，VD_1 的动态电阻很小，因此两者对信号的流通影响不大），另一端通过 C_4 加至 VT_2、VT_3 的发射极，它为功率放大输出级提供足够的推动信号。

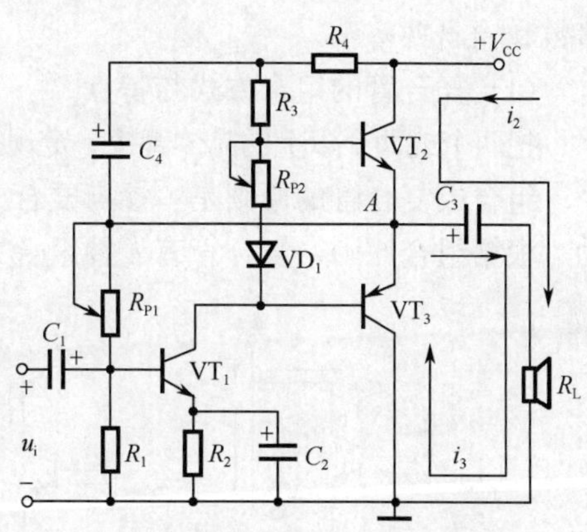

图 2-26 实用的 OTL 功率放大电路

2) 功率放大输出级。该电路的互补对管是 VT_2 和 VT_3，与前置放大级采用直接耦合的方式。输入信号 u_i 经 VT_1 放大后，在 R_3 上获得反相的放大信号，该信号加到输出功率放大管的输入端。为了克服交越失真，在两个互补管的基极之间串接二极管 VD_1 和微调电阻器 R_{P2}，以提供输出功放管发射结所需的正向偏压，调节 R_{P2} 可以调整输出功放管静态工作点，使之有合适的集电极电流。

为了改善输出波形，电路增加了 R_4、C_4 组成的自举电路。在输出端电压与 V_{CC} 接近时，VT_2 的基极电流较大，在偏置电阻器 R_3 上产生压降，使 VT_2 的基极电压低于电源电压 V_{CC}，因而限制了其发射极输出电压的幅度，使输出信号顶部出现平顶失真，如图 2-27所示。

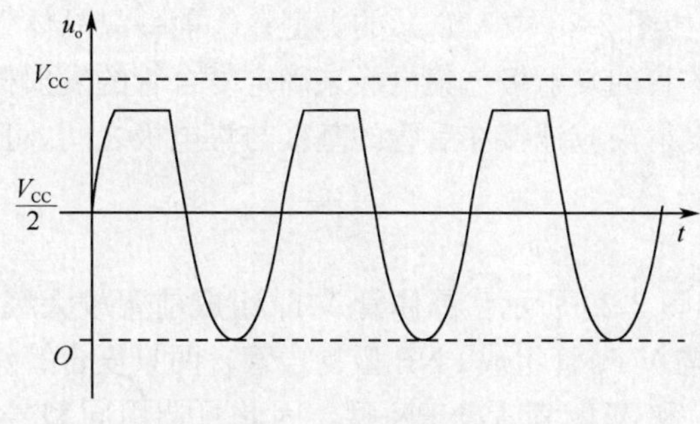

图 2-27 输出信号顶部出现平顶失真

接入较大电容量的电容器 C_4 后，C_4 上充有上正下负的电压，可视为一个电源。当输出端 A 点电位升高时，C_4 上端电压随之升高，使 VT_2 的基极电位升高，基极可获得高于电源 V_{CC} 的自举电压，即可克服输出电压顶部失真的问题。

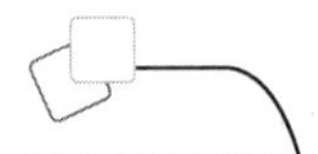

R_4 将电源 V_{CC} 与 C_4 隔开，使 VT_2 的基极可获得高于电源电压 V_{CC} 的自举电压。

3. 复合管

在功率放大电路的末级，通常要求有比较大的电流放大倍数和足够的功率输出。由于大功率晶体管的电流放大倍数往往较小，在实际应用中，常采用放大倍数较大的小功率晶体管和放大倍数较小的大功率晶体管复合而成，这样的复合管具有较大的电流放大倍数和输出功率。

（1）复合管的组合方式与特点

把两个或两个以上的晶体管按一定规律连接起来，等效为一个管子使用，即为复合管。

组合成复合管的原则是：参与复合的晶体管各电极上电流都能按各自的正确方向流动。根据组合原则，复合管有 4 种组合方式，如图 2-28（a）～（d）所示。

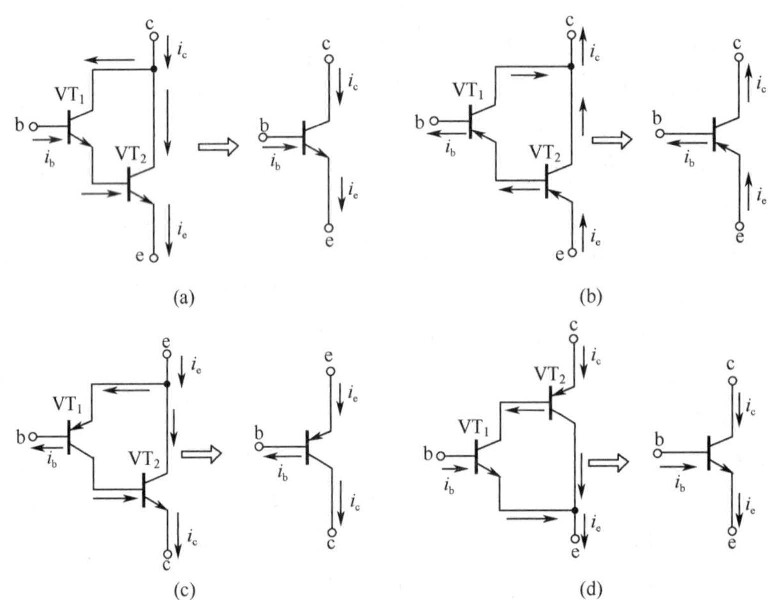

图 2-28　复合管的 4 种组合

组合成复合管的特点是：①复合管的电流放大倍数 β 等于两只参与复合的晶体管电流放大倍数 β_1 与 β_2 之积，即 $\beta=\beta_1\cdot\beta_2$；②复合管的导电类型（NPN 或 PNP）取决于参与复合的第一只晶体管（或称“前管”，如图 2-28 中 VT_1）的类型；③前一只晶体管的基极作为复合管的基极，依据前一只晶体管的发射极与集电极来确定复合管的发射极与集电极。两管复合时，前管的集电极与发射极应连接在后管的基极与集电极之间，且保证复合管形式。

（2）复合管的应用

由复合管组成的 OTL 功率放大电路如图 2-29 所示，晶体管 VT_1 组成前置放大级，VT_2 与 VT_4 管组成 NPN 型复合管，VT_3 与 VT_5 管组成 PNP 型复合管，两只复合管作为电路的输出配对管，由于大功率管 VT_4 和 VT_5 都是 NPN 型，因此可选用同型号、性能接近的管子。

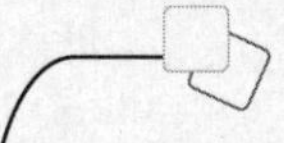

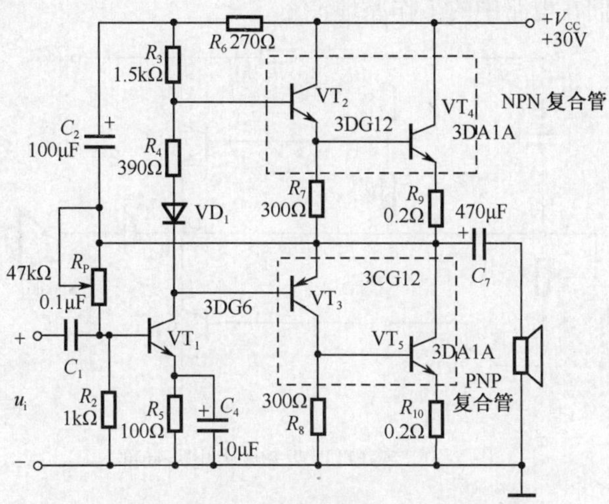

图 2-29　由复合管组成的 OTL 功率放大电路

4. 桥式互补对称功率放大电路

桥式互补对称功率放大电路，又称为平衡式无输出变压器功率放大电路，简称为 BTL 电路，如图 2-30 所示，该电路可获得更大的输出功率。

在静态时，图 2-30 中的 4 只晶体管 VT_1、VT_2、VT_3 和 VT_4 都处于截止状态，负载 R_L 上无电流，输出电压 u_o 为零。当输入信号在正半周时，VT_1、VT_3 管导通工作，VT_2、VT_4 管截止，电流如图 2-30 中实线所示，负载 R_L 上获得正半周信号；当输入信号为负半周时，VT_2、VT_4 管导通工作，VT_1、VT_3 管截止，电流如图 2-30 中虚线所示，负载 R_L 上获得负半周信号。

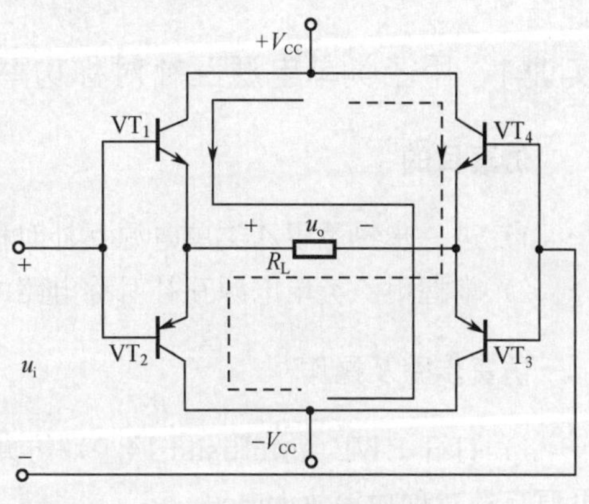

图 2-30　桥式互补对称功率放大电路

BTL 电路因在 R_L 上最大的峰值电压约为 2 倍的（$V_{CC}-U_{CES}$），所以在相同电源电压情况下，R_L 上获得的输出功率要比 OCL 功率电路大将近 4 倍。BTL 电路的显著特点是需要 4 只特性相同的晶体管，而且输入、输出均无接地端。

想一想

1）有人说："在功率放大电路中，输出功率最大时，功放管的功率损耗也最大。"这种说法对吗？设输入信号为正弦波，对于工作在甲类的功率放大电路和工作在乙类的互补对称功率放大电路来说，这两种电路分别在什么情况下管耗最大？

2）简述 OCL 功率放大电路存在的问题及其产生原因，该如何解决？

3）图 2-31 所示电路为某 OTL 功率放大电路的一部分，图中的 R_3 与 C_1 组成什么

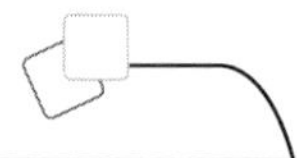

电路？如何理解它们在电路中的工作原理？

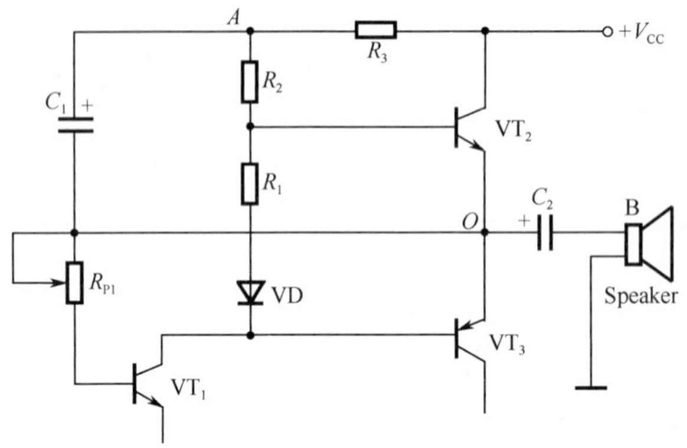

图 2-31 某 OTL 功率放大电路局部

实训 1 甲乙类单电源互补对称功率放大电路的仿真测试

仿真目的

1）进一步熟悉甲乙类单电源互补对称电路结构和工作原理。

2）掌握甲乙类单电源互补对称电路的实际应用特点。

仿真步骤及操作

1）打开 EWB（Multisim 14.0）仿真软件，按如图 2-32 所示创建和连接甲乙类单电源互补对称功率放大电路。

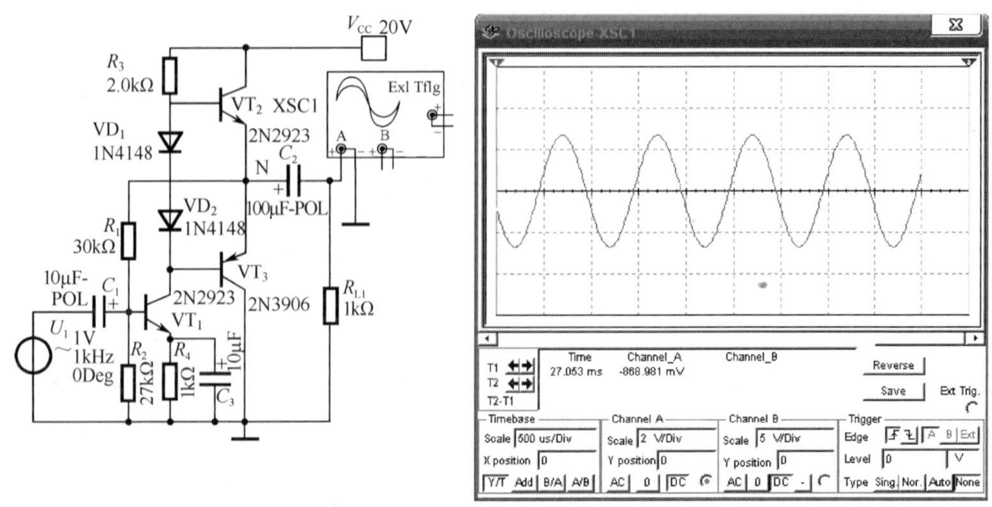

图 2-32 甲乙类单电源互补对称功率放大电路及输出波形

2）设置函数信号发生器输出正弦波信号电压 $U_m=0V$、频率 $f=1kHz$，打开仿真电源开关，用电压表测出中点 N 电压 U_N 大小（约为 10V）。

3）设置函数信号发生器输出正弦波信号电压 $U_m=1V$、频率 $f=1kHz$，观察示波器测试出的波形，并读出输出波形的幅度大小。

仿真结果及分析

根据示波器显示的波形，反映出甲乙类单电源互补对称功率放大电路对输入信号有明显的放大作用。

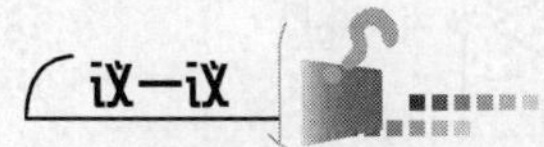

如何计算甲乙类单电源互补对称功率放大电路对信号的放大倍数？

知识 3　常用集成功率放大电路的应用

集成功率放大电路具有输出功率大、外围连接元器件少、使用和维修方便等优点，因此在收音机、电视机、开关功率电路、伺服放大电路中被广泛采用。目前生产的集成功率放大电路内部大多与集成运算放大电路相似。按输出功率，可分为小、中、大 3 类集成功率放大电路。现仅以 TDA2822M 和 TDA2030A 为例，分析其典型应用电路。

1. TDA2822M 功率放大电路

TDA2822M 音频功率放大集成电路是意大利 SGS 公司的产品，采用 8 脚双列直插塑料封装结构，引脚排列如图 2-33 所示。

TDA2822M 集成功率放大电路常用在便携式音视频播放机电路中，具有电路简单、音质好、电压范围宽（3～15V 均可工作）等特点。

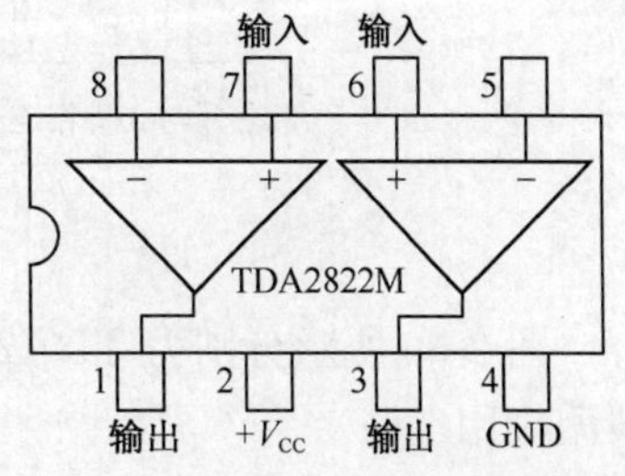

图 2-33　TDA2822M 引脚排列

图 2-34（a）、（b）所示分别为 TDA2822M 集成功率放大电路的 OTL 接法和 BTL 接法的两种典型应用电路。R_1 一般选用 10kΩ 的碳膜电阻器，C_1 可选用 0.1μF 的涤纶电容器，而电解电容器只需注意耐压参数即可。BTL 接法的电路接上电源后，正负输出端之间电压应小于 0.1V，由于 BTL 电路功耗较大，安装时，TDA2822M 集成功率放大电路应加上适当的散热片。

注意： 由于本功率放大电路为直接耦合，所以输入信号不能带直流成分。如果输入信号有直流成分，则必须在输入端串接一只 4.7～10μF 的电容器隔开，否则将有很大的直流电流流过扬声器，以致使扬声器发热烧毁。

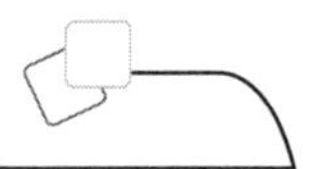

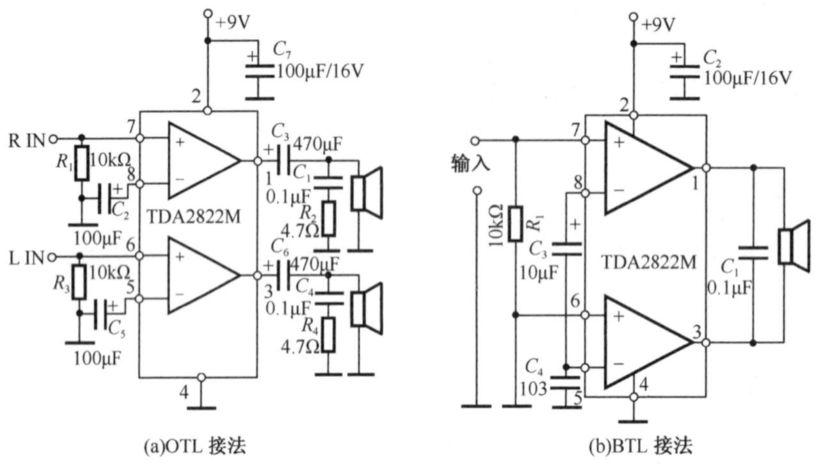

图 2-34　TDA2822M 典型应用电路

2. TDA2030A 功率放大电路

TDA2030A 是一块性能十分优良的单声道音频功率放大集成电路，集输入级、中间级、输出级于一体，采用 V 型 5 脚单列直插式塑料封装结构，如图 2-35 所示。其主要特点是瞬态互调失真小，输出功率大，动态范围大（能承受 3.5A 的电流），静态电流小（小于 50mA），内含短路、过热、地线偶然开路、电源极性反接及负载泄放电压反冲等多种保护电路，且外围电路非常简单。因此，被广泛应用于高保真立体声音响设备中。

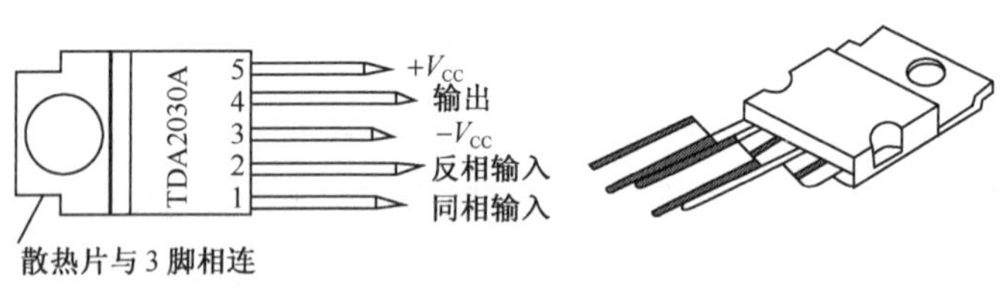

图 2-35　TDA2030A 引脚排列

图 2-36 所示分别为 TDA2030A 集成功率放大电路的 OCL 接法和 OTL 接法的两种典型应用电路。

图 2-36 电路由一块 TDA 2030A 和较少元器件组成，具有单声道音频放大、装置调整方便、性能指标好等突出的优点。电路中的二极管 VD_1、VD_2 是为防止电源接反而烧坏其他组件所采取的防护措施。电源的极限电压为±20V，为留有工作余量，常取±15V。对于 OTL 接法电路，可直接在金属外壳上固定散热片，并与地线相通。另外，目前不同单位生产的同类产品，虽然其内部电路略有差异，但引脚位置及功能均相同，可以互换。

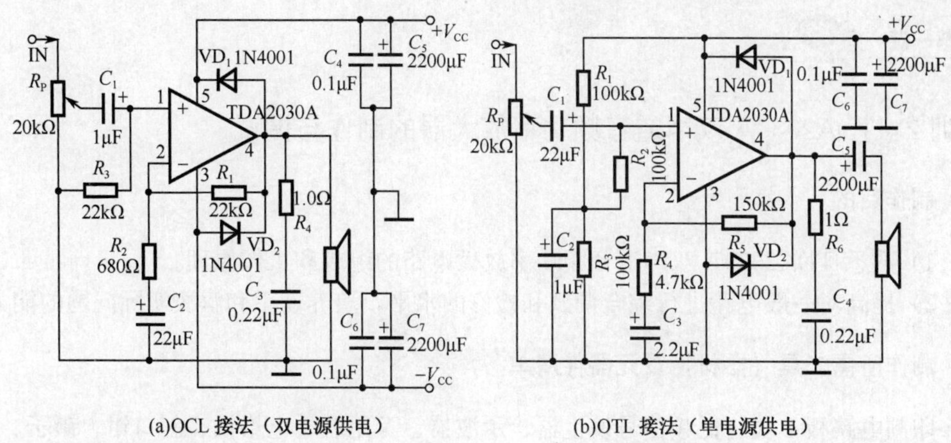

(a)OCL 接法（双电源供电）　　(b)OTL 接法（单电源供电）

图 2-36　TDA2030A 典型应用电路

想一想

1）为了获得较大的输出功率，一般采取哪些措施能有效解决 TDA2822M 或 TDA2030A 的温度过高问题？

2）有人说：“由于 TDA2030A 内含短路、过热、地线偶然开路、电源极性反接以及负载泄放电压反冲等多种保护电路，所以在使用过程中无论如何也不会损坏”。这种说法是否有道理？为什么？

知识拓展

如何选用功率放大电路的功放管（以 OCL 电路为例）

功率放大器的功放管由于工作在大电流状态，且温度较高，属易损器件，所以在进行选用或代换中应特别注意以下几方面的问题。

1）选用 OCL 功率放大电路的功率放大管时应符合以下极限参数：

$$P_{CM} \geqslant P_{T(max)} = 0.2P_{om}$$

$$U_{(BR)CEO} \geqslant 2V_{CC}$$

$$I_{CM} \geqslant \frac{V_{CC}}{R_L}$$

2）互补功放管必须选用特性基本相同的配对管。首先，要求同是硅材料或同是锗材料的 NPN 管与 PNP 管；其次，电流放大倍数 β 大小应基本相同，否则可能使放大的波形出现正、负半周幅度不一致；第三，配对管的极限参数差异不能太大。通常选序号相同的管子作为配对管，例如，3DG12 与 3CG12 配对，3AX31 与 3BX31 配对。

3）在电子设备的检修中，判断功率放大管的质量好坏通常用万用表进行检测，其方法与检测普通晶体管相同，万用表应置于 R×10 挡，且功放管的正、反向结电阻都相对偏小一点。

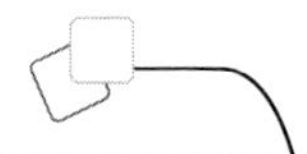

实训 2　TDA2030A 双声道音频功率放大器的制作与调试

制作目的

1）熟悉 TDA2030A 双声道音频功率放大电路的组成和工作原理。

2）提高对一般电路进行综合调试和检修的水平，培养动手和解决实际问题的能力。

制作所需工具（器材）及元器件清单

印制电路板 1 块，低频信号发生器、示波器、万用表、电烙铁、斜口钳、镊子、焊锡、松香等常用装配和调试工具一套，元器件若干（表 2-8）。

表 2-8　制作 TDA2030A 双声道音频功率放大器所需元器件清单

序号	元器件符号	名称、规格、型号	数量	备注
1	R_7、R_8	电阻器 10kΩ	2	
2	R_{21}、R_{22}	电阻器 1kΩ	2	
3	R_{13}、R_{14}	电阻器 15kΩ	2	
4	R_{17}、R_{20}	电阻器 10Ω	2	
5	R_{16}、R_{19}	电阻器 330Ω	2	
6	R_{11}、R_{12}	电阻器 56kΩ	2	
7	R_9、R_{10}、R_{15}、R_{18}	电阻器 22kΩ	4	
8	R_{23}、R_{24}	电阻器 47kΩ	2	
9	R_1～R_6	电位器 100kΩ	3	双调节
10	C_{13}～C_{16}	电解电容器 10μF/25V	4	
11	C_{17}、C_{18}	电解电容器 2200μF/50V	2	
12	C_{10}、C_{11}	瓷片电容器 104	2	
13	C_2、C_3、C_9、C_{12}	独石电容器 224	4	
14	C_1、C_4～C_6	涤纶电容器 223	4	
15	C_7、C_8	涤纶电容器 222	2	
16	VD_1	BU207	1	整流桥堆
17	A_1、A_2	功率放大 IC TDA2030A	2	
18	T_1	20W12V×2	1	电源变压器
19		印制电路板 4cm×8cm	1	仅供参考
20		散热片 2cm×2cm	1	
21		平口螺钉	2	

制作内容

1）制作电路如图 2-37（a）、（b）所示，元器件装配、实物面板如图 2-38 所示，元器件焊接面板如图 2-39 所示，线路板接线图如图 2-40 所示。

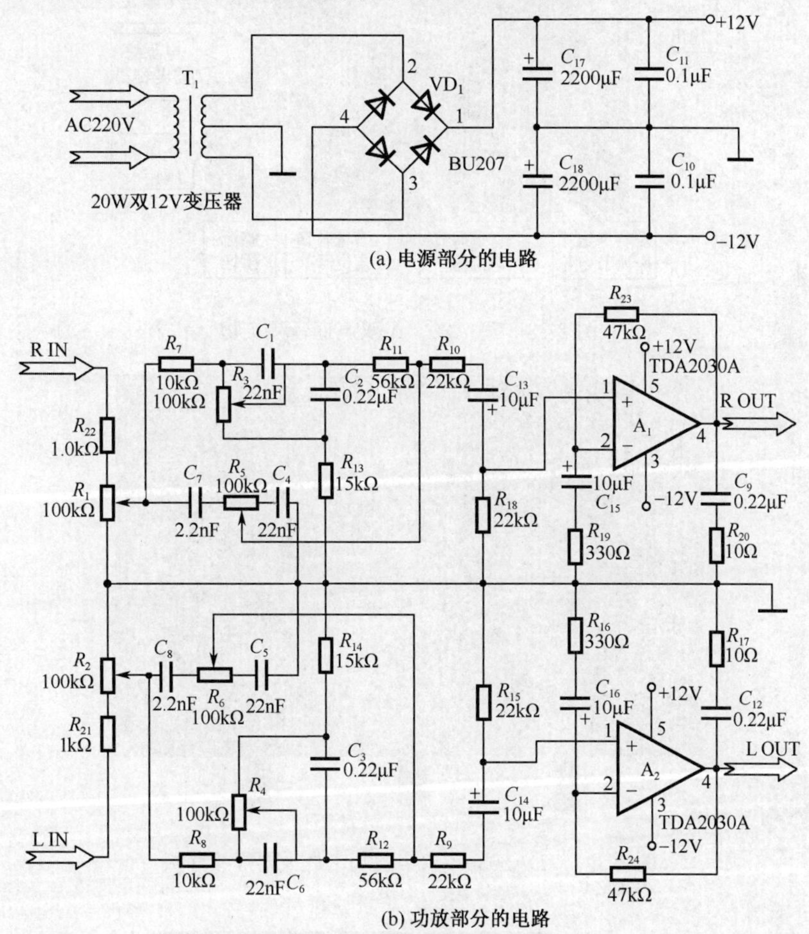

图 2-37　TDA2030A 双声道音频功放电路

2）电路结构分析：电路采用±12V 双电源供电，电源部分由整流桥堆 VD_1、滤波电容器 C_{17}、C_{18}、C_{10}、C_{11} 组成，R_1、R_2 为音量调节电位器，R_3、R_4 为音调调节电位器，R_5、R_6 为平衡调节电位器，C_7、C_8 为输入耦合电容器，R_{15}、R_{18} 为反相输入偏置电阻器，R_{19}、R_{23}、C_{15} 组成负反馈电路，C_{15} 起隔直流通交流的作用，确保直流工作点稳定。交流负反馈强弱及闭环增益决定于 R_{19}、R_{23} 电阻器阻值的大小，电路闭环增益为 $(R_{19}+R_{23})/R_{19}$，在电路接有感性负载扬声器时，R_{20}、C_9 可确保高频稳定。

制作步骤及操作要领

（1）操作要领

1）功放实物制作过程要求按电子产品的装配工艺完成，一般应注意以下几点。

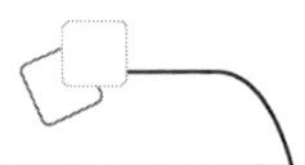

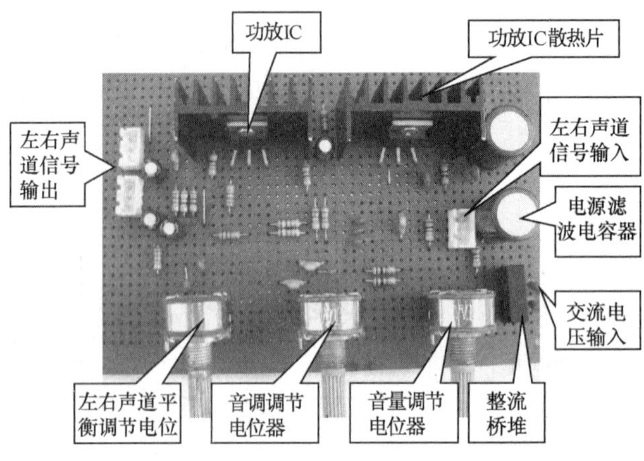

图 2-38　TDA2030A 双声道音频实物

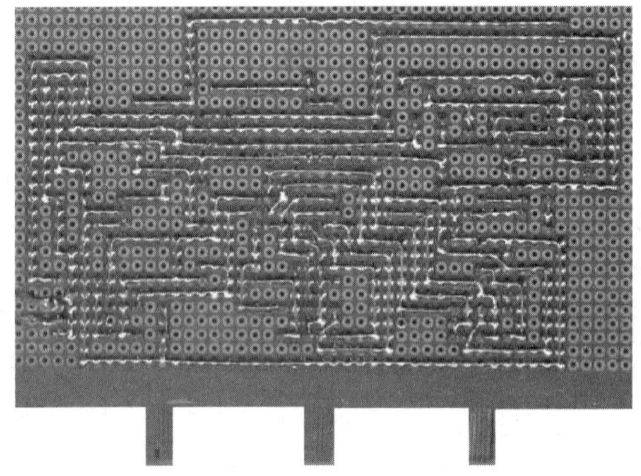

图 2-39　TDA2030A 双声道功率放大器焊接面板

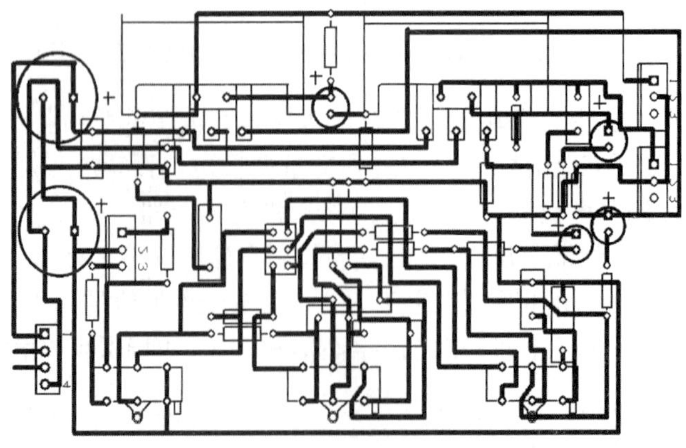

图 2-40　TDA2030A 双声道音频功放线路板接线图

首先，在安装前应对元器件的质量进行检查，防止已损坏的元器件被装上印制板；其次，元器件引脚若有氧化膜，则应除去氧化膜，并进行搪锡处理；再次，安装时，要确保元器件的极性正确，如二极管的正、负极，电解电容器的正、负极；最后，安装时，应先安装小型元器件（如电阻器），然后安装中型元器件，最后安装大型元器件，同一种元器件的高度应当尽量一致，这样便于安装操作。

2）电路检测时，整个调试过程可通过低频信号发生器与示波器的结合使用达到最佳效果。

注意：通电前应将电源线、引出线接头用绝缘胶布包妥，绝不允许露出线头，做到安全第一；测试时应将音量调节电位器 R_1、R_2 调到最大。

（2）电路测试

1）测量输出信号幅值 U_{om}，计算电压放大倍数 A_u。

输入正弦信号 1kHz、70mV（振幅值 100mV），输出负载电阻分别为 4Ω 和 8Ω 时，读出输出信号的幅值，并算出电压放大倍数 A_u。

2）测量上、下限截止频率 f_H 和 f_L。

输入正弦信号 70mV（振幅值 100mv），改变输入信号频率、负载电阻为 8Ω 时，分别读出当输出信号波形不失真时的 f_H 和 f_L。

制作结果与分析

根据电路图，按上述步骤，分别将测试结果填入表 2-9 中。

表 2-9　TDA2030A 双声道音频功率放大电路参数测试结果记录表

测试项目		测量值	分析结果
电源整流输出正、负直流电压值/V		$+V_{CC}=$	
		$-V_{CC}=$	
$U_{im}=100$mV $f=1$kHz 输出信号幅值 U_{om} 和电压放大倍数 A_u	负载电阻为 4Ω	$U_{om}=$	
		$A_u=$	
	负载电阻为 8Ω	$U_{om}=$	
		$A_u=$	
上、下限截止频率 f_H 和 f_L		$f_H=$	
		$f_L=$	

议一议

1）在功率放大器中，常常看到功放管上安装有散热装置，以防止管子过热损坏。试讨论：

① 从内部结构上分析，功放管过热损坏的原因是什么？

② 安装的散热装置与散热材料、颜色和安装位置有什么关系？

2）为什么通常用二极管来提供功率放大电路互补管的发射结偏置电压？

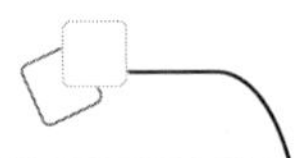

注意：如果用电阻器代替二极管，会对信号产生衰减作用，致使两个管子的基极信号幅度不一样，造成波形失真。另外，二极管为负温度系数的管子，对互补管具有温度补偿作用。

任务检测与评估

检测项目		评分标准	分值	学生自评	教师评估
任务知识内容	功率放大电路的性能要求与分类	掌握性能要求及各类型特点	5		
	互补对称功率放大电路	掌握电路结构、工作原理、参数计算与应用特点	25		
	复合管	掌握组合原则与特点	5		
	常用集成功率放大电路	掌握 TDA2822M 和 TDA2030A 的引脚功能及其典型应用	10		
任务操作技能	甲乙类单电源互补对称功率放大电路的仿真	能熟练使用仿真软件完成仿真操作，步骤清晰并获得正确参数	15		
	TDA2030A 双声道音频功率放大电路的制作	能按照工艺要求完成元器件的安装，制作产品功能正常，相关参数正确	30		
	安全操作	安全用电，按章操作，遵守实训室管理制度	5		
	现场管理	按 6S 企业管理体系要求，进行现场管理	5		

项 目 小 结

1）分压偏置式放大电路是最常用的放大电路，采用分压偏置来提高静态工作点的稳定性。如果放大电路的工作点设置不合适，将导致输出波形产生失真现象，由于静态工作点设置不合适而引起的失真现象主要有饱和失真和截止失真两类。

2）为了克服放大电路出现的饱和失真现象，可适当增大上偏置电阻 R_{b1}，使基极电流 I_{BQ}降低，Q 点下移；为了克服放大电路出现的截止失真现象，可适当减小上偏置电阻 R_{b1}，使 I_{BQ}升高，Q 点上移。

3）反馈就是把放大电路输出信号（电压或电流）的一部分或全部通过一定的电路送回到输入端，从而控制输出端的变化，起到自动调节的作用。反馈有正反馈和负反馈两种类型，采用瞬时相位极性法可以判别是正反馈还是负反馈。

4）负反馈有 4 种不同的类型：根据反馈信号与输出信号的关系，可分为电压负反馈与电流负反馈。如反馈信号为电压信号，则称为电压负反馈；如反馈信号为电流信号，则称为电流负反馈。根据反馈信号与输入信号的关系，可分为并联负反馈与串联负反馈。如反馈信号输入端与放大电路输入端呈并联关系，则称为并联负反馈；如与放大电路输入端呈串联关系，则称为串联负反馈。

5）引入负反馈后，放大电路的许多性能得到了改善。如提高放大倍数的稳定性，降低非线性失真，展宽频带和改变电路的输入、输出电阻等。改善的程度取决于反馈深度$|1+\dot{A}\dot{F}|$。负反馈越强，即$|1+\dot{A}\dot{F}|$越大，放大倍数降低得越多，但上述各项性能的改善也越显著。

6）功率放大电路的主要任务是不失真地放大信号的功率，常工作于大电流、高电压的大信号状态下，注重的是最大输出功率、电源效率、功放管的极限参数和电路消除失真的措施等，根据静态工作点处于负载线的中点、截止区和近截止区的位置，分别分为甲类、乙类、甲乙类3种。

7）与甲类功率放大电路相比，乙类互补对称功率放大电路的主要优点是效率高，在理想情况下，其最大效率约为78.5%，为了保证管子安全工作，双电源互补对称功率放大电路工作在乙类时，晶体管的极限参数必须满足：$P_{CM} \geqslant P_{T(max)} = 0.2P_{om}$，$U_{(BR)CEO} \geqslant 2V_{CC}$，$I_{CM} \geqslant V_{CC}/R_L$。

8）由于晶体管输入特性存在死区电压，工作在乙类的互补对称电路将出现交越失真。克服交越失真的方法是采用甲乙类（接近乙类）互补对称电路。通常可利用二极管或U_{BE}扩大电路进行偏置。

9）在单电源互补对称电路中，计算输出功率、效率、管耗和电源供给的功率，可用双电源互补对称电路的计算公式，但要用$V_{CC}/2$代替原公式中的V_{CC}。

10）随着科学技术的发展，大功率器件也发展迅速，主要有达林顿管（复合管）、功率VMOS场效应晶体管和功率模块。为了保证器件的安全运行，可从功率管的散热、防止二次击穿和保护措施等方面来考虑。TDA2822M和TDA2030A是目前应用最广泛的音频功率放大集成电路，具有输出功率大、外围连接元器件少、使用和维修方便等优点。

思考与练习

一、填空题

1. 能使输出电阻降低的是______反馈；能使输入电阻提高的是______反馈；能使输出电流稳定的是______反馈；能使输入电阻降低的是______反馈；能稳定工作点的是______反馈。能提高电路增益的是______反馈；能稳定电路增益的是______反馈；负反馈能使放大电路的通频带______；负反馈能使放大电路的非线性失真______。

2. 反馈放大器是由__________和__________两部分电路所组成。

3. 负反馈对放大电路性能的影响主要体现在以下4方面：①______________；②______________；③______________；④______________。

4. 通常使用______________法来判断反馈放大电路的反馈极性。对共射极电路而言，输入反馈信号加到晶体管的基极称为____________反馈，反馈信号加到晶体管的发射极称为________反馈，在输出端反馈信号从集电极取出属于_________反馈。

5. 如果要求稳定输出电压，并提高输入电阻，则应该对放大电路施加_____________反馈。

6. 输入端串联反馈要求信号源的内阻___________，并联反馈要求信号源内阻___________。

7. 功率放大电路输出具有较大功率来驱动负载，因此其输出的________和_____________信号的幅度均较大，可达到接近功放管的________参数。

8. 功率放大电路根据输出幅值U_{om}、负载电阻R_L和电源电压V_{CC}计算出输出功率P_o和电源消耗功率P_V后，可以很方便地根据P_V和P_o值来计算每只功放管的消耗功率$P_{T1}=$_________和效率$\eta=$_________。

9. 基本互补对称功率放大电路存在着交越失真，这可以通过加________解决，在具体电路中是利用___________实现。

二、选择题

1. 要使输出电压既稳定又具有较高输入电阻，放大器应引入（　　）负反馈。

A. 电压并联　　B. 电流串联　　C. 电压串联　　D. 电流并联

2. 某基本放大器的电压放大倍数A_u为200，加入负反馈后放大器的电压放大倍数降为20，则该电路的反馈系数F为（　　）。

A. $F=0.045$　　B. $F=0.45$　　C. $F=0.9$　　D. $F=1$

3. 直流负反馈对电路的作用是（　　）。

A. 稳定直流信号，不能稳定静态工作点

B. 稳定直流信号，也能稳定交流信号

C. 稳定直流信号，也能稳定静态工作点

D. 不能稳定直流信号，能稳定交流信号

4. 交流负反馈对电路的作用是（　　）。

A. 稳定交流信号，改善电路性能

B. 稳定交流信号，也稳定直流偏置

C. 稳定交流信号，但不能改善电路性能

D. 不能稳定交流信号，但能改善电路性能

5. 射极输出器属（　　）负反馈。

A. 电压串联　　B. 电压并联　　C. 电流串联　　D. 电流并联

6. 一个NPN硅管组成的共射极基本放大电路，若输入电压u_i的波形为正弦波，而用示波器观察到输出电压u_o的波形如图2-41所示，那是因为（　　）造成的。

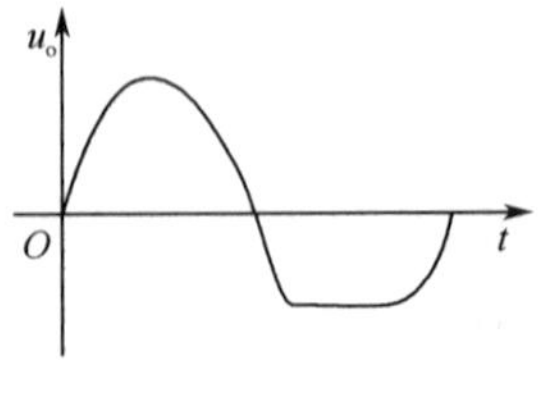

A. Q点偏高出现的饱和失真

B. Q点偏低出现的截止失真

C. Q点合适，u_i过大

D. Q点偏高出现的截止失真

图2-41　题6图

7. 功率放大电路与电压放大电路或电流放大电路相比，有（　　）的共同点。

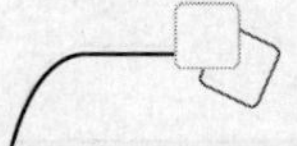

A. 与电压放大电路相比，A_u 都大于 1；与电流放大电路相比，A_i 都大于 1

B. 都具有功率放大作用

C. 电路结构相同

8. 所谓电路的最大不失真输出功率是指输入正弦波信号幅值足够大，使输出信号基本不失真且幅值最大时（　　）。

A. 晶体管上得到的最大功率　　B. 电源提供的最大功率

C. 负载上获得的最大直流功率　　D. 负载上获得的最大交流功率

9. 所谓效率是指（　　）。

A. 输出功率与输入功率之比

B. 输出功率与晶体管上消耗的功率之比

C. 输出功率与电源提供的功率之比

D. 最大不失真输出功率与电源提供的功率之比

10. 由于功率放大电路中功放管常常处于极限工作状态，因此选择用于功率放大的晶体管时特别要注意以下（　　）参数。

A. P_{CM}　　B. I_{CBO}　　C. I_{CM}　　D. β　　E. $U_{BR(CEO)}$　　F. f_T

11. 双电源互补对称功率放大电路，当输出功率为（　　）时，其功率管的管耗达到最大。

A. 当 $U_{om}=V_{CC}$ 时，最大输出功率

B. 当 $U_{om}=0$ 时，输出功率为零

C. 当 $U_{om}=\frac{2}{\pi}V_{CC}$ 时的输出功率

12. 互补对称功率放大电路从放大作用来看，（　　）。

A. 既有电压放大作用，又有电流放大作用

B. 只有电流放大作用，而没有电压放大作用

C. 只有电压放大作用，而没有电流放大作用

13. 在准互补对称功率放大电路所采用的复合管，其上下两对管子前后管型组合形式为（　　）。

A. NPN-NPN 和 PNP-NPN

B. NPN-NPN 和 NPN-PNP

C. PNP-PNP 和 PNP-NPN

三、简答题

1. 为什么功率放大电路的输出级常采用互补对称电路？乙类互补对称功率放大电路存在什么失真？如何消除？要求向阻抗为 16Ω 的负载提供的最大不失真输出功率是 2W，则在互补对称式 OCL 和 OTL 功率放大电路中的电源电压分别为多少？

2. 指出如图 2-42（a）、（b）所示各放大电路中的反馈元器件，并判断其反馈类型和极性。各电路中有哪些是直流负反馈元器件，它们起何作用？

3. 在如图 2-43 所示的复合管中，哪些组合方式是合理的？哪些是不合理的？并指出连接正确的复合管的管型和引脚。

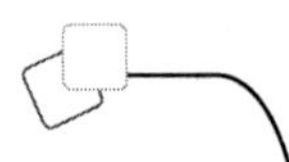

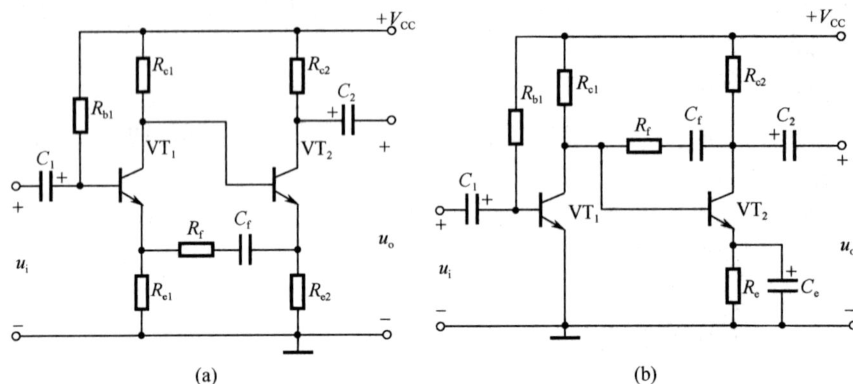

图 2-42　题 2 图

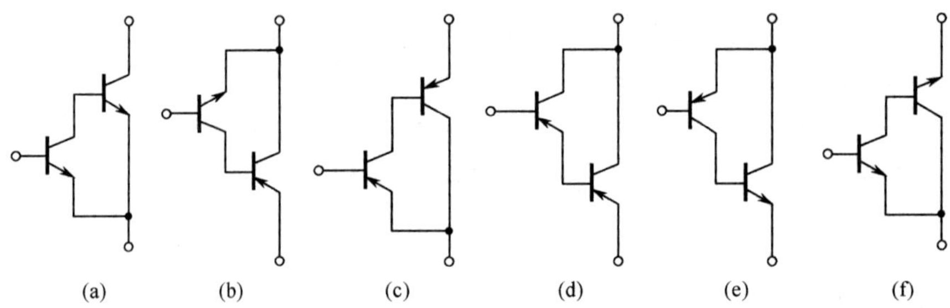

图 2-43　题 3 图

项目三

远距离调频无线话筒的制作

调频无线话筒具有电路设计简洁、制作调试方便、传输距离较远、信号保真度好等特点。通过调频无线话筒的制作，可使初学者较好地学习无线电信号的传输与接收的基础知识，同时掌握高频放大电路、振荡电路的设计与制作方法及自制电感器等元器件的制作技巧。

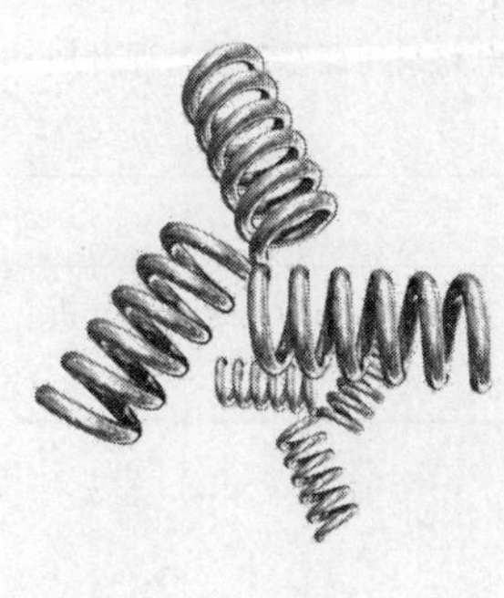

- 熟悉振荡器的功能、电路结构、振荡条件及电路分类；
- 掌握LC振荡器的电路组成、工作原理，学会判断电路是否起振；
- 熟悉无线电信号调制和解调工作原理；
- 熟悉高频放大电路的分类和特点，了解谐振功率放大电路的调制特性、放大特性和负载特性。

- 认识振荡电路、调频电路、高频放大电路的主要元器件，会装配、调试调频无线话筒电路；
- 熟练使用EWB软件（Multisim 14.0）完成LC振荡电路、变容二极管调频电路、高频放大电路的仿真操作；
- 学会使用直流电压测量法判断振荡电路是否起振，了解振荡电路频率的调整方法；
- 初步了解高频放大电路设计、安装和检修的方法。

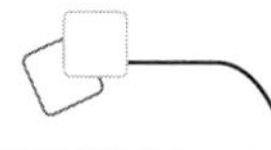

任务一　正弦波振荡器的种类及识别

任务目标

- 了解振荡器的功能、电路结构及振荡条件；
- 熟悉 LC 振荡器的电路组成、工作原理，学会判断电路是否起振；
- 了解 RC 桥式振荡器、石英晶体振荡器的电路组成及元器件作用；
- 掌握振荡频率的计算方法。

任务教学方式

教学步骤	时间安排	教学手段及方式
阅读教材	课余	学生自学、查资料、相互讨论
知识点讲授	4 课时	正弦波振荡器的组成、电路结构、振荡条件采取课堂讲解； LC 振荡器、RC 振荡器、石英晶体振荡器电路采用课堂讲解与课件展示相结合的方式
任务操作	2 课时	LC 正弦波振荡器电路仿真，上机操作
评估检测	与课堂教学同步进行	教师与学生共同完成任务的检测与评估，并能对出现的问题进行分析与处理

知识 1　正弦波振荡器的组成

自激振荡电路又称振荡器，是一种能量转换装置，它不需要外加信号就能自动将直流电能转换成具有一定频率、一定幅度和一定波形的交流信号。

振荡器有非常广泛的应用，尤其是正弦波振荡器，其输出波形是正弦波，可用作各种信号发生器、本机振荡器、载波发生器等。振荡器与放大电路的不同之处在于，放大电路需要加输入信号才能有输出信号；而振荡器则不需外加信号，由电路本身自激而产生输出信号。

正弦波振荡器主要由放大电路、选频电路、反馈网络和稳幅电路四部分组成。

1. 放大电路

放大电路又称放大器，其作用是将输入的微弱信号放大成幅度足够大且与原来信号变化规律一致的电信号，这里是指利用晶体管的电流放大作用使电路具有足够的信号放大能力。晶体管基本放大电路常见的有以下 3 种组成形式，如图 3-1 所示。

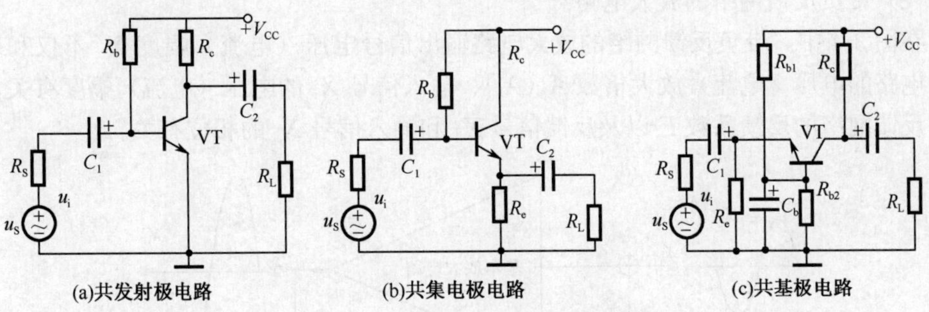

图 3-1　晶体管的 3 种基本放大电路

2. 选频电路

该电路仅对某个特定频率的信号产生谐振，从而保证了正弦波振荡器具有单一的工作频率。按选频电路组成元件的不同，可分为 LC 振荡器、RC 振荡器及石英晶体振荡器等几种类型，如图 3-2 所示。

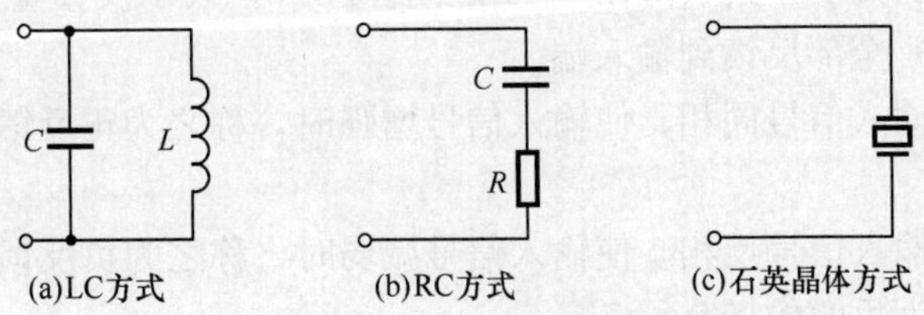

图 3-2　3 种选频电路的类型

3. 反馈网络

在正弦波振荡器中，反馈网络是将输出信号正反馈到放大电路的输入端，增强输入信号幅度，使电路产生自激振荡。按反馈类型的不同，常见的放大电路通常包含以下 3 种形式，其中带有正反馈网络的放大电路是本任务学习的重点。

(1) 无反馈网络的放大电路

在图 3-3 中，无反馈网络放大电路的输出信号 X_o 电压（电流）幅度由基本放大电路的电压（电流）放大倍数 $A_u(A_i)$ 与输入信号 X_i 的电压（电流）幅度决定。

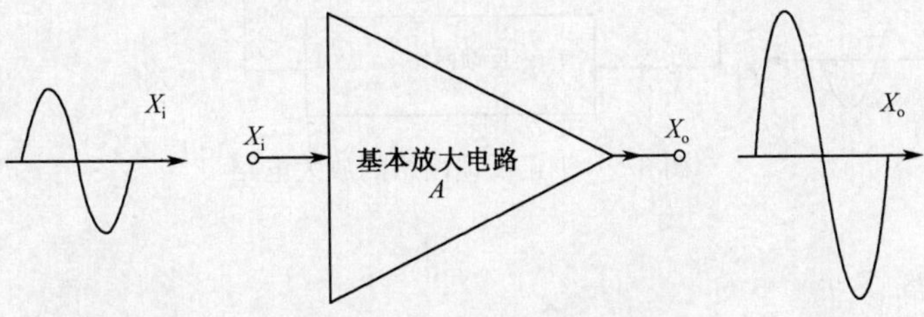

图 3-3　无反馈网络的放大电路

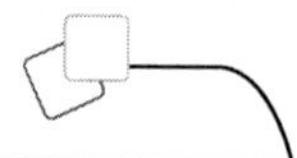

（2）带负反馈网络的放大电路

在图 3-4 中，带负反馈网络的放大电路输出信号电压（电流）幅度 X_o 不仅和基本放大电路的电压（电流）放大倍数 $A_u(A_i)$、输入信号 X_i 的电压（电流）幅度有关，而且与反馈网络的反馈系数 F 以及反馈信号 X_f 和输入信号 X_i 的相位有关。

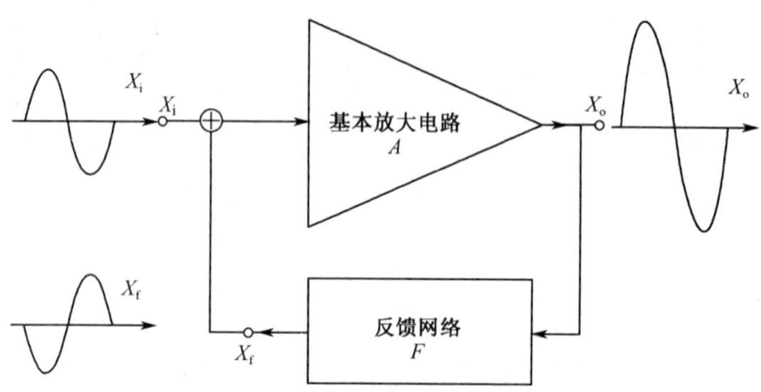

图 3-4　带负反馈网络的放大电路

F 表示反馈量的大小，其数值在 0～1 之间。$F=0$，表示反馈量为零；$F=1$，则表示输出电压（电流）全部反馈到输入端。

当反馈信号与输入信号同相，使输入信号增强时，称之为正反馈，正反馈常用于振荡电路当中。

当反馈信号与输入信号反相，使输入信号减弱时，称之为负反馈，负反馈多应用于改善放大电路特性为目的的场合。

在图 3-4 中，反馈信号 X_f 与输入信号 X_i 反相，削弱了输入信号的幅度，使输出信号 X_o 的幅度减弱，说明该电路是一个带有负反馈网络的放大电路。

（3）带正反馈网络的放大电路

在图 3-5 中，反馈信号 X_f 与输入信号 X_i 同相，增强了输入信号幅度，使输出信号 X_o 幅度增加，说明该电路是一个带有正反馈网络的放大电路。

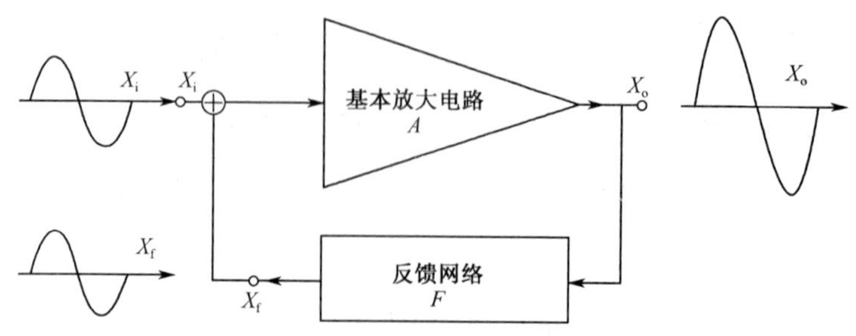

图 3-5　带正反馈网络的放大电路

4. 稳幅电路

该电路用于稳定振荡信号的振幅。它可以采用热敏元件或其他限幅电路，也可以利用放大电路自身元器件的非线性来完成。为了更好地获得稳定的等幅振荡，有时还需引入负反馈电路。

知识 2　自激振荡的过程

图 3-6 所示，当振荡器接通电源的瞬间，电路受到扰动，在放大电路的输入端将产生一个微弱的扰动电压 u_i，经放大电路放大、选频电路选频后，通过正反馈网络 F 回送到输入端，形成放大→选频→正反馈→再放大的过程，使输出信号 u_o 的幅度逐渐增大，振荡便由小到大地建立起来。当振荡信号幅度达到一定数值时，由于晶体管非线性区域的限制作用，使晶体管的放大作用减弱，即电路的放大倍数下降，振幅也就不再增大，最终使电路维持稳幅振荡。

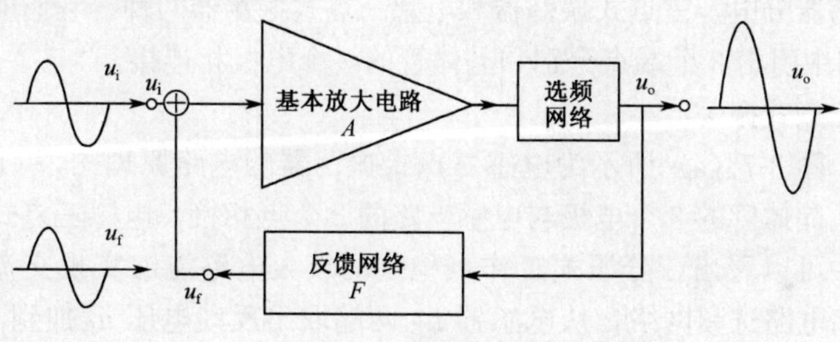

图 3-6　正反馈振荡电路

知识 3　自激振荡的条件

振荡电路要产生自激振荡必须同时满足下列两个条件。

1. 相位平衡条件

反馈电压的相位与输入电压的相位同相，即为正反馈。有如下定义：

$$\varphi = 2n\pi, \quad n = 0,1,2\cdots \tag{3-1}$$

式（3-1）中，φ（读音“佛爱”）为反馈电压 u_f 与输入电压 u_i 的相位差，$\pi=180°$。

2. 振幅平衡条件

反馈电压的幅度与输入电压的幅度相等，这是电路维持稳幅振荡的振幅条件。假定输入电压 u_i 通过放大电路放大后增大了 A_u 倍，此时输出电压 $u_o=A_u \cdot u_i$，反馈电压 $u_f=Fu_o=FA_u u_i$，为保证 $u_f \geqslant u_i$，则需

$$A_u F \geqslant 1 \tag{3-2}$$

满足上式即可满足振荡电路的振幅平衡条件。

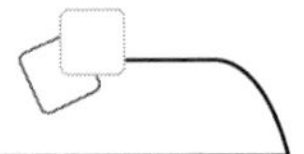

知识 4　正弦波振荡电路的分类

一般根据选频电路元器件组成的形式对正弦波振荡电路进行分类。选频电路若由 R、C 元件组成，则称之为 RC 正弦波振荡电路，若由 L、C 元件组成，则称之为 LC 正弦波振荡电路，若由石英晶体组成，则称之为石英晶体正弦波振荡电路。本任务中主要介绍 LC 正弦波振荡电路。

1. LC 正弦波振荡电路（LC 振荡器）

LC 振荡器是由放大电路、LC 选频回路和反馈电路 3 部分组成的。LC 振荡器可分为变压器耦合振荡器和三点式振荡器两大类。下面主要讨论三点式振荡器。

三点式振荡器分电容三点式振荡器和电感三点式振荡器两种。它们的共同特点都是从 LC 振荡回路中引出 3 个端点分别和晶体管的 3 个电极相连接。

（1）电感三点式振荡器

电路分析：图 3-7（a）所示为电感三点式振荡器的电路原理图，（b）所示为它的交流等效电路，晶体管的 3 个电极与电感支路的 3 个点相接，电感三点式由此而得名。

从电路图中可以看出，分压式工作点稳定的放大电路能够实现交流放大，由 L_1、L_2、C 组成振荡电路选频网络，从电感器 L_2 两端取出反馈电压 u_f 加到晶体管输入端。利用瞬时极性法可判断出电路对振荡频率的反馈是正反馈。图 3-7（a）中 C_b 是隔直电容器，C_e 是射极旁路电容器。

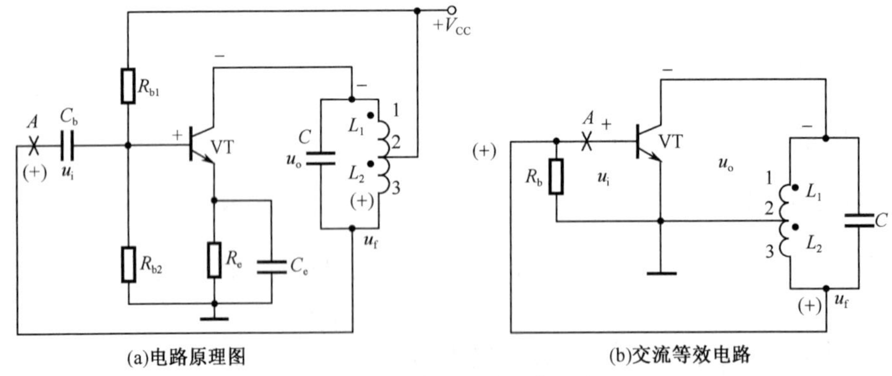

图 3-7　电感三点式振荡电路

改变线圈抽头的位置，可调节 u_f 的大小，从而调节振荡器的输出幅度。L_2 匝数越多，反馈越强，输出振荡信号越大。调整谐振电容器 C 可调节振荡频率 f_o。

$$f_o = \frac{1}{2\pi\sqrt{(L_1 + L_2 + 2M)C}} \tag{3-3}$$

式（3-3）中，M 为 L_1 和 L_2 的互感。

电路特点：在电感三点式振荡器中，由于 L_1 与 L_2 之间耦合很紧，因此电路容易振荡。谐振电容器通常采用可变电容器，便于调节振荡频率；工作频率可达到几十兆赫兹，但输出波形中含有高次谐波，波形较差。

（2）电容三点式振荡器

电路分析：将电感三点式振荡电路中的谐振电容器和电感器互换，就构成了电容三点式振荡器，电路如图 3-8 所示，图 3-8（a）所示为电路原理图，（b）所示为它的交流等效电路，晶体管的 3 个电极与电容支路的 3 个点相接，电容三点式由此而得名。从交流等效电路分析可知这个电路满足相位平衡条件。L 和 C_1、C_2 组成振荡电路选频网络。利用 C_1 和 C_2 串联分压，从 C_2 上将反馈信号送到放大电路的输入端。适当选择 C_1 和 C_2 的数值，就能满足振幅平衡条件，电路就能产生振荡。振荡频率为

$$f_o = \frac{1}{2\pi\sqrt{L\dfrac{C_1C_2}{C_1+C_2}}} \tag{3-4}$$

电路特点：电容三点式振荡器的振荡频率可达到 100MHz 以上。输出波形中高次谐波较少，波形较好。它的缺点是调节频率不方便，因为电容量的大小既与振荡频率有关，又与反馈量有关。为了保持反馈系数 F 不变，满足起振条件，调节频率时必须同时改变 C_1 和 C_2。

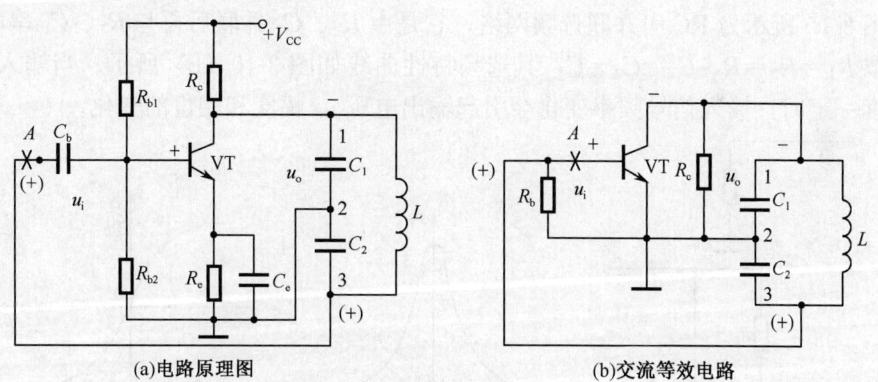

图 3-8　电容三点式振荡电路

（3）改进型电容三点式振荡器

电路分析：从图 3-9 所示电容三点式振荡电路的交流等效电路可以看出：晶体管极间电容 C_{be} 和 C_{ce} 分别与 C_2、C_1 并联，构成振荡电路的一部分。由于极间电容会随温度变化或更换晶体管后有所差异，这些因素将造成振荡频率的不稳定。

改进型电容三点式振荡器是在 LC 回路的电感支路中串入电容 C_3。图 3-9 所示为改进型电容三点式振荡电路。当 C_3 远小于 C_1 和 C_2 时，其振荡频率 f_o 与 C_1、C_2、C_{be}、C_{ce} 基本无关，而主要取决于 C_3 和 L，由此相对削弱了晶体管极间电容的影响。

由于 C_3 远远小于 C_1 和 C_2，因此改进型电容三点式振荡器的振荡频率为

$$f_o = \frac{1}{2\pi\sqrt{LC_3}} \tag{3-5}$$

电路特点：振荡波形好，频率比较稳定。缺点是调节 C_3 时，输出信号的幅度会随频率的增大而降低。

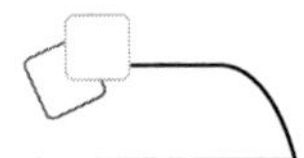

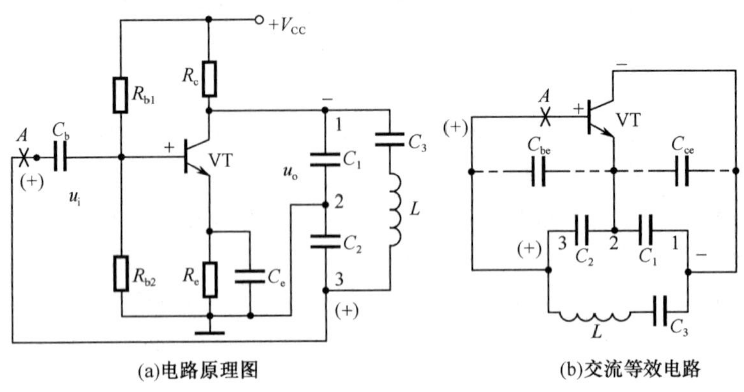

图 3-9　改进型电容三点式振荡电路

2. RC 正弦波振荡电路（RC 振荡器）

RC 振荡器主要由 RC 选频反馈网络和放大电路组成，常见的类型有 RC 桥式振荡器和 RC 移相式振荡器。下面将介绍 RC 桥式振荡器的基本原理。

（1）RC 串并联选频网络

图 3-10 所示为 RC 串并联选频网络，它是由 R_2、C_2 并联后再与 R_1、C_1 串联组成，一般取 $R_1=R_2=R$，$C_1=C_2=C$，其选频特性曲线如图 3-10（b）所示。当输入电压 u_i 的幅度一定时，输入信号频率变化会引起输出电压 u_o 幅度和相位的变化。

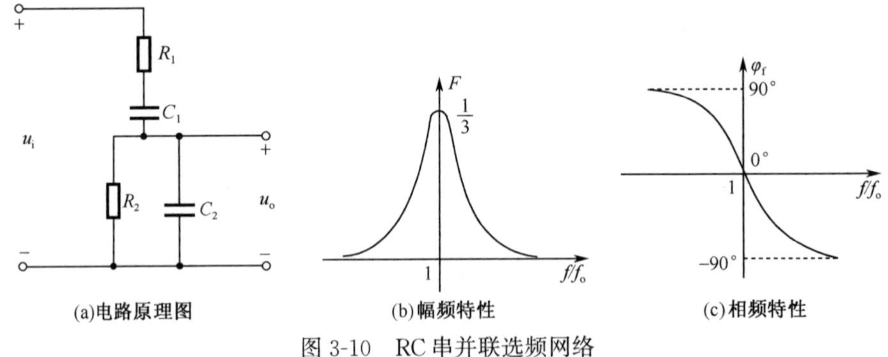

图 3-10　RC 串并联选频网络

当输入信号 u_i 频率 f 等于选频频率 f_o 时，输出电压 u_o 幅度最高，为 $u_i/3$，而且相位差为零。选频频率 f_o 取决于选频网络 R、C 元件的数值，计算公式为

$$f_o=\frac{1}{2\pi RC} \tag{3-6}$$

当输入信号 u_i 的频率高于或低于 f_o 愈多时，输出电压 u_o 就愈小，且相移也愈大。

（2）RC 桥式振荡器的电路组成

图 3-11 所示电路为 RC 桥式振荡器，又称文氏电桥振荡器，它由同相放大电路和具有选频作用的 RC 串并联正反馈网络组成。

振荡原理：集成运放 LM741 组成同相放大电路，6 脚输出频率为 f_o 的信号通过 RC 串并联选频网络反馈到放大电路的输入端 3 脚。因为 RC 串并联选频网络的反馈系

数 $F=1/3$，因此，只要使放大电路的放大倍数 $A_u \geqslant 3$，就能满足振幅平衡条件；由于同相放大电路的输入信号与输出信号的相位差为 0°，RC 串并联选频网络的移相也为 0°，所以信号的总相移满足相位平衡条件，属正反馈。因此，电路对信号中频率为 f_o 的分量能够产生自激振荡，而其他的频率分量由于选频网络的作用，反馈电压低，相移不为零，则不产生自激振荡。

RC 桥式振荡器的振荡频率取决于 RC 串并联选频回路的 R_1、R_2、C_1、C_2 参数。通常情况下，$R_1=R_2=R$，$C_1=C_2=C$，振荡频率为 $f_o=\dfrac{1}{2\pi RC}$。

在 RC 桥式振荡器电路中，反馈电阻器 R_f（如图 3-11 电路中的 R_t）常采用具有负温度系数的热敏电阻器，以便顺利起振。当振荡器的输出幅度增大时，热敏电阻器 R_t 随着通过的电流增强而温度上升，其电阻变小，使放大电路的增益下降，这将自动调节振荡输出信号幅度，最终使其趋于稳定。

RC 桥式振荡器的振荡频率调节方便，信号波形失真小，是应用最广泛的 RC 振荡器。

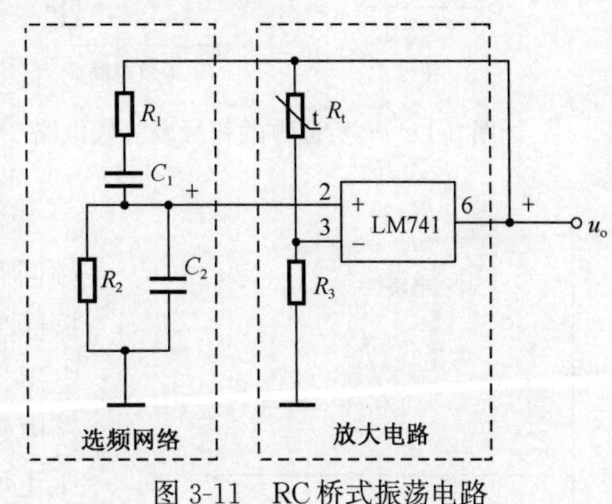

图 3-11　RC 桥式振荡电路

3. 石英晶体振荡电路

振荡器的振荡频率是由它的选频元件参数决定的。由于环境温度变化或电源电压波动等因素的影响，将导致选频元件参数的变化。因此，无论是 LC 振荡器还是 RC 振荡器，其振荡频率都是不够稳定的。普通的 LC 振荡器的频率稳定度约在 10^{-3} 左右，优质的可达到 10^{-5} 数量级。而使用石英晶体组成的振荡器，其频率稳定度可达到 10^{-11}～10^{-6} 数量级，这大大提高了振荡频率的稳定度。目前，石英晶体振荡器已广泛应用于石英钟、彩色电视机、手持电视机、手持移动电话、计算机等各类电子设备中。

（1）石英晶体的压电效应

天然石英属二氧化硅（SiO_2）晶体，将它按一定方位角切成薄片，称为石英晶片。在石英晶片的两个相对表面喷涂金属层作为极板，焊上引线作为电极，再用金属壳或胶壳封装就制成石英晶体振荡器。

若在石英晶体两电极间加上电压，晶片将产生机械形变；反之，如在晶片上施加机械压力，晶片表面会产生电荷，这种物理现象称为压电效应。如果外加交变电压的频率与晶体固有频率相等时，石英晶片振幅将达到最大，这就是晶体的压电谐振。产生谐振的频率称为石英晶体谐振频率。图 3-12 所示为石英晶体的符号及等效电路，其中 C_o 表示石英晶体极板间静态电容。石英晶体振荡器实物图如图 3-13 所示。

（2）石英晶体振荡电路

用石英晶体振荡器作为选频元件组成的正弦波振荡电路称为石英晶体振荡电路。石英晶体振荡电路的电路形式是多样的，但其基本电路只有两类：一类为并联型石英晶体

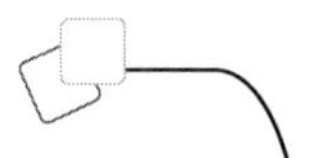

振荡电路，工作频率在石英晶体串联谐振频率 f_s 与并联谐振频率 f_p 之间，石英晶体相当于电感器；另一类为串联型石英晶体振荡电路，工作频率低于串联谐振频率 f_s 时，利用阻抗最小的特性来组成振荡电路，如图 3-14 所示为石英晶体振荡器频率特性。

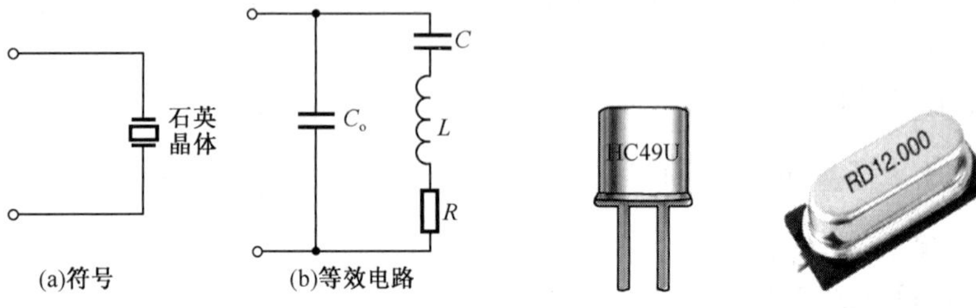

图 3-12　石英晶体的符号及等效电路　　图 3-13　石英晶体振荡器实物图

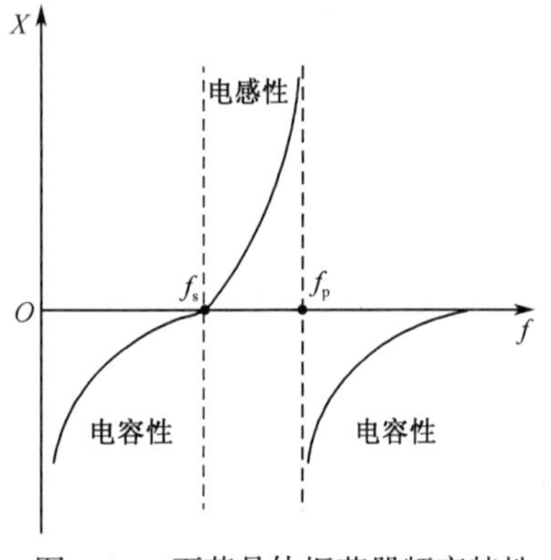

图 3-14　石英晶体振荡器频率特性

并联型石英晶体振荡电路如图 3-15 所示，选频回路由 C_1、C_2 和石英晶体 Y 组成，这时的谐振频率处于 f_s 与 f_p 之间，石英晶体在回路中起电感器的作用，显然这相当于一个电容三点式振荡电路。谐振电压经 C_1、C_2 分压后，C_2 上的电压正反馈回到放大管的基级，只要反馈强度足够大，电路就能起振并达到平衡。振荡频率基本上由石英晶体的固有频率决定，受 C_1、C_2 及晶体管极间电容 C_{bc}、C_{ce} 的影响很小，因此振荡频率稳定度很高。

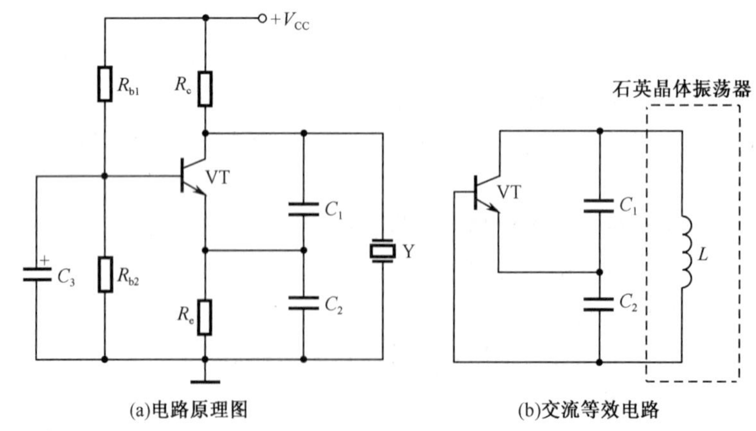

图 3-15　并联型石英晶体振荡电路

串联型石英晶体振荡电路如图 3-16 所示，石英晶体 Y 接在 VT_1、VT_2 组成的两级放大电路的正反馈网络中，起到选频和正反馈的作用，当振荡频率等于石英晶体的串联谐振频率 f_s 时，石英晶体阻抗最小，因此正反馈最强，且相移为零，电路满足自激振荡条件而振荡。对频率不等于 f_s 的信号，石英晶体的阻抗较大，相移不为零，电路不满足自激振荡条件。因此，该电路只在频率 f_s 上产生振荡，即 $f_o=f_s$。在正反馈支路中串入电阻器 R_P，用于调节反馈量的大小。R_P 过大，则反馈量小，电路不容易起振；R_P 过小，则反馈量大，会导致波形失真。

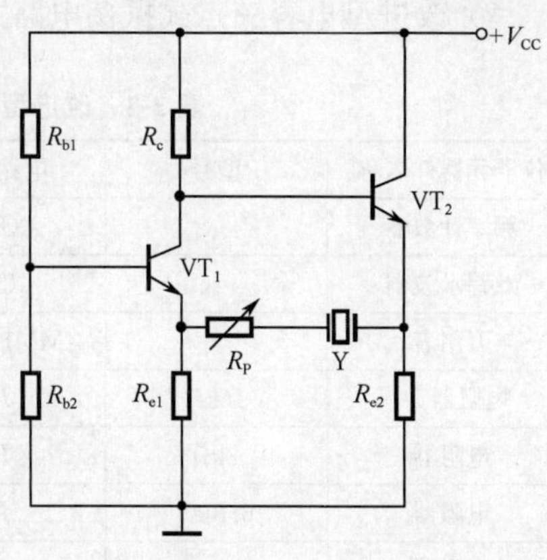

图 3-16　串联型石英晶体振荡电路

1）正弦波振荡器由哪些部分组成？各有什么作用？

2）石英晶体振荡器的特点是什么？画出该振荡器的等效电路和电抗特性图。

做一做

实训　LC 正弦波振荡电路的仿真测试

仿真目的

1）熟知 LC 振荡器的电路组成，进一步了解电路工作原理，学会判别电路是否振荡。

2）研究反馈系数对振荡器的影响。

3）对比不同结构的电容三点式振荡器的工作原理，掌握在不同结构振荡电路中改变振荡频率 f_o 的方法。

仿真所用仪器、元器件及主要参数

1）电容三点式振荡器仿真电路所用仪器、元器件及主要参数见表 3-1 所示。

表 3-1　电容三点式振荡电路主要参数表

仪器元器件名称	型号	电路编号	数量	虚拟仪器参数设置
频率计数器		XFC1	1	频率计数器(XFC1)
双踪示波器		XSC1	1	Masurement：Frep
万用表		XMM1、XMM2	2	Coupling：AC
电阻器 R_1	15kΩ	R_1	1	Sensitivity：3V
电阻器 R_2	560Ω	R_2	1	双踪示波器(XSC1)
电阻器 R_3	4.7kΩ	R_3	1	Time base：200μs/div "Y/T"显示方式
电容器 C_1、C_2	33pF	C_1、C_2	2	Channel A：10V/div"AC"工作方式
电容器 C_3	100pF	C_3	1	Trigger："Auto"工作方式
电感器 L_1	10μH	L_1	1	万用表(XMM1)
晶体管	2N3904	VT	1	电压挡 V
直流电源	9V	Vcc	1	直流 —

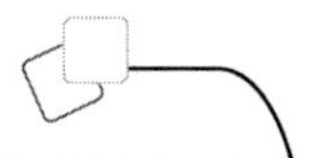

2）改进型电容三点式振荡电路主要参数见表 3-2。

表 3-2　改进型电容三点式振荡电路主要参数表

仪器元器件名称	型号	电路编号	数量	虚拟仪器参数设置
频率计数器		XFC1	1	频率计数器(XFC1) Masurement：Frep Coupling：AC Sensitivity：1V 双踪示波器(XSC1) Time base：200ns/div "Y/T"显示方式 Channel A：10V/div"AC"工作方式 Trigger："Auto"工作方式 万用表(XMM1) 电压挡　V 直流　—
双踪示波器		XSC1	1	
万用表		XMM1、XMM2	2	
电阻器 R_1	16kΩ	R_1	1	
电阻器	2kΩ	R_2	1	
电阻器	6.8kΩ	R_3	1	
电阻器	3kΩ	R_4	1	
电容器	5pF	C_1	1	
电容器	100pF	C_2	1	
电容器	200pF	C_3	1	
电容器	10nF	C_4	1	
电感器	12μH	L_1	1	
晶体管	2N3904	VT	1	
直流电源	12V	Vcc	1	

仿真实训内容

图 3-17 所示是电容三点式振荡器仿真电路，图 3-18 所示是改进型电容三点式振荡器仿真电路，振荡放大晶体管采用 2N3904。

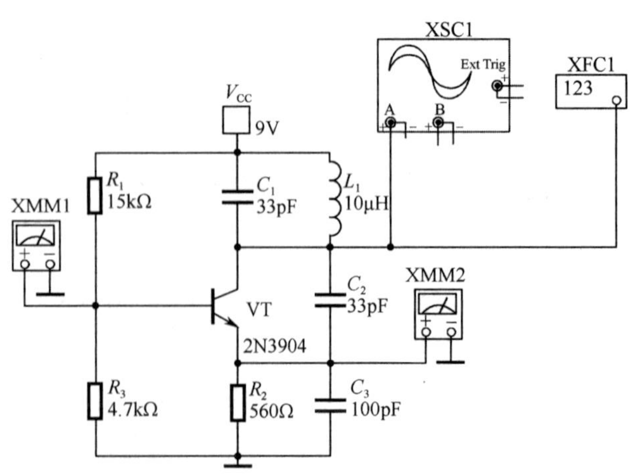

图 3-17　电容三点式振荡器仿真电路

在图 3-17 中，L_1、C_1 构成 LC 选频网络，C_2、C_3 构成反馈网络，适当调整 C_2、C_3 的数值，就能满足振幅平衡条件，R_1、R_3 组成分压式基极偏置电路，R_2 为发射极偏置电阻器。该电路振荡频率较高，但电路受环境温度、晶体管极间分布电容影响较大，振荡频率稳定性较差。

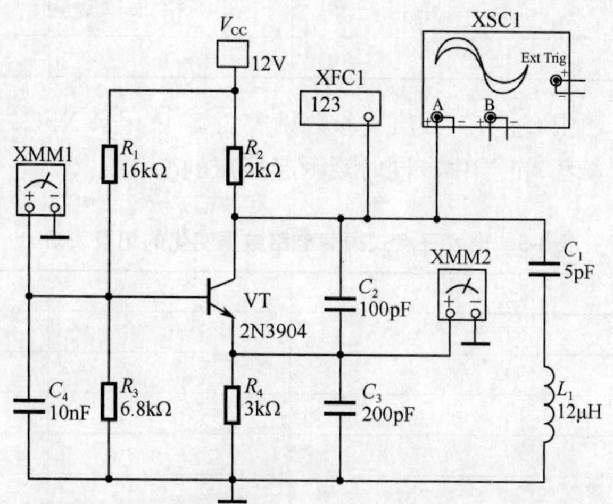

图 3-18　改进型电容三点式振荡器仿真电路

在图 3-18 中，L_1、C_1 构成 LC 选频网络，C_2、C_3 构成反馈网络，适当调整 C_2、C_3 的数值，就能满足振幅平衡条件，R_1、R_3 组成分压式基极偏置电路，R_2 为集电极偏置电阻器，R_4 为发射极偏置电阻器。该电路受环境温度、晶体管极间分布电容影响较小，振荡频率稳定性较好。

仿真步骤及操作要领

1）对照表 3-1 和表 3-2，分别在 Multisim 14.0 仿真软件中创建电容三点式振荡电路和改进型电容三点式振荡电路，连接测试仪器。

2）对比两种电路的结构差异，判断反馈建立过程。

3）虚拟仪器参数应按照实际操作情况进行适当调整，读数判断准确，及时做好相关记录。

4）仔细观测电路起振后或不起振时 2N3904 基极、发射极电压的变化。

仿真结果及分析

1. 观测电容三点式振荡电路仿真参数

1）按照图 3-17 和表 3-1 设置好元器件及仪器参数，观测示波器波形，记录频率计数器（XFC1）、万用表（XMM1、XMM2）记录的数值，并填入表 3-3 当中。

表 3-3　电容三点式振荡电路仿真结果记录表

C_1/pF	XFC1/MHz	XMM1/V	XMM2/V
33pF			

2）调整图 3-17 当中 C_1 数值（参数见表 3-4），记录 XFC1 数值变化，填入表 3-4 当中，并观测起振点的变化。

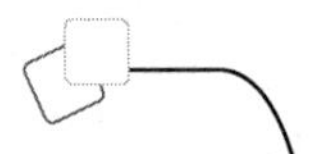

表 3-4　电容三点式振荡电路数据变化的记录表一

C_1/pF	20	100	200
XFC1/MHz			

3）调整图 3-17 当中 C_2、C_3 数值（参数见表 3- 5），记录 XFC1、XMM1、XMM2、XSC1 数值变化，填入表 3-5 当中，同时观测起振点的变化。

表 3-5　电容三点式振荡电路数据变化的记录表二

C_2/pF	47	47	100
C_3/pF	20	100	47
XFC1/MHz			
XMM1/V			
XMM2/V			
XSC1/V			

2. 观测改进型电容三点式振荡电路仿真参数

1）按照图 3-18、表 3-2 设置好元器件、仪器参数，观测示波器波形，记录频率计数器（XFC1）、万用表（XMM1、XMM2）记录的数值，并填入表 3-6 当中。

表 3-6　改进型电容三点式振荡电路仿真结果记录表

C_1/pF	XFC1/MHz	XMM1/V	XMM2/V
5pF			

2）调整图 3-18 当中 C_1 数值（参数见表 3-7），记录 XFC1 数值变化，填入表 3-7 当中，并观测起振点的变化。

表 3-7　改进型电容三点式数据变化记录表一

C_1/pF	3	10	100
XFC1/MHz			

3）调整图 3-18 当中 C_2、C_3 数值（参数见表 3- 8），记录 XFC1、XMM1、XMM2、XSC1 数值的变化，填入表 3-8 当中，同时观测起振点的变化。

表 3-8　改进型电容三点式数据变化记录表二

C_2/pF	47	47	200
C_3/pF	47	200	47
XFC1/MHz			
XMM1/V			
XMM2/V			
XSC1/V			

仿真结果分析

1）分析总结以上两种振荡电路中反馈系数对起振点、信号输出幅度的影响，并进行对比。

2）分析总结如何判断电路是否起振，并提供仿真相关实验数据进行对比。

3）利用式（3-5）计算图 3-18 中振荡频率 f_0 值，与实际测量值进行对比，并分析误差存在的原因。

议一议

1）电路起振应该具备哪些条件？

2）电容三点式振荡电路与改进型电容三点式振荡电路相比较具备哪些特点？晶体管结电容是否会对电路振荡频率产生影响？

任务检测与评估

检测项目	检测内容	评分标准	分值	学生自评	教师评估
任务知识内容	正弦波振荡电路	掌握 LC 振荡器的电路组成、工作原理、学会判断电路是否起振	50		
任务操作技能	正弦波振荡器电路仿真	能熟练使用仿真软件并完成实训	40		
	安全操作	安全用电，按章操作，遵守实训室管理制度	5		
	现场管理	按 6S 企业管理体系要求进行现场管理	5		

任务二 调制电路的种类及识别

任务目标

- 了解无线电信号传输与接收基本原理；
- 熟悉无线电信号调幅与调频方式的工作原理。

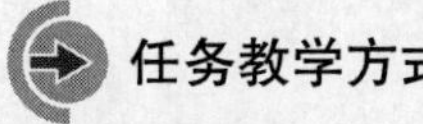

任务教学方式

教学步骤	时间安排	教学手段及方式
阅读材料	课余	学生自学、查资料、相互讨论
知识点讲授	4 课时	信号调制与解调部分采取课题讲解与课件展示相结合的方式
任务操作	2 课时	变容二极管调频电路仿真，上机操作
评估检测	与课堂教学同步进行	教师与学生共同完成任务的检测与评估，并能对出现的问题进行分析与处理

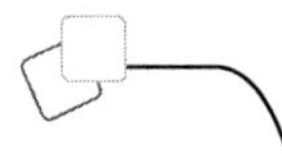

知识 1　无线电信号传输的基本原理

无线电通信的任务是利用电磁波将各种电信号由发送端传送给接收端，以达到传递信息的目的。以无线电广播为例（无线电广播包括声音广播和电视广播），它是将载有声音或图像的电信号，利用电磁波的形式从电台传送给远方的广大听众或观众。

1. 电信号传播的初步知识

人耳能听到的声音信号的频率约在 20Hz～20kHz 之间，通常称为音频，这样的声音信号在空气中传播的速度约为 340m/s，而且衰减很快。一个人无论怎样用力叫喊，他的声音也不会传得很远。为了把声音传到远方，常用的方法是将其转变为电信号，再设法把电信号传送出去。将声音变为电信号的装置一般为话筒。当人对着话筒讲话时，话筒就输出与声音对应的电压或电流。

要将电信号传送到远方，一般有两个办法：一是架设电线或电缆，这样成本昂贵；二是利用电磁波来传送信号，实现无线传送。

麦克斯韦的电磁波理论证明：电磁波传播具有方向性；任何形式的电磁波在真空中的传播速度都为 $c=3\times10^8\,\mathrm{m/s}$。

电磁波在一个振荡周期内传播的距离叫波长，用 λ 表示，波长与速度的关系为 $\lambda=c\cdot T$ 或 $\lambda=\dfrac{c}{f}$，式中，T 为振荡周期，单位为 s，f 为振荡频率，单位为 Hz。

电磁波的另一个重要性质是它具有能量。电磁波所具有的能量在传播过程中会逐渐衰减，不过它在空气中衰减得很慢，因而能传播到很远的地方。

为了使电磁波能有效地向空间辐射，就必须使用天线。对电磁波发射的进一步研究表明，只有当天线尺寸和电磁波的波长同量级时，才能有效地将电磁波辐射出去。例如，20kHz 的声音信号，其波长为 $\lambda=\dfrac{c}{f}=\dfrac{3\times10^8}{20\times10^3}=1.5\times10^4\,\mathrm{m}$，即为 15km，要制造出与此尺寸相当的天线是不可能的，即使发射出去，各个电台发出的信号都在同一频率范围内，它们在空中混在一起，也会让接收者无法选择。为了传送电信号，就要采用一种新的方法，即“调制”。

2. 信号调制过程

要想让电磁波有效地传播，就必须利用频率更高（波长更短）的高频信号，并设法将需要传送的信号“装载”在这种高频信号上，然后由天线辐射出去。这样天线尺寸就可以比较小，不同的广播电台可以采用不同的高频信号，彼此互不干扰。将传送信号“装载”在高频信号中的过程，或者说用传送信号去控制等幅高频信号的过程称为“调制”。

调制可以分为以下几类。

1）当被调制的是高频信号的振幅时，这种调制称为幅度调制，简称调幅。

2）当被调制的是高频信号的频率时，这种调制称为频率调制，简称调频。

3）当被调制的是高频信号的相位时，这种调制称为相位调制，简称调相。

经过调制后的高频信号被称为已调波，由于它的频率很高，可以用长度较短的天线发送到空间中去。由此可见，等幅高频振荡信号实际上起着运载被传送信号的作用，在无线电技术中常称之为载波。被传送的信号起着调制载波的作用，称为调制信号。

通过上面的介绍可知，要传送某一信号（以声音信号为例）就要先将此信号通过声—电转换设备转换成电信号，然后经过调制后由天线发送出去。图 3-19 所示为广播发送系统组成框图。

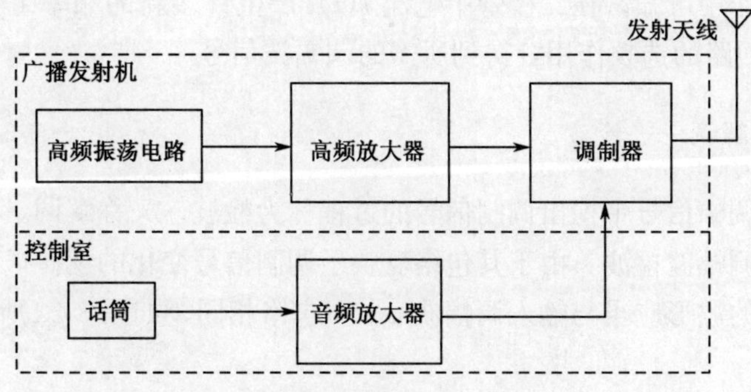

图 3-19　广播发送系统组成框图

3. 接收无线电广播的主要过程

接收是发送的逆过程，它的基本任务是将空中传送的高频已调信号接收下来，并还原成调制信号。这种还原的过程称为“解调”，完成这一功能的相应部件称为解调器。

知识 2　调幅与检波

无线电信号调制与解调的方法有很多种，调制方法包括调幅、调频、调相等，解调方法包括检波、鉴频等，下面将主要介绍调频的知识。

1. 调幅波波形

调幅就是使载波的振幅随调制信号的变化而变化。调幅波如图 3-20 所示。

2. 调幅电路

调幅电路中一般采用非线性器件来完成信号调幅功能。如图 3-21 所示，$u_\Omega(t)$ 为

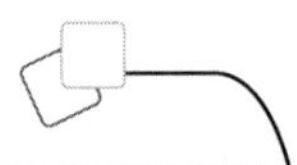

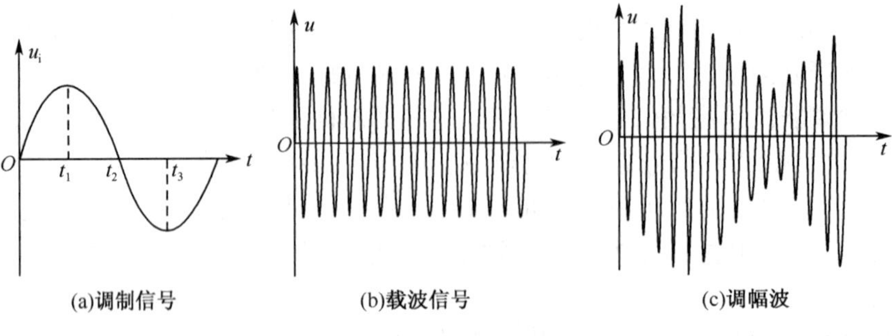

图 3-20　调幅波波形

调制信号，$u_c(t)$ 为载波信号，这两种信号一起加在非线性器件晶体二极管上，由非线性器件频率变换作用可知，在二极管中电流 $i(t)$ 产生许多新的频率组合分量，可以利用 LC 并联谐振回路的选频作用，得到所需的调幅波信号。

3. 调幅波的解调——检波

从高频已调调幅信号中检出调制信号的过程称为检波，又称解调。检波是调制的逆过程。对于普通调幅波检波，由于其包络反映了调制信号变化的规律，因此，检波器的输出电压 $u_o(t)$ 的波形应当与输入调幅波 $u_i(t)$ 包络相同，如图 3-22 所示。

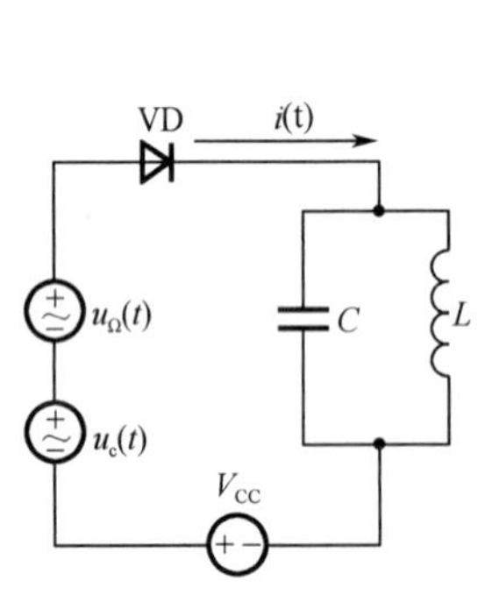

图 3-21　调幅原理电路

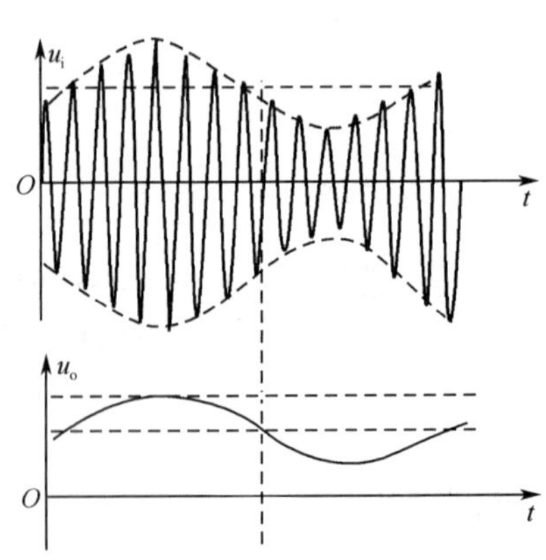

图 3-22　检波输入与输出信号波形

综上所述，一个检波器需要由以下 3 个基本部分组成。

1）输入电路——选取高频调幅信号。

2）非线性元器件——进行频率变换，产生许多新的频率成分，其中包括原调制信号。

3）低通滤波器——滤除无用的频率成分，取出原调制信号。

检波器的组成方框图如图 3-23 所示。

按所用的非线性元器件的不同，检波器可以分为二极管检波器和晶体管检波器；按

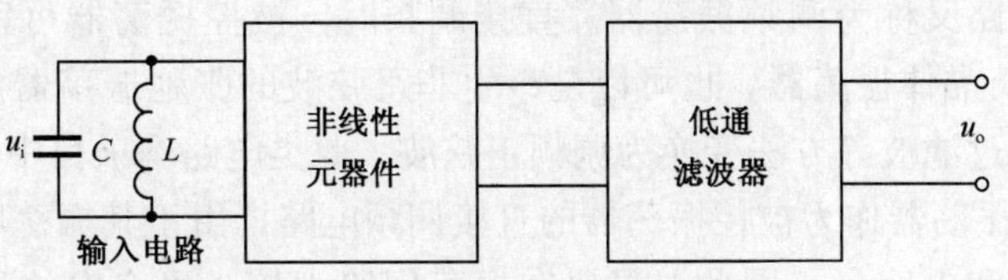

图 3-23 检波器的组成方框图

调幅信号大小的不同，检波器可分为小信号检波器和大信号检波器；按检波方法不同，又可分为包络检波器和乘积检波器（同步检波器）。

知识 3 调频与鉴频

1. 调频波形

调频就是使载波的频率随调制信号的变化而变化，如图 3-24 所示。可以看出，随着调制信号电压的改变，调频信号的频率也相应变化。对应于调制信号电压瞬时值为最大的 t_1 时刻，调频信号频率最高，高于载频一个最大频偏量。在调制信号电压为 0 的 t_2 时刻，调频波频率就是载波频率，对应于调制信号电压为负最大值的 t_3 时刻，调频信号频率最低，低于载波频率一个最大频偏量，而振幅不变。

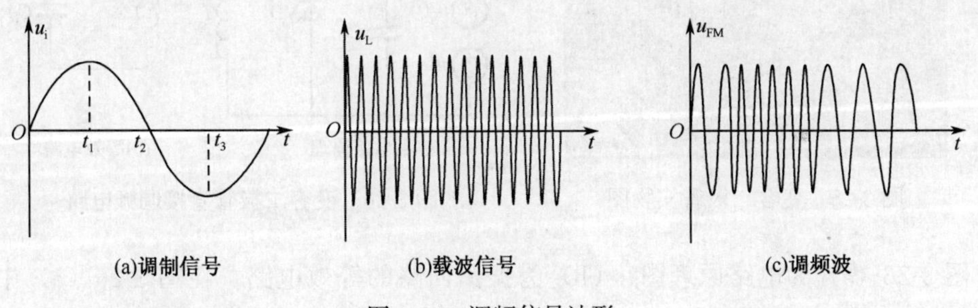

图 3-24 调频信号波形

2. 变容二极管直接调频电路

（1）直接调频与间接调频

实现调频的方法较多，归纳起来有两种：直接调频法和间接调频法。

间接调频法是将调制信号积分后，再对载波进行调相，结果得到调频波。这种方法是由调相变调频，在本项目中不进行介绍。

直接调频法是用调制信号直接控制振荡器的振荡频率，使其不失真地反映调制信号的变化规律，以产生调频波。因此，凡是能直接影响振荡器振荡频率的元器件或其参数，只要能够用调制信号去控制它们，并使振荡频率按调制信号的变化规律线性地变化，就可以实现直接调频。

直接调频电路又称为调频振荡器。直接调频时，被控振荡器可以是产生正弦波的LC振荡器和石英晶体振荡器，也可以是产生非正弦波的张弛振荡器。后者所产生调频的非正弦波再经过滤波等方法变换为调频正弦波。此类电路本项目中不进行介绍。

对于用LC振荡器作为被控振荡器的直接调频电路，由于其振荡频率主要取决于振荡回路的电感量和电容量，因此，只要在振荡回路中接入可变电抗元器件（电感或电容）并使该电抗元器件受调制信号控制，就可以产生振荡频率随调制信号变化的调频波。

在实际电路中，可变电抗种类很多，如变容二极管、具有铁氧体磁芯的电感线圈、电容式话筒等。现在应用最广泛的是作为电压控制的可变电容器件——变容二极管（简称变容管）。变容二极管实物如图3-25所示。

直接调频电路具有频偏大、调制灵敏度高、电路简单等优点，但它也具有中心频率稳定度较差的缺点，这一缺点可用频率合成技术来解决。变容二极管直接调频电路由于体积小、寿命长、损耗小、工作频率高和所需调制功率小等优点，在广播、电视和通信等领域得到了广泛的应用。

（2）变容二极管直接调频电路原理

变容二极管直接调频电路如图3-26所示。

图3-25　变容二极管实物图

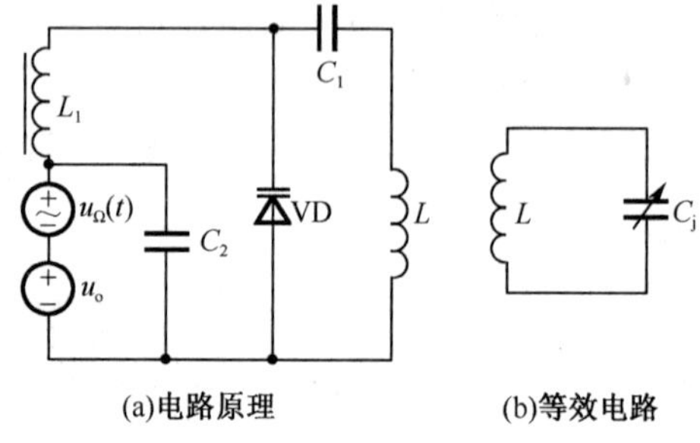

图3-26　变容二极管直接调频电路

图3-26（a）为电路原理图，（b）为振荡回路的等效电路。在图3-26（a）中，L_1为高频扼流圈，对高频相当于开路，而对直流和调制信号相当于短路；C_2为高频滤波电容，对高频相当于短路，而对直流和调制信号相当于开路。L_1、C_2共同作用可防止高频振荡对调制信号源$u_\Omega(t)$产生影响，同时使直流负偏压u_o和$u_\Omega(t)$能顺利地加到变容二极管上VD。C_1为隔直耦合电容器，它对高频相当于短路，对直流和调制频率相当于开路，因此可以保证直流负偏压与调制信号能有效地加到变容二极管上，而不被振荡回路中的电感器L短路。由图3-26（a）可以得到，在一定时间加在变容二极管的反向电压$u_D(t)$为

$$u_D(t)=u_o+u_\Omega(t)$$

此时，二极管两端的反向电压$u_D(t)$随着调制信号幅度的变化而变化，这样，选择适当的变容二极管，就可以使调频波的瞬时频率完全按照调制信号的规律而变化，从而实现调频。

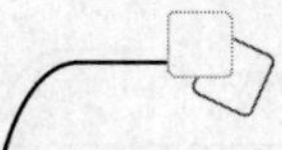

3. 调频波的解调——鉴频

从调频信号中取出原调制信号的过程，称为鉴频。由于调频波为等幅疏密波，它所传送的信息包含在它的频率变化之中。因此，鉴频器的输出信号必须与输入调频波的瞬时频率变化成线性关系。

鉴频的方法有很多种，其基本工作原理都是将输入的调频波进行特定的波形变换，使变换后的波形包含反映瞬时频率变化的平均分量，再通过低通滤波器得到所需的调制信号。常用的方法有以下 3 种。

第一种方法是首先进行波形变换，将等幅调频波 $u_{FM}(t)$ 变换成幅度随瞬时频率变化的调频—调幅波 $u_{AF}(t)$，然后用包络检波器将振幅变化检测出来，以恢复调制信号，从而达到鉴频的目的。其实现模型如图 3-27 所示。这种鉴频方法称为斜率鉴频。

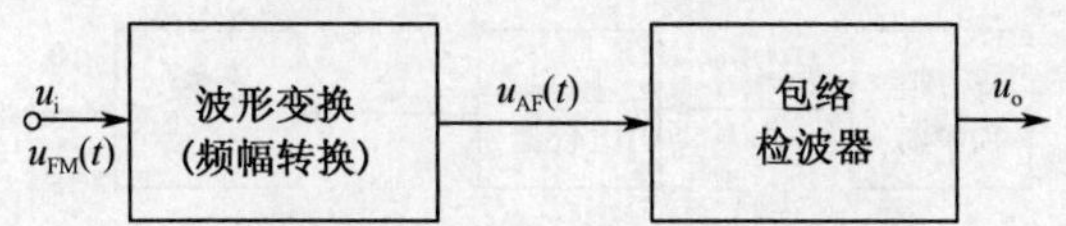

图 3-27　斜率鉴频实现模型

第二种方法是先将输入的等幅调频波 $u_{FM}(t)$ 通过线性网络进行频率—相位变换，得到附加相移随瞬时频率变化的调相—调频波 $u_{PF}(t)$，然后用鉴相器将它相对于 $u_{FM}(t)$ 的附加相移变化检测出来，以恢复调制信号，从而达到鉴频的目的，其实现模型如图 3-28所示。这种鉴频方法称为相位鉴频。

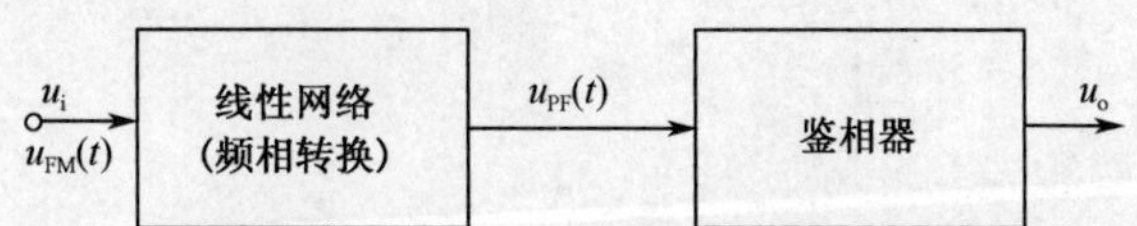

图 3-28　相位鉴频实现模型

第三种方法是将输入的等幅调频波 $u_{FM}(t)$ 通过非线性变换网络进行波形变换，得到数目与瞬时频率成正比，但幅度和形状相同的调频脉冲序列 $u_p(t)$，然后让 $u_p(t)$ 经过低通滤波器。其输出电压 $u_o(t)$ 反映了 $u_p(t)$ 的平均分量的变化，即 $u_o(t)$ 与脉冲数目或调频波的瞬时频率成正比，因此 $u_o(t)$ 就是原调制信号 $u_\Omega(t)$。也可将 $u_p(t)$ 直接通过脉冲计数器，得到反映瞬时频率变化的原调制信号 $u_\Omega(t)$，其实现模型如图 3-29 所示。这种鉴频器称为脉冲计数式鉴频器。

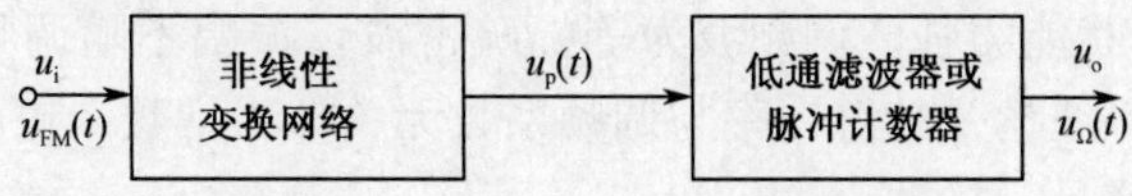

图 3-29　脉冲计数式鉴频器实现模型

4. 自动频率控制

在电子设备中，除了常常采用自动增益控制（AGC）电路外，还广泛采用自动频

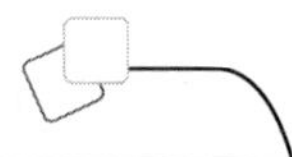

率控制（AFC）电路。AFC 电路又称为自动频率微调电路。它也是一种反馈控制电路，其作用是使振荡器频率自动调整到预期的标准频率附近。

AFC 的原理方框图如图 3-30 所示。图中标准频率源可采用石英晶体振荡器。压控振荡器是一个产生所需频率信号的被稳定的振荡器，其振荡频率受控于控制信号，其电路实际上为直接调频电路，不过输出频率不是受控于调制电压，而是由频率比较器输出的控制电压来控制。频率比较器将由标准频率源产生的振荡频率 f_i 与压控振荡器的振荡频率 f_s 相比较，输出与这两个频率之差（f_s-f_i）成正比例的电压 u_D，称为误差电压。此误差电压作为控制电压控制压控振荡器，使其振荡频率 f_s 接近于 f_i。是否会出现 $f_s=f_i$ 这种情况呢？显然，这样的情况一般不可能出现。因为当 $f_s=f_i$ 时，$f_s-f_i=0$，即 $u_D=0$，AFC 的作用将不存在了。

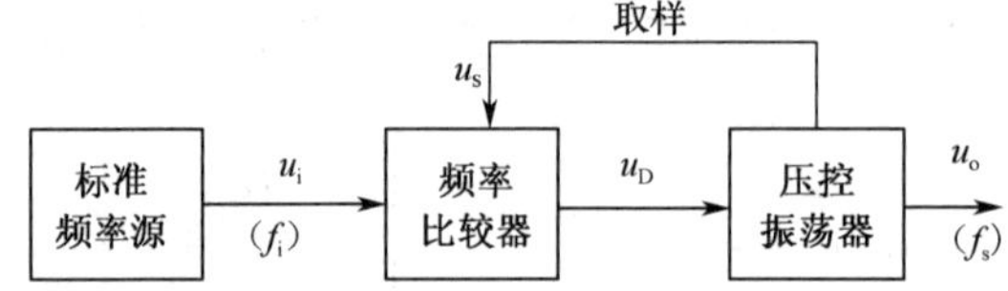

图 3-30　AFC 的原理方框图

设 $f_s-f_i=\Delta f_s$，Δf_s 称为剩余频差，正是由于 Δf_s 的存在，使频率比较器输出某一误差电压控制压控振荡器，使其振荡频率稳定在 $f_s\pm\Delta f_s$。因此，AFC 只能使被控的振荡频率 f_s 接近所需的振荡频率 f_i，而不能真正等于 f_i，这也是反馈控制电路的重要特点。

1）什么叫电信号？要将电信号传送出去，一般有哪几种方法？

2）什么是 AFC 电路？画出 AFC 电路原理方框图，简述 AFC 电路的工作过程。

3）什么叫调制？它的作用是什么？调幅与调频有何不同？

知识拓展

调频制与调幅制的比较

调频制和调幅制相比，具有下述特点。

1）调频制抗干扰能力强。调频波为等幅疏密波，振幅不随调频系数而改变，为一个常数。因此，调频波携带的总功率与调频系数无关，为常数。也就是说，调频波的功率与未调载波的功率是一样的。

基于以上原因，调频波比调幅波具有更大的携带有用信号的边频功率，所以它的信噪比大，抗干扰能力强。

2）调频发射机的功率放大管利用率较高。

3）调频制信号传输的保真度较高。因为调频制比调幅制抗干扰能力强，又允许占有较宽的频带，传输的调制信号的频率范围也较大，所以调频信号传输的保真度较高。

4）调频制是必须工作在超短波以上的波段。因为调频制信号所占的频带宽，若在中、短波段工作，则这些波段容纳的电台数目很有限，所以必须工作在超短波以上的波段。这样会使调频信号传送距离很近（若要远距离传送，则需利用中继通信或卫星通信）。

5）调频接收机比调幅接收机的设备复杂。

实训　变容二极管直接调频电路的仿真测试

仿真目的

1）熟知变容二极管直接调频电路的组成，进一步了解调频工作原理。

2）研究变容二极管两端反向电压变化对振荡电路频率变化的影响。

3）掌握 LC 振荡器作为直接调频电路时，可变电抗器件在其电路当中的应用连接方法。

仿真所用仪器及元器件参数

变容二极管直接调频电路（图 3-31）使用的仪器及元器件主要参数如表 3-9 所示。

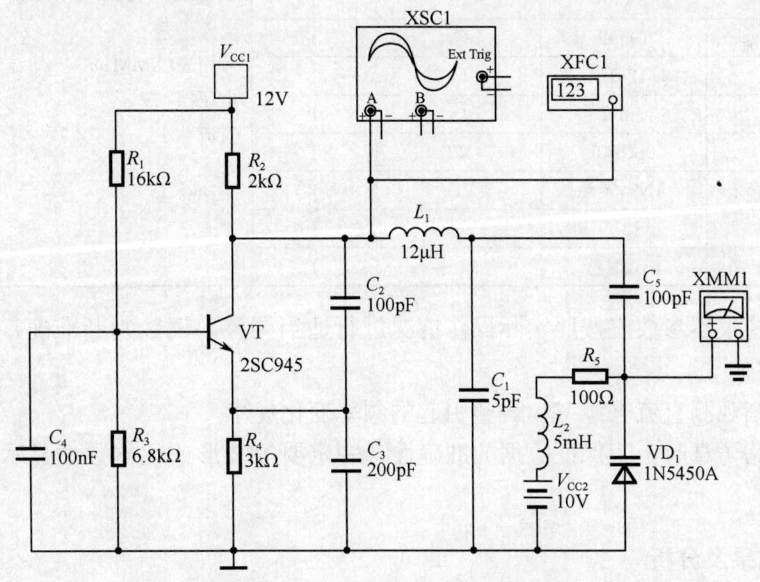

图 3-31　变容二极管直接调频电路

仿真步骤及操作要领

在图 3-31 当中，L_1、C_1、VD_1 构成选频网络，并且随着 VD_1 两端电压的变化，VD_1 的结电容也发生变化，选频网络的谐振频率也随之发生改变。C_2、C_3 组成反馈网络，调节 C_2、C_3 的容量，可以调节反馈系数的大小，从而实现控制电路的起振及改变

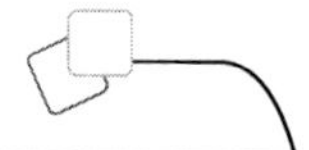

信号输出幅度。1N5450A 可用其他型号参数相近的变容二极管（如 BB112、BB119 等型号）代用。

1）参照表 3-9 中的主要参数和图 3-31 的调频电路，在 Multisim 14.0 仿真软件当中创建变容二极管直接调频电路，并连接测试仪器。

表 3-9　变容二极管直接调频电路中仪器及元器件主要参数

仪器元件名称	型号	电路编号	数量	虚拟仪器参数设置
频率计数器		XFC1	1	频率计数器(XFC1) Masurement：Frep Coupling：AC Sensitivity：200mV 双踪示波器(XSC1) Time base：200ns/div "Y/T"显示方式 Channel A：2V/div"AC"工作方式 Trigger："Auto"工作方式 万用表(XMM1) 电压挡　V 直流　—
双踪示波器		XSC1	1	
万用表		XMM1	1	
电阻器	16kΩ	R_1	1	
电阻器	2kΩ	R_2	1	
电阻器	6.8kΩ	R_3	1	
电阻器	3kΩ	R_4	1	
电阻器	100Ω	R_5	1	
电容器	5pF	C_1	1	
电容器	100pF	C_2	1	
电容器	200pF	C_3	1	
电容器	100nF	C_4	1	
电容器	100pF	C_5	1	
电感器	12μH	L_1	1	
电感器	5mH	L_2	1	
晶体管	2SC945	VT	1	
变容二极管	1N5450A	VD_1	1	
直流电源	12V	V_{CC1}	1	
直流电源	12V	V_{CC2}	1	

2）虚拟仪器参数应按照实际操作情况进行适当调整，读数判断准确，及时做好相关记录。

3）仔细观测直流电源 V_{CC2} 调整引起的频率变化规律。

4）电路仿真时，为保证数据的准确性，一定要等波形或仪器数值显示稳定后再记录相关参数。

仿真结果及分析

1）在图 3-31 中对照表 3-10 设置仪器参数，观测示波器波形，记录频率计数器(XFC1)、万用表（XMM1）所示数值，并填入表 3-10 当中。

表 3-10　变容二极管直接调频电路仿真结果记录表

V_{CC2}/V	XFC1/MHz	XMM1/V
10		

2）调整图 3-31 当中直流电源 V_{CC2} 数值（参数见表 3-11），记录 XFC1、XMM1 数值变化，填入表 3-11 当中，并观察波形的变化。

3）在图 3-32 所示的坐标中绘制相关仿真实训数据，并将所标参数坐标点连接起来；观察该电路的调频特性（线性度）。

表 3-11　变容二极管直接调频电路数据变化记录表

直流电源 V_{CC2}/V	XFC1/MHz	XMM1/V
8		
9		
10		
11		
12		
13		
14		
15		

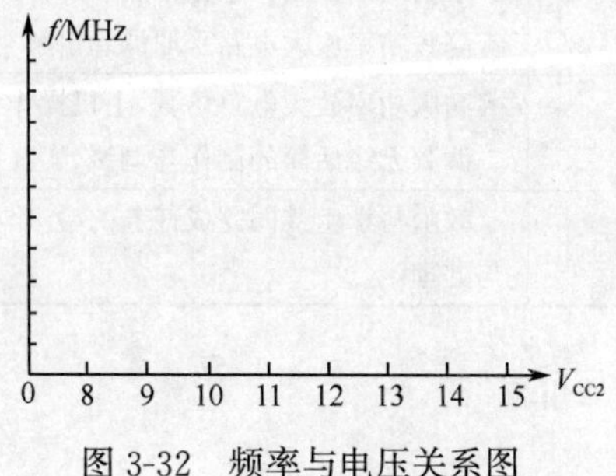

图 3-32　频率与电压关系图

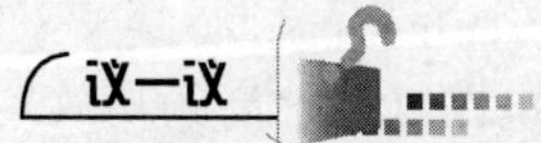

分析总结直流电源 V_{CC2} 对电路振荡频率的影响。

任务检测与评估

检测项目	检测内容	评分标准	分值	学生自评	教师评估
任务知识内容	信号调制电路	掌握无线电信号调制和解调工作原理	50		
任务操作技能	变容二极管直接调频电路仿真	能熟练使用仿真软件并完成实训	40		
	安全操作	安全用电，按章操作，遵守实训室管理制度	5		
	现场管理	按 6S 企业管理体系要求进行现场管理	5		

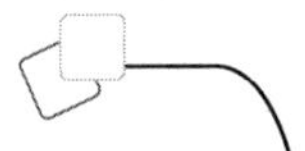

任务三　远距离调频无线话筒的制作

任务目标

- 熟悉高频放大电路的分类和特点；
- 掌握小信号调谐放大电路的组成及工作原理；
- 理解谐振功率放大电路的调制特性、放大特性和负载特性；
- 通过调频无线话筒的制作，熟悉并掌握高频放大电路的安装调试基本知识。

任务教学方式

教学步骤	时间安排	教学手段及方式
阅读教材	课余	学生自学、查资料、相互讨论
知识点讲授	课时 6	小信号谐振放大电路采用多媒体课件投影教学； 高频功率放大电路采取课堂讲解与课件实例展示
任务操作	课时 6	高频功率放大电路仿真，上机操作； 调频无线话筒的制作与调试，实践操作
评估检测	与课堂教学同步进行	教师与学生共同完成任务的检测与评估，并能对出现的问题进行分析与处理

读一读

知识 1　小信号调谐放大电路

高频放大电路包括高频小信号谐振放大电路和高频功率放大电路（简称高频功放）两大类，它们的负载均为谐振网络，但两者也有较大的差异：高频小信号谐振放大电路输入信号很小（毫伏级或微伏级），而高频功率放大电路输入信号要大得多。对高频小信号谐振放大电路的技术指标的要求侧重于能不失真地放大有用信号，抑制干扰信号，而对其输出功率和效率基本没有要求，而高频功率放大电路则要求有大的输出功率和高的效率；高频小信号放大电路工作在甲类状态，而高频功率放大电路则工作在丙类状态；两者虽然都以选频网络作为负载，但两者的选频作用却不同，高频小信号放大电路是利用选频网络滤除大量的干扰信号，选出有用信号，而高频功率放大电路则是利用选频网络来选出信号的基波分量。

知识链接

在复杂的周期性振荡中，包含基波和谐波。和该振荡最长周期相等的正弦波分量称为基波，相应于这个周期的频率称为基本频率。频率等于基本频率的整数倍的正弦波分量称为谐波。

采用具有谐振性质的元件（如 LC 谐振回路）作为负载的放大电路称为谐振放大电路，又称调谐放大电路。在无线接收系统中常用作中频放大电路。本部分内容讨论的是小信号谐振放大电路，其工作在甲类状态。由于负载的谐振特性，小信号谐振放大电路不但具有放大作用，而且具有选频作用，因此应用非常广泛。

小信号谐振放大电路有分散选频和集中选频两大类。分散选频的每级放大电路都接入谐振负载，为分立元器件电路；而集中选频的调谐放大电路都为集成宽带放大电路，且谐振负载多为集中滤波器。

分散选频的小信号谐振放大电路又根据负载选频网络的不同特点，分为单调谐放大电路和双调谐放大电路。

1. 单调谐放大电路

单调谐放大电路如图 3-33 所示，图 3-33（a）中 R_{b1}、R_{b2}、R_e 组成了稳定工作点的分压偏置电路。C_e、C_b 为高频旁路电容器，T_2 的初级、C 组成并联谐振回路，其谐振频率应为输入信号频率（理想状态下）；Z_L 为负载阻抗。图 3-33（b）为单调谐放大电路的交流等效电路。

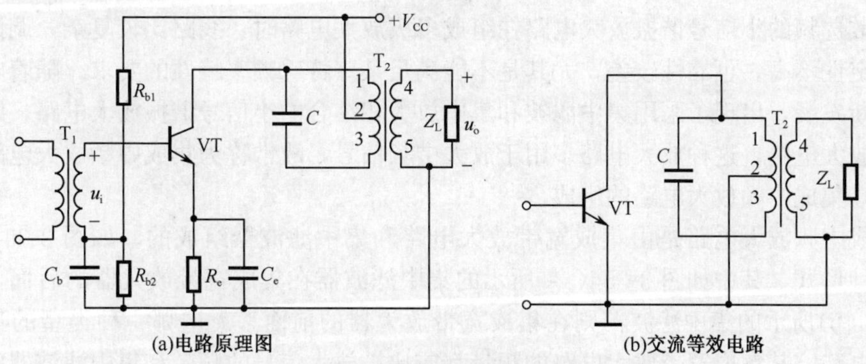

图 3-33　单调谐放大电路

单调谐放大电路的工作过程是这样的：输入信号经 T_1 变压器加在晶体管的 b、e 极之间，使晶体管产生电流 i_b，由于晶体管本身的电流放大作用，产生较大的集电极电流 i_c，当谐振回路调谐在输入信号频率时，在回路两端出现最高的谐振电压，这个电压经变压器 T_2 耦合到负载阻抗 Z_L 上，从而使负载得到较大的功率或电压。

调谐放大电路的技术指标除了电压增益外，电路还应满足通频带和选择性的要求。通常单调谐放大电路的通频带和选择性是由放大电路的谐振特性曲线决定的，而通频带和选择性是一对矛盾，要在保证信号能正常通过的基础上，提高选择性。理想的谐振曲线是矩形的，它的宽度等于要求的带宽，在带宽范围内曲线平直，而在通频带之外，矩形两边立即下降。显然，单调谐放大电路的谐振曲线与理想谐振曲线的形状相差很大，所以单调谐放大电路只能用于对通频带和选择性要求不高的场合。

2. 双调谐放大电路

双调谐放大电路一般有互感耦合和电容耦合两种形式，如图 3-34 所示。图 3-34

(a) 所示为互感耦合双调谐放大电路，它与单调谐放大电路的不同之处在于，用 L_2、C_2 调谐电路来代替单调谐电路的二次线圈。一、二次线圈之间采用互感耦合，即改变 L_1 与 L_2 之间的距离或磁芯位置即可改变它们的耦合程度。图 3-34 (b) 所示为电容耦合双调谐放大电路，通过外接电容 C_k 来改变两个调谐回路之间的耦合程度。

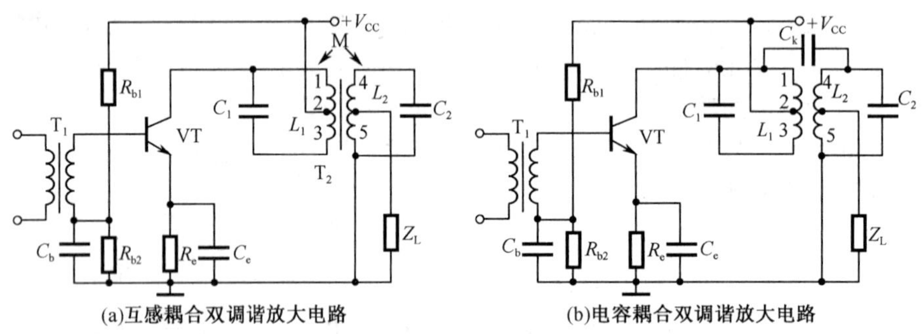

图 3-34　双调谐放大电路

3. 集成中频放大电路

分散选频的小信号谐振放大电路在组成多级放大电路时，线路比较复杂，调试不方便，稳定性不高，可靠性较差，尤其是不能满足某些特殊频率特性的要求。随着电子技术的不断发展，出现了采用集中滤波和集中放大相结合的小信号谐振放大电路，即集中选频式放大电路，这种放大电路多用于放大中频信号，故常称为集成中频放大电路。

(1) 集成中频放大电路的组成

集成中频放大电路是由集成宽带放大电路和集中滤波器组成的。如图 3-35 所示，它有两种形式，其中如图 3-35 (a) 所示的集中滤波器在集成宽带放大器的后面，而如图 3-35 (b)所示的集中滤波器则在集成宽带放大器的前面。无论哪一种类型的集成中频放大电路，其集成宽带放大电路的频带都应比被放大信号的频带和集中滤波器的频带更宽一些。

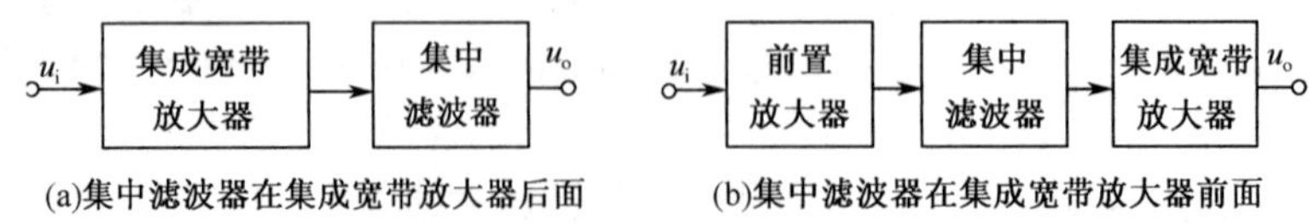

图 3-35　集成中频放大电路组成方框图

(2) 集成宽带放大电路的应用

随着电子技术的发展，宽带放大电路已实现集成化，集成宽带放大电路性能优良，使用方便，已得到广泛应用，集成宽带放大电路的具体应用可参阅有关资料，在本项目中不再阐述。

(3) 集成中频放大电路实例

图 3-36 所示是由集成宽带放大电路 L1590 组成的集成中频放大电路。其中 C_3、C_6 分别完成对高频交流信号输入和输出端短路；L_1、C_1 为输入端的单调谐回路，L_2、C_5

和 L_3、C_7 组成输出端的互感耦合双调谐回路，它们均调谐在信号中心频率上，起到选择中频的作用。L_4、C_6 和 C_4 为 Π 形滤波器，对 +12V 电源滤波，图 3-36 中的 R 起降低 L_1、C_1 回路的 Q 值，从而展宽频带的作用。

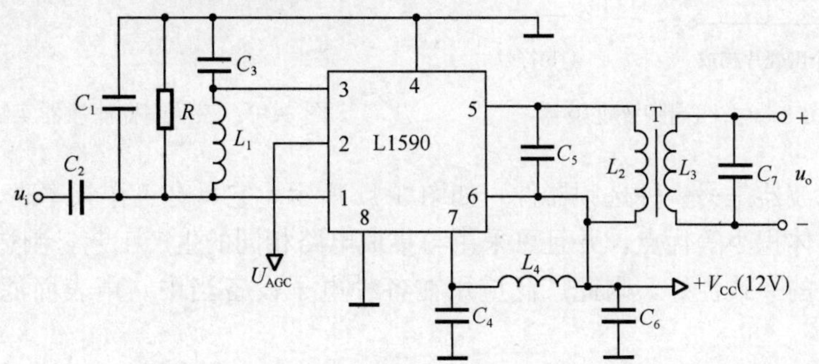

图 3-36　集成中频放大电路

集中滤波器

集中滤波器一般由陶瓷滤波器和声表面滤波器组成。

陶瓷滤波器是由锆钛酸铝陶瓷材料制成的，把这种材料制成片状，两面覆盖银层作为电极，经过直流高压极化后，它具有与石英晶体振荡器相似的压电效应，如图 3-37 所示为两端陶瓷滤波器的符号、等效电路和电抗特性。因此，陶瓷滤波器也具有选频特性，可以作为滤波器使用。两端陶瓷滤波器实物如图 3-38 所示。

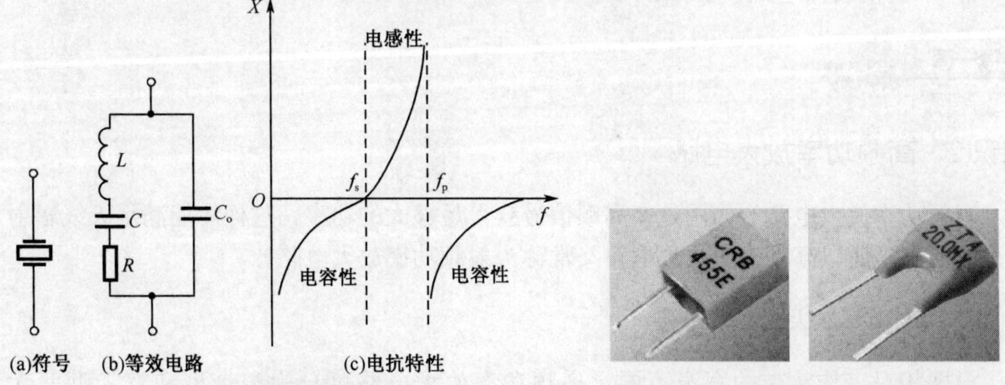

图 3-37　两端陶瓷滤波器

图 3-38　两端陶瓷滤波器实物图

另外，由于两端陶瓷滤波器的通频带较窄，选择性较差。倘若将不同谐振频率的陶瓷片进行适当的组合连接，就可以得到较为理想的四端陶瓷滤波器，使选择性有所提高，如图 3-39 所示。

陶瓷滤波器具有体积小，成本低，受外界条件影响小等优点，广泛应用在接收机中。但陶瓷滤波器的通频带不够宽，频率特性的一致性较差，这是它的不足之处。

三端陶瓷滤波器实物如图 3-40 所示。

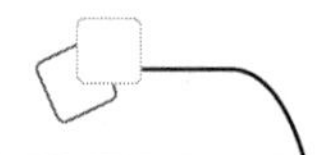

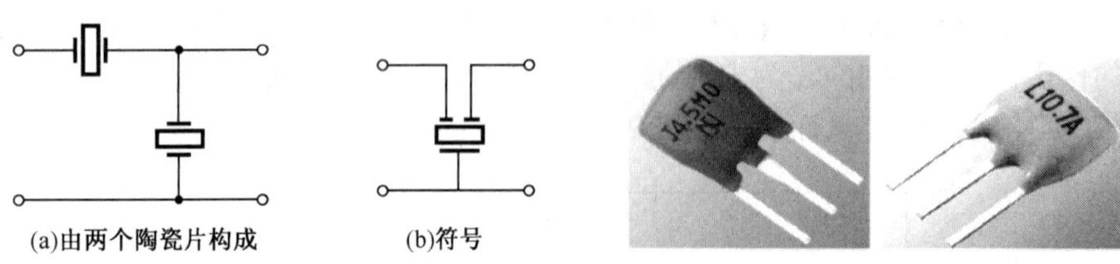

图 3-39　四端陶瓷滤波器　　图 3-40　三端陶瓷滤波器实物图

声表面滤波器是另一种选频器件，如图 3-41 所示，它具有工作频率高、通频带宽、选频特性好、体积小等优点，并且可采用与集成电路相同的生产工艺，制造简单、成本低、频率特性的一致性好，因此广泛应用在各种电子设备当中。声表面滤波器实物如图 3-42 所示。

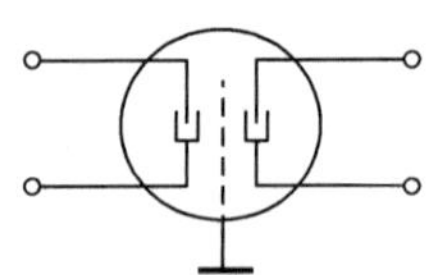

图 3-41　声表面滤波器符号

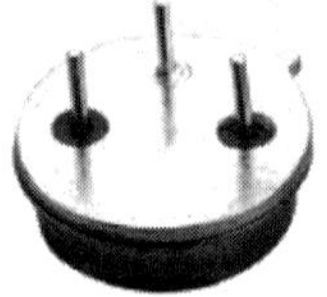

图 3-42　声表面滤波器实物

想一想

1）画出单调谐小信号放大电路，并简述其工作原理。

2）双调谐放大电路一般有哪几种形式？

读一读

知识 2　高频功率放大电路

高频功率放大电路的作用是使高频信号获得足够大的功率，这样才能满足天线辐射功率的要求，所以高频功率放大电路又常称为射频功率放大电路。

1. 高频功率放大电路的分类

根据相对工作频带的宽窄不同，高频功率放大电路可分为窄带型和宽带型两大类。窄带型高频功率放大电路常采用具有选频作用的谐振网络作为负载，所以又称为谐振功率放大电路。为了提高效率，谐振功率放大电路常工作于乙类或丙类状态。其中放大高频调幅信号的功率放大电路为减小失真，一般工作于乙类状态，这类功率放大电路又称为线性功率放大电路；放大等幅信号的谐振功率放大电路一般工作于丙类状态。

宽带型高频功率放大电路采用工作频带很宽的传输线变压器作为负载，可以实现功率合成，在本项目中不作具体讨论。

2. 谐振高频功率放大电路的特点

高频功率放大电路与低频功率放大电路存在某些相似之处。作为功率放大电路，高频功率放大电路与低频功率放大电路都要求有较大的输出功率，但是，它们的工作频率和相对频带相差很大，负载的性质和工作状态也不同，这就决定了高频功率放大电路（可简称高频功放）有自己的特点。

首先，高频功率放大电路工作频率高，但相对频带却很窄。例如，我国中波调幅广播的频段范围为 535～1605kHz，调幅信号频带宽度约为 10kHz，如中心频率取为 1000kHz，则相对频带只相当于中心频率的 1%。低频功率放大电路工作频率低，但相对频带却宽，例如，从 20Hz～20kHz，高低频率之比达 1000 倍。由于高频功率放大电路处理的是窄带信号（指带宽远远小于其中心频率的信号），因此可用窄带电路（谐振电路）来处理它们。

其次，高频功率放大电路一般都采用选频网络作为负载回路，而低频功率放大电路却不能采用调谐负载，只能用电阻器、变压器等非谐振负载。由于这一特点，使得两种放大电路所处的工作状态也不同，低频功率放大电路可工作于甲类、乙类、甲乙类状态，而高频功率放大电路一般都工作于丙类状态（也可工作于丁类状态）。

注意：

1）丙类状态是指在输入信号的整个周期内，只有小半个周期内有电流 I_C 流过放大管，导通角小于 180°，因此非线性失真严重。

2）丁类状态是指晶体管在半个周期内饱和导通，另半个周期内截止，晶体管工作在开关状态。

3. 丙类谐振功率放大电路的工作原理

丙类谐振功率放大电路的原理电路如图 3-43 所示。由图 3-43 可见，放大电路由晶体管 VT，谐振回路 L_1、C_1、L_2、C_2 及电源三部分组成。晶体管 VT 起开关控制作用，按输入信号的变化规律，把直流能量转变为交流能量。

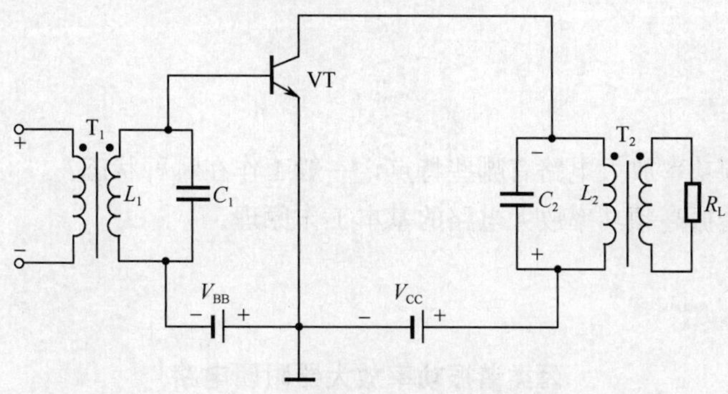

图 3-43　丙类谐振功率放大电路

谐振回路的作用有 3 个：一是传输功率，当回路工作于调谐频率时，可把基波功率

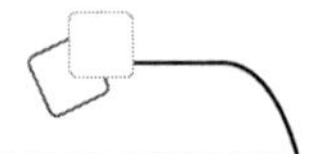

从输入端送到晶体管，再由晶体管放大后传送给负载，起选取基波分量的作用；二是滤波后除去各次谐波成分；三是匹配作用，当输入匹配时，可从前级获得最大功率，当输出匹配时，可保证放大电路输出最大功率。电源分两组，一组为基极电源 V_{BB}，它的作用是保证晶体管工作在丙类状态；另一组是集电极电源 V_{CC}，它是功率放大电路的能源。

4. 谐振高频功率放大的实际电路

图 3-44 所示为工作频率 $f=150\text{MHz}$ 的谐振高频功放电路，外接负载为 50Ω，输出功率为 3W，功率增益达 10dB。在图 3-44 中，晶体管 VT 的基极采用自偏压电路，R_b 产生的负偏电压经高频扼流圈 L_b 加到基极，C_b 为其滤波电容器；集电极采用串联反馈电路，高频扼流圈 L_c 和 R_c、C_{c1}、C_{c2}、C_{c3} 组成电源滤波电路。此外，C_1、C_2、C_3 和 L_1 组成 T 形输入匹配网络。调节 C_1 和 C_2，可使它们的谐振频率等于输入信号频率（工作频率），并把放大电路的输入阻抗在工作频率上变换为前级信号源所要求的 50Ω 匹配电阻；L_2～L_5、C_4～C_8 组成三级 Π 形输出匹配网络，调节 C_5，可使它们的谐振频率等于工作频率，并把 50Ω 的外接负载在工作频率上变换为放大电路所要求的负载电阻。

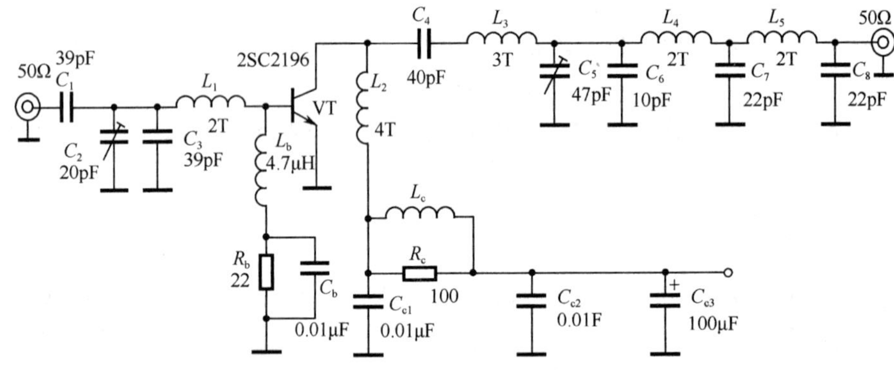

图 3-44　150MHz 谐振高频功放

想一想

1）谐振高频功率放大电路有哪些特点，一般工作在哪种状态？

2）试简述谐振高频功率放大电路的基本工作原理。

知识拓展

丙类谐振功率放大器附属电路

1. 基极馈电电路

串联馈电方式与并联馈电方式的基极馈电电路如图 3-45 所示。所谓串联馈电方式，

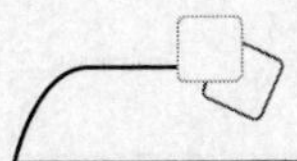

就是直流馈电电路与输入信号源串联连接。所谓并联馈电方式，就是其直流馈电电路与输入信号源并联连接。为了保证晶体管处于丙类工作状态，可在晶体管基极加小于be结导通电压的正偏压或直接加负偏压 V_{BB}。在图 3-45（a）中，C_b 为滤波电容器；在图 3-45（b）中，C_{b1} 为隔直电容器，C_{b2} 为滤波电容器，L_b 为高频扼流圈。

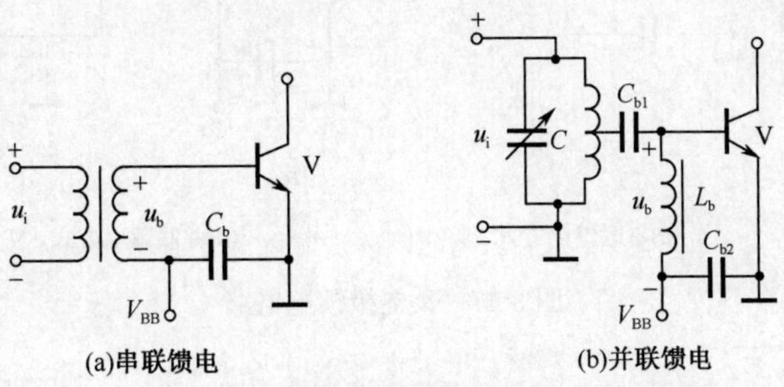

图 3-45　基极馈电电路

在图 3-45 中，采用一个独立电源实现偏置的方式很不方便，因此在负偏置的丙类谐振功率放大电路中，一般采用基极自给偏压电路，如图 3-46 所示。图 3-46（a）所示是利用 i_B 的直流分量 I_{BO} 在 R_b 上产生负偏压，并通过高频扼流圈 L_b 加到基极上，使 $U_{BE}=-I_{BO}R_b$；图 3-46（b）所示是利用 i_E 的直流分量 I_{EO} 在 R_e 上产生负偏压，并通过高频扼流圈 L_b 加到基极上，使 $U_{BE}=-I_{EO}R_e$；图 3-46（c）所示是利用 i_B 的直流分量 I_{BO} 在高频扼流圈 L_b 固有的直流电阻上产生的电压作为负偏压。

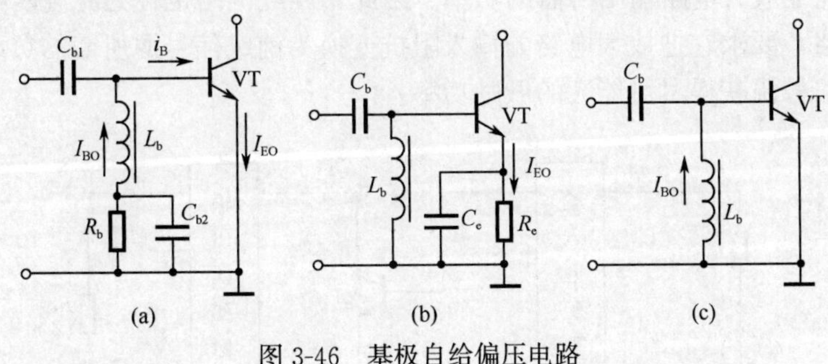

图 3-46　基极自给偏压电路

2. 集电极馈电电路

串联馈电方式、并联馈电方式的集电极馈电电路如图 3-47 所示。

集电极馈电电路中，所谓串联馈电方式是指直流电源、匹配网络（谐振回路）与功率放大管三者是串联连接的馈电方式，如图 3-47（a）所示；所谓并联馈电，即上面三者是并联连接的馈电方式。

在图 3-47（b）中，并联谐振回路 LC 谐振于信号频率，作为集电极负载，电感 L 相当于负载耦合电路初级端；L_e 为高频扼流圈，其感抗很大，对信号频率来说相当于开路；C_e 为滤波电容，对信号频率相当于短路；且 C_e 上充有右正左负的电压 V_{CC}。L_e、C_e 构成电源滤波电路。

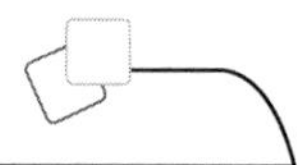

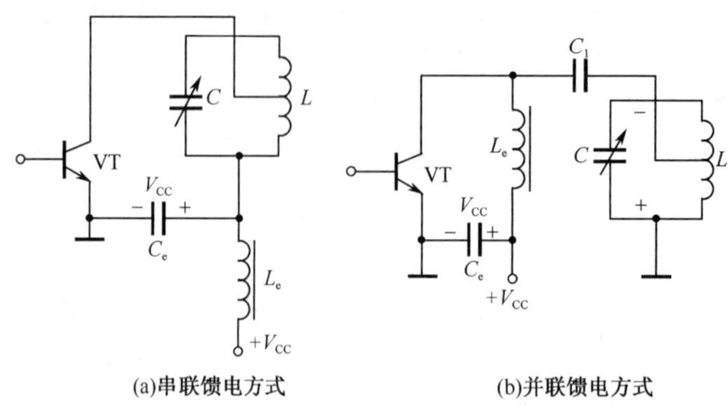

图 3-47　集电极馈电电路

3. 匹配网络

在谐振高频功率放大电路中，为了满足输出功率和效率的要求，并有较高的功率增益，除正确选择放大电路的工作状态外，还必须正确设计输入和输出匹配网络。

输入和输出匹配网络在谐振高频功率放大电路中的连接情况如图 3-48 所示，无论是输入匹配网络还是输出匹配网络，都具有传输有用信号的作用，故又称为耦合电路。对于输出匹配网络，要求它具有滤波和阻抗变换（匹配）功能，即滤除各次谐波分量，使负载上只有基波电压；对外接负载 R_L（或 Z_L）变换为谐振功率放大所要求的负载电阻为 R，以保证放大电路输出所需的功率。因此，匹配网络也称为滤波匹配网络。对于输入匹配网络，要求它把放大电路的输入阻抗变换为前级信号源所需的负载阻抗，使电路能从前级信号源获得尽可能大的激励功率。

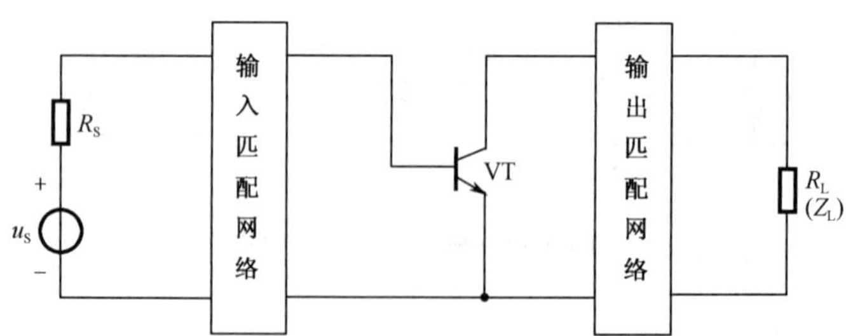

图 3-48　谐振高频功率放大电路输入和输出匹配网络

实训 1　高频功率放大电路的仿真测试

仿真目的

1）熟悉高频功率放大电路的组成结构，进一步了解高频功率放大电路工作原理。

2）了解高频小信号调谐放大器工作原理及设计方法。

3）掌握高频功率放大器设计方法，了解匹配网络对输出功率的影响。

仿真所需仪器及元器件参数

高频放大电路（图 3-49）中使用的仪器及各元器件主要参数如表 3-12 所示。

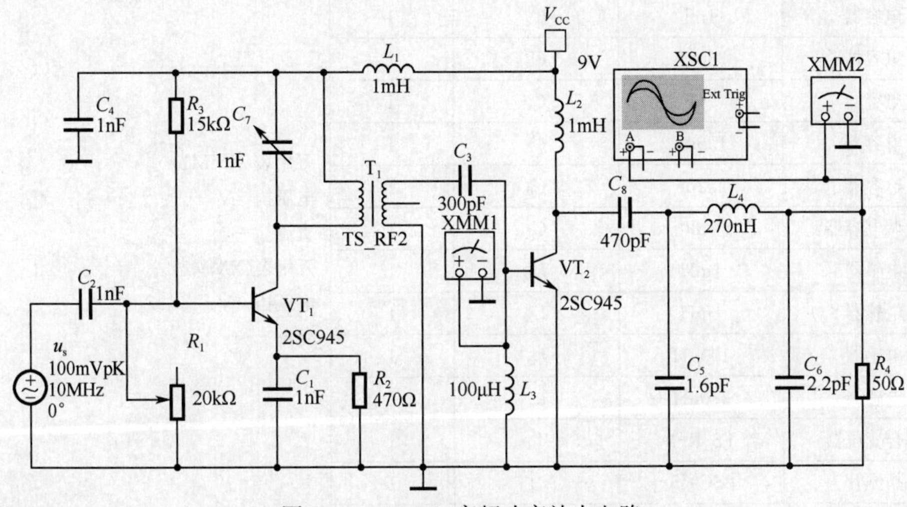

图 3-49　10MHz 高频功率放大电路

仿真步骤及操作要领

在图 3-49 中，VT_1 是高频小信号单调谐放大电路的核心，由它放大 u_s 提供的 10MHz 高频信号，经由 T_1、C_7 组成的选频网络选择相应频率（调整 C_7 的容量，使其谐振在 10MHz），通过 T_1 次级经 C_3 耦合送到高频功放管 VT_2 的基极进行功率放大，再经 VT_2 的集电极通过由 C_5、C_6、L_4 组成的 Π 形输出匹配网络送到负载 R_4 上完成高频放大功能。由 L_1、L_2、C_4 组成高频滤波抗干扰电路。

1）参照表 3-12 及图 3-49，在 Multisim 14.0 仿真软件当中创建高频放大电路，并连接测试仪器。

表 3-12　高频功率放大电路各仪器及元器件主要参数

仪器及元器件名称	型号	电路编号	数量	虚拟仪器参数设置
双踪示波器		XSC1	1	双踪示波器(XSC1) Time base：200ns/div “Y/T” 显示方式 Channel A：2V/div“AC”工作方式 Trigger：“Auto”
万用表		XMM1	1	
万用表		XMM2	1	
电位器	20kΩ	R_1	1	
电阻器	470Ω	R_2	1	

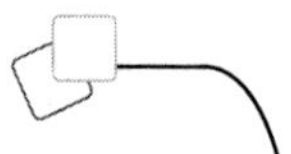

续表

仪器及元器件名称	型号	电路编号	数量	虚拟仪器参数设置
电阻器	15kΩ	R_3	1	万用表(XMM1) 电压挡 V 直流 — 万用表(XMM2) 电压挡 V 交流 ～
电阻器	50Ω	R_4	1	
电容器	1nF	C_1	1	
电容器	1nF	C_2	1	
电容器	300pF	C_3	1	
电容器	1nF	C_4	1	
电容器	1.6pF	C_5	1	
电容器	2.2pF	C_6	1	
可调电容器	1nF	C_7	1	
电感器	1mH	L_1	1	
电感器	1mH	L_2	1	
电感器	100μH	L_3	1	
电感器	270nH	L_4	1	
耦合变压器	TS_RF2	T_1	1	
晶体管	2SC945	VT_1	1	
晶体管	2SC945	VT_2	1	
直流电源	9V	V_{CC}	1	
交流信号源	100mV/10MHz	u_s	1	

2）虚拟仪器参数应按照实际操作情况进行适当调整，读数判断准确，及时做好相关记录。

3）电路仿真时，为保证数据的准确性，一定要等波形或仪器数值显示稳定后再记录相关参数。

仿真结果及分析

1）调整图 3-49 当中 C_7 数值（参数见表 3-13），记录 XMM1、XMM2 的数值变化，填入表 3-13 当中，并观察波形的变化。

表 3-13 高频放大电路仿真结果记录表一

C_7/pF	XMM1/V	XXM2/V
590		
550		
500		
650		
700		

2）调整图 3-49 当中 C_6 数值（参数见表 3-14），记录 XMM1、XMM2 的数值变化，填入表 3-14 当中，并观察波形的变化。

表 3-14　高频放大电路仿真结果记录表二

C_6/nF	XMM1/V	XXM2/V
2.2		
2.0		
1.8		
2.4		
2.7		

3）仿真结果分析。

① 分析由 C_7、T_1 组成的谐振电路及由 C_5、C_6、L_4 组成的 Ⅱ 形输出匹配网络对高频放大电路的作用及影响。

② 总结在高频功率放大器设计当中应注意的问题。

实训 2　远距离调频无线话筒的制作与调试

实训目的

1）掌握振荡电路及高频电路装配方法。

2）了解正弦波振荡电路、高频功率放大电路在调频无线话筒当中的应用。

3）掌握调频无线话筒设计、安装、调试的方法。

实训使用元器件及清单

1. 电感线圈

电感线圈需自行绕制。

L_1：利用一直径 3.5mm 左右的圆棒作为模具，用直径 0.5mm 裸铜丝或漆包线，在模具上绕 10 圈，脱胎为空心线圈，并将其均匀拉长为 8mm，然后在线圈中间（5 圈处）焊出一个抽头引线。

L_2：用直径 0.5mm 裸铜丝或漆包线，在直径 3.5mm 左右的圆棒模具上绕 5 圈，脱胎成为空心线圈，并将其均匀拉长为 6mm 即可。

2. 驻极体话筒

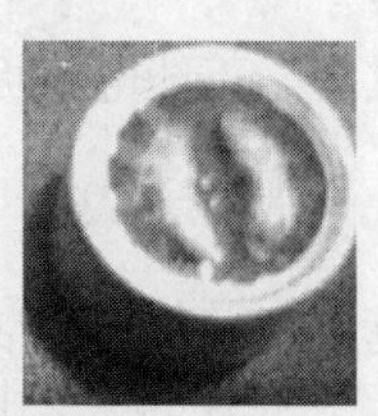

图 3-50　驻极体话筒实物外形

EM-27B-P(Φ6.0×2.7) 实物外形如图 3-50 所示。其主要参数见表 3-15。

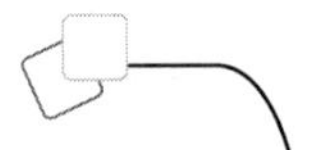

表 3-15　驻极体话筒 EM-27B-P 主要参数

额定电压/V	额定电流/mA	灵敏度/dB	指向性	频率范围/Hz	灵敏度性噪比/dB
1.5～9.0	≤500	−52～70	全方向	50～16000	≥58

3. 元器件清单

制作远距离调频无线话筒所需元器件清单见表 3-16。

表 3-16　制作远距离调频无线话筒所需元器件清单

序号	元器件符号	名称、型号、规格	数量	备注
1	C_1、C_2	电解电容 1μF	2	
2	C_3	瓷片电容器 1000pF	1	
3	C_4	瓷片电容器 47pF	1	
4	C_5、C_7	瓷片电容器 51pF	2	
5	C_6	瓷片电容器 10pF	1	
6	C_8	瓷片电容器 33pF	1	
7	R_1	电阻器 8.2kΩ	1	
8	R_2	电阻器 1MΩ	1	
9	R_3	电阻器 10kΩ	1	
10	R_4	电阻器 360Ω	1	
11	R_5	电阻器 15kΩ	1	
12	R_6	电阻器 3.6kΩ	1	
13	R_7	电阻器 300Ω	1	
14	R_8	电阻器 2kΩ	1	
15	R_9	电阻器 10kΩ	1	
16	VT_1	晶体管 9014	1	
17	VT_2	晶体管 9018	1	
18	VT_3	晶体管 8050	1	
19	L_1、L_2	自制电感器	2	
20	BM	驻极体话筒 EM-27B-P	1	

其他：万能电路板，6V 电池，电池盒，开关，导线若干等。

4. 电路原理图

远距离调频无线话筒实用发射距离可达 100m 以上，并且具有高灵敏度和高清晰度的特点。电路全部采用晶体管等普通元器件搭建，易于选购，制作容易，调试方便。

其电路原理图如图 3-51 所示，声音信号由驻极体话筒 BM 接收，并转换成相应的

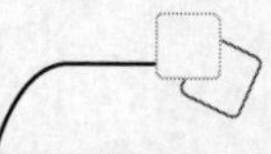

音频电信号送入晶体管 VT_1 构成的共射极放大电路进行音频放大。由晶体管 VT_2 等元器件构成电容三点式高频振荡器，振荡频率是由 L_1、C_4、C_5、C_6 以及 VT_2 的结电容决定的，约 49MHz。VT_1 输出的音频信号加至 VT_2 基极，使其结电容发生相应变化，从而使振荡频率随之变化，实现频率调制。被调制信号再由 VT_3 进行倍频放大后，输出 98MHz 的调频无线电波经天线发射出去。为了实现调制度深、失真小、发送距离远、工作稳定，发射管最好使用专用的发射管。

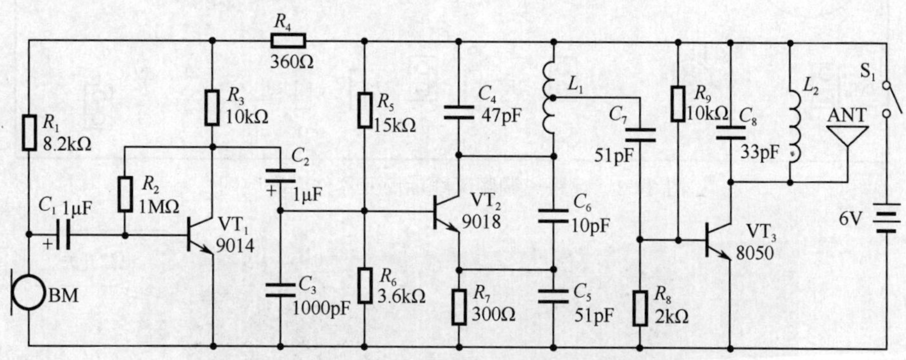

图 3-51　远距离调频无线话筒电路原理图

电路共使用了 3 只晶体管，VT_1（9014）构成音频放大电路；VT_2（高频管 9018）构成高频振荡器；VT_3（中功率 8050）构成二倍频高频放大电路。C_4 与 L_1 组成高频振荡调谐回路。C_8 与 L_2 组成倍频调谐回路，谐振于振荡频率的二倍频上。整机使用 6V 电池作电源。

注意：晶体管 VT_2 的质量直接影响到电路是否起振，请注意检测筛选。

5. 电路装配图

远距离调频无线话筒线路板接线图如图 3-52 所示。元器件的安装图如图 3-53 所示。元器件实物图如图 3-54 所示。焊接面实物图如图 3-55 所示。

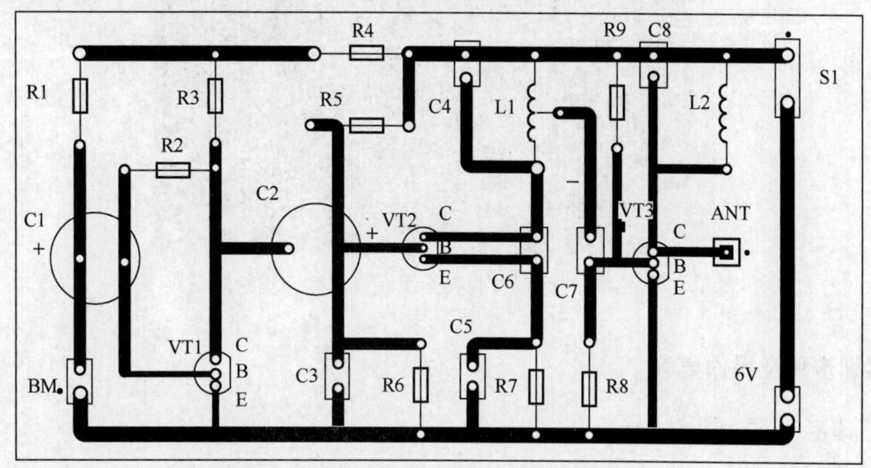

图 3-52　远距离调频无线话筒 PCB 接线图

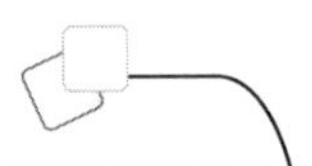

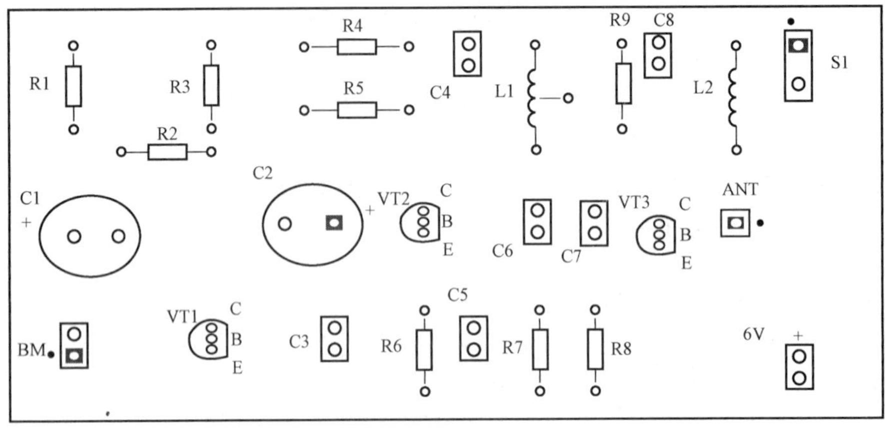

图 3-53 远距离调频无线话筒元器件面安装图

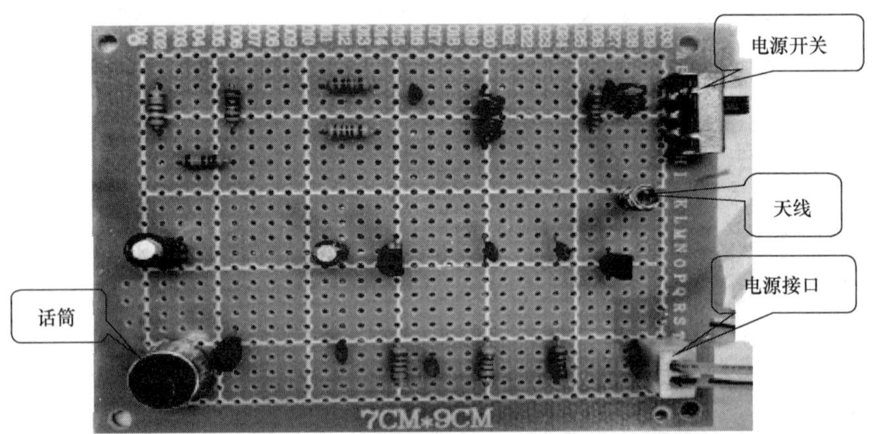

图 3-54 远距离调频无线话筒元器件面实物图

图 3-55 远距离调频无线话筒焊接面实物图

实训步骤及操作要领

1. 读图

根据原理图图 3-51 和表 3-16 中装配清单的对应关系，找出各个元器件所在位置。

2. 检测

按元器件清单清点元器件，并检测其好坏。

3. 安装

根据元器件清单在线路板上正确安装各元器件并进行焊接。有的驻极体话筒BM需在其背后接点处焊上两截短导线后，方能焊入电路板。天线是一段80cm长的软导线，将其一头焊入电路板的相应位置。装配外壳，在无线话筒外壳内，电路板、驻极体话筒、电源开关、电池的位置应排列适当。电源开关尽量固定在外壳上。电路板可用小螺钉或双面胶垫等固定在外壳中，不使其摇动。6V层叠电池（或电池盒）固定在线路板下部，电池用导线连入电路板。

实训结果及调试分析

1. 调试方法

整机组装结束检查无误后，即可进行调试。首先进行静态调试，测试各晶体管引脚的电压，记入表3-17中，并判别各晶体管的工作状态，应符合电路的要求。

表3-17　测试晶体管引脚电压和工作状态记录表

测试分类	VT_1			VT_2			VT_3		
测试点	e	b	c	e	b	c	e	b	c
电压值									
工作状态									

检测电路是否起振。万用表置于“直流50mA”挡，两表笔接到电源开关S_1两端（即电流表串入电路），测量电路工作电流。用金属镊子短路电感器L_1，电流应增大，说明电路已起振。

调整高频振荡频率。将C_7与VT_3基极的连线临时断开。对着话筒讲话，同时调节L_1的匝距，使其能在电视机1频道接收到信号（1频道有无节目均可，画面表现为明显的干扰条纹或用频谱分析仪测试发射载波的中心频率在49MHz）。这时，无线话筒振荡频率约为49MHz。

调整倍频调谐回路。C_7恢复原状。调节倍频调谐回路L_2的匝距，使调频收音机能在98MHz处接收到无线话筒的信号（或用频谱分析仪测试发射输出点载波的中心频率在98MHz）。调节过程中，应逐步关小调频收音机音量，并逐步拉开收音机与无线话筒的距离，细心调节，使L_2、C_8回路准确谐振在二倍振荡频率上。

调整受话灵敏度。通过调节电阻器R_1，使调频收音机收到的无线话筒声音清晰度最好、灵敏度恰当、效果最佳。至此，远距离调频无线话筒便完成了。

2. 注意事项

为保证制作的成功，在制作线路板时，可以尽量减少元器件间的间距，线路板尽量

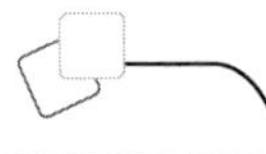

小型化，可以保证电路的有效起振和便于安装在外壳内。

如果发射距离近，除了常见的天线放置不当、接收机灵敏度低、使用环境有高大建筑物等原因外，还有一个原因可能是倍频器工作频率并非调在收音机接收范围内，实际上收音机接收到的只是微弱的谐波信号，其表现为虽然场强较大但有效发射距离很小。

在安装调试过程当中，除谐振电感器、电容器应严格按照以上参数选用外，有时还需要细心和耐心，经过多次的调整后，便会解决所有问题。

电源对本电路的发射距离有很大的影响。

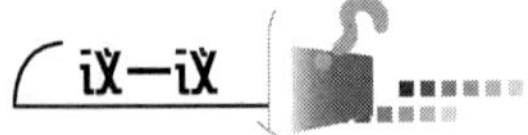

1）如何进一步提高发射距离及减弱高次谐波的幅度？

2）驻极体话筒在使用时应注意哪些事项？

任务检测与评估

检测项目	检测内容	评分标准	分值	学生自评	教师评估
任务知识内容	高频放大电路	掌握高频放大电路的分类、电路的组成及工作原理	30		
任务操作技能	高频功率放大电路仿真	能熟练使用仿真软件并完成实训	30		
	远距离调频无线话筒的制作与调试	能熟练使用仿真软件并完成实训	30		
	安全操作	安全用电，按章操作，遵守实训室管理制度	5		
	现场管理	按 6S 企业管理体系要求进行现场管理	5		

项目小结

在本项目的学习过程中，通过对正弦波振荡电路的组成、分类及工作原理和无线电信号调制与解调过程及高频放大电路的学习，能够使学生基本掌握以上电路的理论基础知识，通过相应的仿真操作，加深对相关电路的了解，并通过远距离调频无线话筒的制作，了解掌握上述相关电路在相应产品中的设计、调试、制作方法。

思考与练习

一、判断题

1. 自激振荡器是由放大器和选频负反馈网络组成的。（　　）
2. 一个放大器加入正反馈就能产生自激振荡。（　　）

3. 石英晶体的固有频率只与晶片的几何尺寸有关。（　　）

4. 并联型石英晶体振荡器中，石英晶体的作用相当于电感器元件。（　　）

5. 小信号谐振放大电路中晶体管一般工作在丙类状态。（　　）

二、填空题

1. 所谓“振荡”是指没有____________信号，输出信号也能持续存在。

2. 正弦波振荡器主要由以下 4 部分组成：①________；②________；③________；④________。

3. 电路产生自激振荡的条件是________和________，表示式分别为________和________。

4. RC 桥式振荡器是由________放大器和具有选频作用的________网络所组成，振荡频率 f_0=____________。

5. 电感三点式振荡器电路形式有 3 种：______、______、______。

6. 石英晶体振荡器具有____________的特点，石英晶片具有______效应，当外加交变电压的频率为某一特定频率时，石英晶体谐振器的振幅突然增大的现象叫______；石英晶体振荡器的基本电路有________和______。

7. 根据相对工作频带的宽窄不同，高频功率放大器可分为________和________两大类，高频功率放大器通常又称之为________。

8. 双调谐放大电路一般有________耦合和________耦合两种形式。

三、选择题

1. 正弦波振荡器中选频网络的作用是（　　）。

A. 产生单一频率的振荡　　B. 提高输出信号的振幅

C. 保证电路起振　　D. 使振荡有丰富的频率成分

2. 改进的电容三点式振荡器主要的优点是（　　）。

A. 容易起振　　B. 振幅稳定　　C. 频率稳定度高　　D. 减小谐波分量

3. 石英晶体谐振于 f_s 时，相当于 LC 回路的（　　）现象。

A. 串联谐振　　B. 并联谐振　　C. 自激　　D. 串并联谐振

4. 高频功率放大器一般都工作于（　　）状态。

A. 甲类　　B. 乙类　　C. 丙类　　D. 甲乙类

四、简答题

1. 振荡电路和放大电路有什么区别？

2. 产生振荡的两个条件是什么？为什么只满足其中的一个条件还不行？

3. 试分别比较电感三点式振荡器和电容三点式振荡器的结构和性能特点。

4. 什么是检波？一个检波器通常需要由哪几个部分组成？

5. 什么叫调频波？它的波形怎样？

6. 变容二极管调频电路是如何实现调频的？

7. 高频功率放大器的作用是什么？窄带谐振功率放大器一般处于哪种工作状态？

8. 什么是直流馈电电路？它有几种方式？

9. 匹配网络的作用是什么？匹配网络又被称为什么？

项目四

温度指示器的制作

集成运算放大器在各种放大器、比较器、振荡器和信号运算电路中均得到了广泛应用，成为一种通用性很强的基本集成电路。本项目利用集成运算放大器的应用电路，制作一款温度指示器，可以，提示“寒”“暑”间的温度变化。

- 熟悉集成运算放大器的电路结构、组成形式及其工作原理；
- 掌握一般集成运算放大器组成的 3 种输入形式（反相、同相、差分）的放大器结构；
- 理解信号运算电路的结构特点和主要性能；
- 理解集成运算放大器线性应用电路原理；
- 了解集成运算放大器在波形变换和信号处理方面的应用；
- 理解温度指示器的工作原理。

- 能正确识读集成运算放大器；
- 掌握集成运算放大器线性应用电路的调整与测试方法；
- 初步具有排除集成运算放大器电路常见故障的能力；
- 掌握温度指示器设计、制作及安装与调试的方法。

任务一　集成运算放大器在基本运算中的应用

任务目标

- 理解集成运算放大器的特点；
- 熟悉集成运算放大器的单元电路（恒流源电路、差分放大电路）的组成形式及基本特性；
- 掌握集成运算放大器在线性系统中的应用；
- 能正确识读集成运算放大器和判断其质量好坏。

任务教学方式

教学步骤	时间安排	教学手段及方式
阅读教材	课余	学生自学、查资料、相互讨论
知识点讲授	8 课时	采用多媒体课件，重点介绍差分放大器输入与输出方式及特点；集成运算放大器的应用电路应结合练习，精讲电路结构形式及特性
实践操作	4 课时	集成运算放大器的应用电路实验或仿真内容可结合实验或实习设备、设施的实际，有选择地进行
评估检测	与课堂教学同步进行	教师与学生共同完成任务的检测与评估，并能对出现的问题进行分析与处理

读一读

知识 1　集成运算放大器的基本单元电路

集成运算放大器（简称集成运放）是一种模拟集成电路。由于早期主要用于模拟计算机实现各种数学运算，由此而得名。现今，集成运算放大器的应用已远远超出模拟运算的范围，而作为一种高增益器件广泛应用于各种电子设备中。

集成运算放大器内部电路组成结构如图 4-1 所示，由高阻输入级、中间放大级、低阻输出级和偏置电路等组成。输入信号由同相输入端 u_+ 或反相输入端 u_- 输入，输入级通常采用对称结构的差动放大器。

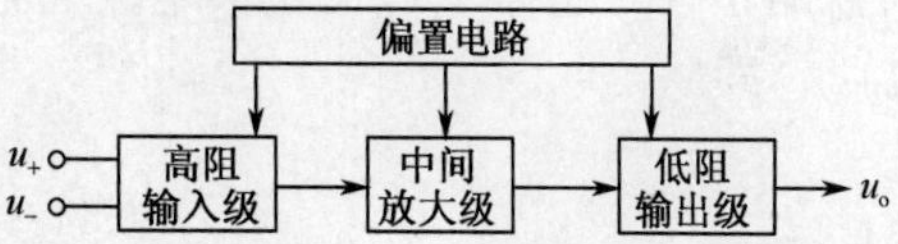

图 4-1　集成运算放大器内部电路组成结构

经中间放大级放大后，通过低阻输出级输出。中间放大级由若干级直接耦合放大器组成，提供极大的开环电压增益（100dB 以上）。中间放大级多采用有源负载的共射放大器，放大管有时采用复合管结构。偏置电路为各级提供合适的工作点，各级偏流和有源负载均由电流源提供。

输出级的主要作用是提供足够的输出功率以满足负载的要求，属于功率放大电路，常采用互补对称推挽电路，要求低输出电阻。

1. 恒流源电路

恒流源对提高集成运算放大器的性能起着极为重要的作用。一方面它为各级电路提供稳定的直流偏置电流，另一方面可作为有源负载，提高单级放大器的增益。

（1）单管恒流源电路

单管恒流源电路采用分压偏置式电路（即引入电流负反馈），如图 4-2 所示。电阻器 R_{b1}、R_{b2} 为晶体管的基极提供一固定偏压 U_B，因而流经 R_e 的电流 $I_E \approx \frac{U_B}{R_e}$ 基本恒定（前提条件是保证恒流管 VT 始终工作在放大状态，否则将失去恒流作用）。

（2）镜像恒流源电路

在单管恒流源电路中要用到三个电阻器，所以不便集成。为此，用一个完全相同的晶体管 VT_1，将集电极和基极短接在一起来代替电阻器 R_{b2} 和 R_e，便可得到如图 4-3 所示的镜像电流源电路。

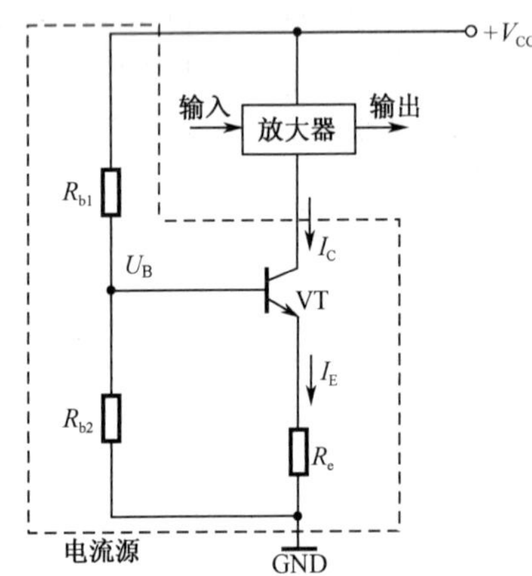

图 4-2 单管电流源电路

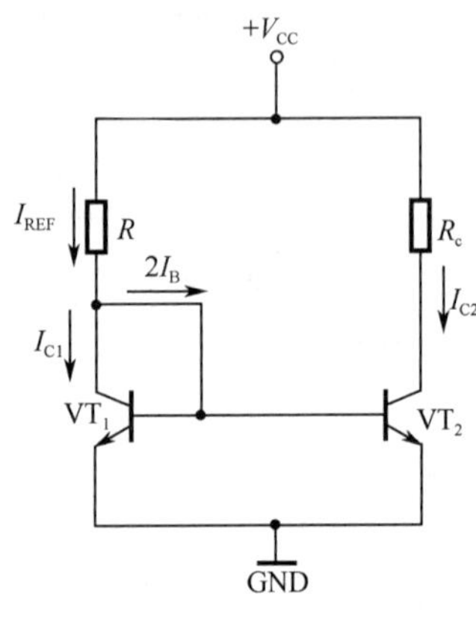

图 4-3 镜像电流源电路

因 VT_1 和 VT_2 管的参数完全相同，故 $I_{C1}=I_{C2}$，当管子的 β 较大时，I_B 很小，小到可忽略不计，这样 VT_2 管的集电极电流 I_{C2}（即电流源输出电流）就近似等于基准电流 I_{REF}，即

$$I_{C2} \approx I_{REF} = \frac{V_{CC} - U_{BE}}{R} \approx \frac{V_{CC}}{R}$$

由上式可看出，当 R 确定后，基准电流 I_{REF} 就确定了，恒流源输出电流 I_{C2} 也随之确定，可把 I_{C2} 看作是 I_{REF} 的镜像。镜像电路中，由于 VT_1 管的 U_{BE1} 对 VT_2 管具有温度补偿作用，受 β 的温度影响也小，有利于提高输出电流的稳定性。

在集成电路中，多路镜像电流源是由多集电极晶体管实现的。其他改进型恒流源还有比例恒流源、微电流源和负反馈型恒流源（又称威尔逊恒流源）等。

集成运算放大器要有极高的电压增益，而在电压增益一定时，为了减少级数，就必须提高多级放大器级联中单级放大器的电压增益。

由于恒流源具有直流电阻小、而交流电阻很大的特点，在集成电路内部的放大器广泛使用恒流源作有源负载，共射电路接法如图 4-4 所示。

由于普通晶体管电流源的频率特性较差，尤其是横向 PNP 管电流源的频率特性更差，所以在高速或宽带集成电路中，一般不采用有源负载放大器。

2. 差分放大电路

(1) 零点漂移现象

在单级共射放大器处于静态时，由于温度变化、电源波动、器件的老化等因素的影响，会使工作点电压（即集电极电位）偏离设定值而缓慢地上下漂动，这种现象称为零点漂移，简称“零漂”。在直接耦合放大电路中，前一级的零漂电压会传到后级被逐级放大，严重时零漂电压会超过有用的信号，这将导致整个电路无法正常工作。温度变化是造成零漂的最主要原因。

从电路的构成形式上看，差分放大电路不仅能有效地克服和抑制零漂，而且还有其他一系列优点，因此它成为目前直接耦合放大器和集成运放输入级的主要电路形式。

(2) 基本差分放大电路结构

利用电路结构及元器件参数的对称性与发射极电阻的负反馈作用来抑制零漂。基本差分放大电路如图 4-5 所示。

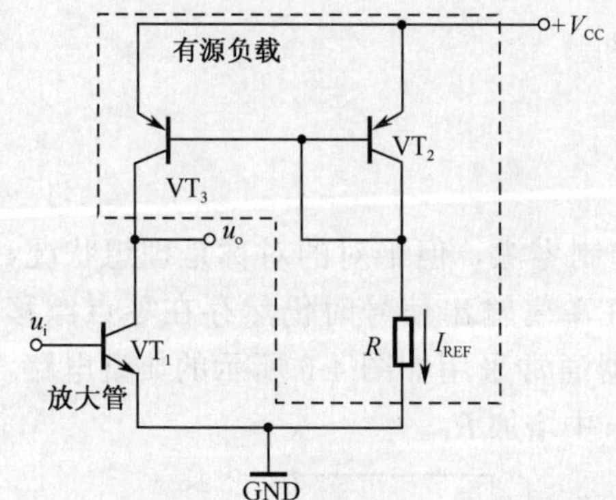

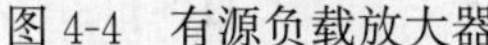
图 4-4 有源负载放大器

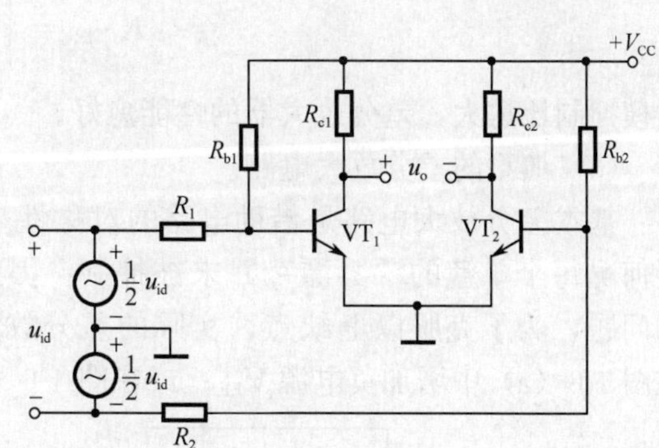

图 4-5 基本差分放大器

由图 4-5 可见，基本差分放大电路是由两个完全对称的单管放大器组成的。图 4-5 中两个晶体管及左右相对应的电阻器的参数基本一致。两管 VT_1、VT_2 的基极加入电压大小相等、极性相反的一对信号（称为“差模”信号），经过放大后获得输出电压 u_o，它等于两管集电极输出电压之差 $u_o = u_{c1} - u_{c2}$。

在输入电压 $u_{id} = 0$ 时，$u_{c1} = u_{c2}$，因此输出电压 $u_o = 0$，即表明差分放大电路具有零输入时零输出的特点。当温度变化时，左右两个管子的输出电压 u_{c1}、u_{c2} 都要发生变动，但由于电路对称，两管的输出变化量（即每管的零漂）相同，即 $\Delta u_{c1} = \Delta u_{c2}$，则 u_o 仍为零。由此可见，利用两管的零漂在输出端相抵销能有效地抑制零点漂移。

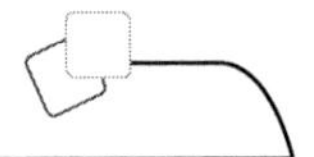

因两侧电路对称，电压放大倍数 A_{u1} 和 A_{u2} 相等，即 $A_{u1}=A_{u2}=A_u$，则差分放大器对输入信号的放大倍数 A_{uD} 为

$$A_{uD}=\frac{u_o}{u_{id}}=\frac{u_{c1}-u_{c2}}{u_{id}}=\frac{\frac{1}{2}u_{id}A_u-\left(-\frac{1}{2}u_{id}A_u\right)}{u_{id}}$$

即

$$A_{uD}=A_u$$

可见基本差分放大电路的差模放大倍数等于电路中每个单管放大电路的放大倍数。该电路用多一倍元器件的代价换来了对零漂的抑制能力。

图 4-5 中，在两个输入端加上一对大小相等、极性相同的信号，称为共模信号，这种输入方式称为共模输入。对于完全对称的差分放大电路，输出电压 $u_o=u_{c1}-u_{c2}=0$，因此共模电压放大倍数

$$A_{uC}=\frac{u_o}{u_{ic}}=0$$

在理想情况下，温度变化、电源电压波动引起两管的输出电压漂移 Δu_{c1} 和 Δu_{c2} 相等，分别折合为各自的输入电压漂移也必然相等，即为共模信号。可见零点漂移等效于共模输入。实际上，差分放大电路结构不可能绝对对称，故共模放大信号不为零。共模放大倍数 A_{uC} 愈小，则表明抑制零点漂移能力愈强。

差分放大器常用共模抑制比 K_{CMR} 来衡量放大器对有用信号的放大能力及对无用漂移信号的抑制能力，其定义为

$$K_{CMR}=\left|\frac{A_{uD}}{A_{uC}}\right|$$

共模抑制比愈大，差分放大器的性能愈好。

（3）典型的差分放大电路。

基本差分放大电路是借助电路的对称性来抑制零漂，但绝对的对称是理想状况，更何况每个单管的“零漂”并未被抑制。因此在单管输出信号时仍然存在零点漂移的问题，为了克服以上缺点，实际的差分放大器通常采用如图 4-6 所示的典型电路，在图 4-6（a）中增加负电源 V_{EE}；或在图 4-6（b）中增加 R_P。

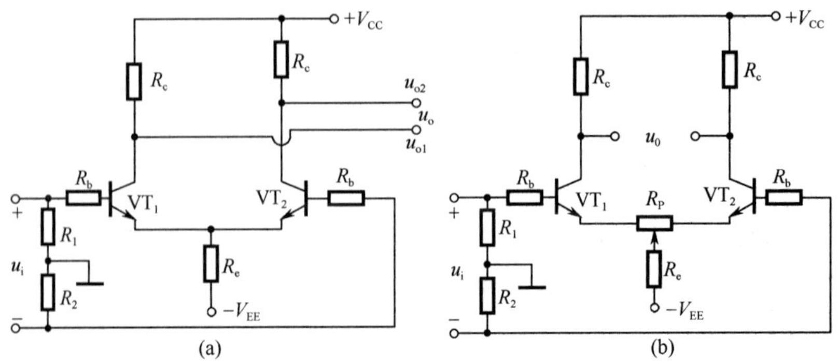

图 4-6　典型的差分放大电路

当输入信号 $u_i=0$ 时，由于电路不完全对称，输出 u_o 不一定为零，这时可调节 R_P，

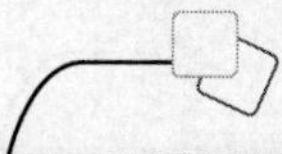

使电路达到对称，这样 $u_o=0$。而发射极电阻器 R_e 的作用是引入共模负反馈。例如，当温度升高时，两个晶体管的发射极电流同时增大，发射极电阻器 R_e 两端电压升高，使两管发射结压降同时减小，基极电流也都减小，从而阻止了两管集电极电流随温度升高而增大，稳定了静态工作点，有效地抑制了零漂。在共模信号输入时，由于差分放大器在 R_e 上形成的反馈电压是单管电路的两倍，故对共模信号有很强的抑制能力。

当输入差模信号电压时，会使一个晶体管发射极电流增加，另一个晶体管发射极电流减小，并且增大量与减小量相等，这样流过发射极电阻器 R_e 的电流保持不变，使发射极电位 U_E 不变，所以引入 R_e 不影响对信号的放大倍数。但差动放大器不能单靠增大 R_e 来提高共模抑制比。因 R_e 取值过大，会使发射极电位 U_E 上升，两管的静态管压降 U_{CE} 减小，即信号不失真放大的动态范围减小。接入负电源 V_{EE} 可以补偿 R_e 上的直流压降，从而使放大电路既可选用较大的 R_e 值，又有合适的静态工作点。通常，负电源 V_{EE} 与正电源 V_{CC} 的电压值相等。共模和差模输入示意图如图 4-7 所示。

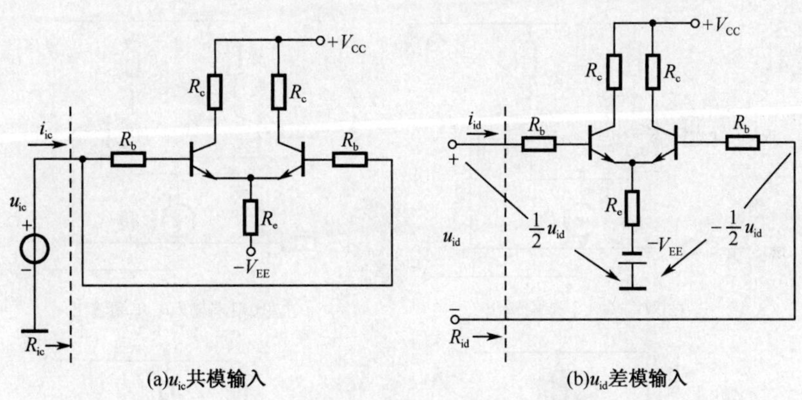

图 4-7　共模和差模信号输入示意图

3. 具有恒流源的差分放大器

具有恒流源的差分放大电路如图 4-8 所示。在集成电路中若 R_e 太大，则难以制作。若用电流源代替 R_e，由于恒流管 VT_3 的动态电阻很大，抑制共模信号的能力很强，并且恒流管的直流压降小，无须提高负电源 V_{EE} 电压值。

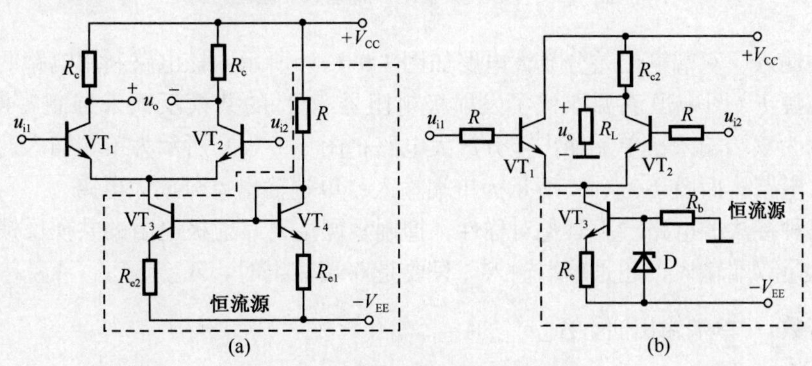

图 4-8　具有恒流源的差分放大器

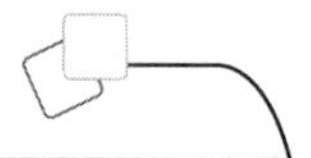

由于电流源的输出端电位在很宽范围内变化时，输出电流的变化极小，因而当输入共模信号引起发射极电位改变时，将不会影响差模性能，但会使共模放大倍数减小。因此，引入恒流源后，扩大了差动电路的共模输入电压范围，从而提高了共模抑制比。

4. 差分放大电路的几种输入、输出方式

差分放大电路输入端可采用双端输入和单端输入两种方式。双端输入是将信号加在两个管子的基极；单端输入则是将信号只加在一个管子的基极和公共地端，而另一个管子的输入端接地。差分放大器的输出端可采用双端输出和单端输出两种方式。双端输出时负载 R_L 接在两个管子的集电极，负载 R_L 不接公共地端；单端输出时，负载 R_L 接在某个管子的集电极与地端，而另一个管子无输出。因此差分放大器有如图 4-9 所示的 4 种连接方式。

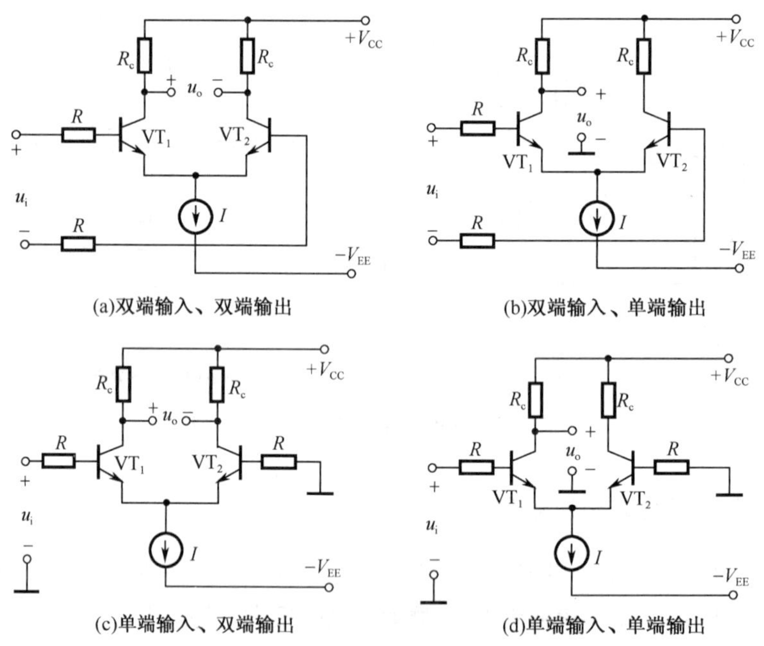

图 4-9 差分放大器的 4 种输入、输出方式

双端输入、双端输出差分放大电路如图 4-9（a）所示，该电路利用电路两侧的对称性及恒流源 I（图中恒流源取代了发射极电阻器 R_e）的共模反馈来抑制零漂；图 4-9（b）所示为双端输入、单端输出差分放大电路；图 4-9（c）所示为单端输入、双端输出差分放大电路；而图 4-9（d）所示为单端输入、单端输出差分放大电路。

后三种接法的电路已不具备对称性，抑制零漂主要靠射极电阻的共模反馈来实现。

无论是双端输入，还是单端输入，只要是双端输出时，$A_{uD}=A_{uD1}$（A_{uD1} 单边差模电压放大倍数）；单端输出时，$A_{uD}=\frac{1}{2}A_{uD1}$。

1）零点漂移是否在任何耦合方式的多级放大器中都存在呢？

2）在差分放大器的不同连接方式中，输出方式是怎样影响电压放大倍数的？输入方式会影响电压放大倍数吗？

知识 2　集成运算放大器在模拟信号运算方面的应用

在分析集成运算放大器时，一般可将它看成是一个理想集成运算放大器。理想化的条件主要是：开环放大倍数 $A_o \to \infty$；差模输入电阻 $r_{id} \to \infty$；开环输出电阻 $r_o \to 0$；共模抑制比 $K_{CMR} \to \infty$。集成运算放大器的电路符号如图 4-10 所示。

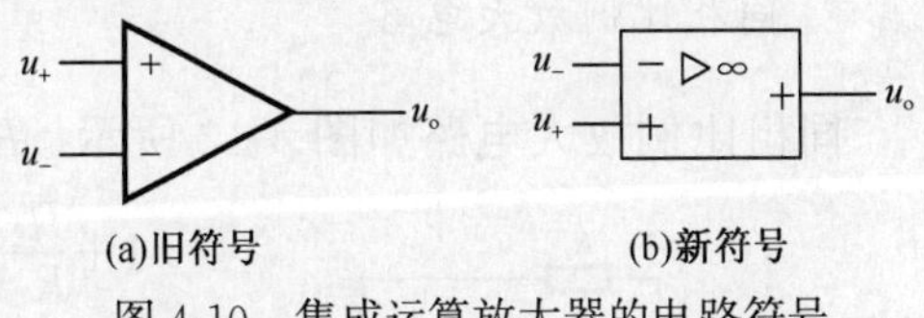

图 4-10　集成运算放大器的电路符号

运算放大器工作在线性区时，分析依据有两条：一是由于运算放大器输入端的差模输入电阻 $r_{id} \to \infty$，故认为两个输入端的输入电流为零，称为“虚断”；二是由于运算放大器的开环放大倍数 $A_o \to \infty$，输出电压是一个有限的数据，从 $u_o = A_o(u_+ - u_-)$ 来看，$u_+ - u_- = u_o / A_o \approx 0$，所以认为 $u_+ \approx u_-$，称为“虚短”。

在分析集成运算放大器的应用电路时，应判断其中的集成运放是否工作在线性区，在此基础上，根据线性区和非线性区的特点分析具体电路的工作原理。

集成运算放大器比例运算电路有同相输入比例运算和反相输入比例运算两种，它们是基本运算电路，是其他各种运算电路的基础。集成运算放大器的各种应用均基于四种基本放大电路：反相比例放大器、同相比例放大器、反相加法器和差分放大器。

1. 反相比例放大电路

反相比例放大电路如图 4-11 所示，其输出电压为 $u_o = -A \cdot u_i = -\dfrac{R_f}{R_1} u_i$，输出电压只取决于 R_f 与 R_1 比值（R_f 与 R_1 值应在千欧姆数量级以上）。

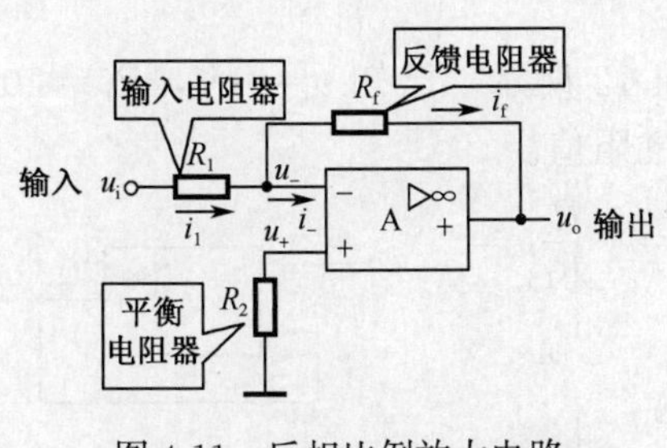

图 4-11　反相比例放大电路

根据“虚断”的概念，$i_- = 0$，故 $i_1 = i_f$。

其中 $i_1 = \dfrac{u_i - u_-}{R_1} \approx \dfrac{u_i}{R_1}$，$i_f = \dfrac{u_- - u_o}{R_f} \approx -\dfrac{u_o}{R_f}$，则得

$$\frac{u_i}{R_1} = -\frac{u_o}{R_f}\text{，即 } u_o = -\frac{R_f}{R_1} u_i$$

因而，该电路的闭环电压放大倍数

$$A_{uf} = \frac{u_o}{u_i} = -\frac{R_f}{R_1}$$

在反相比例运算电路中，输入电压 u_i 通过输入电阻器 R_1 加在反相端上，同相端经

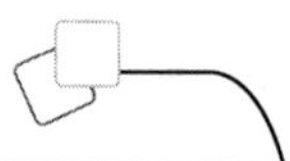

过平衡电阻器 $R_2(R_2=R_1//R_f)$ 接地，输出电压 u_o 经过 R_f 接回反相端，形成一个深度电压并联负反馈，所以该电路工作在线性区。线性区的特点有 $u_+=u_-$、$i_+=i_-=0$。根据“虚断”原理，可知同相输入端的电流为零，R_2 上没有电压降，因此 $u_+=0$。根据“虚短”原理，$u_+=u_-$，所以 u_- 也近似为零，这种现象称为“虚地”。“虚地”是反相输入运算放大电路的一个重要特点。

从运算结果可知，输出电压 u_o 与输入电压 u_i 极性相反，且它们的大小存在着比例关系。比例系数为$\frac{R_f}{R_1}$，与集成运算放大器本身的参数无关，故该电路通常称为反相比例运算放大器。

若选取 $R_f=R_1$，则 $u_o=-u_i$，此时输出电压 u_o 与输入电压 u_i 相位相反且数值上相等，它是一个无电压放大作用且仅把输入信号倒相一次的电路，称为“倒相”电路（或“变号”运算电路），即反相器。

2. 同相比例放大电路

同相比例放大电路如图 4-12 所示，R_f、R_1 为反馈电阻器，其闭环放大倍数 $A=1+\frac{R_f}{R_1}$。输入电压 u_i 由同相输入端输入，其输出电压 u_o 与输入电压 u_i 相位相同，输出电压为 $u_o=\left(1+\frac{R_f}{R_1}\right)\frac{R_3}{R_2+R_3}u_i$。当 $R_3\to\infty$，$u_o=\left(1+\frac{R_f}{R_1}\right)u_i$。

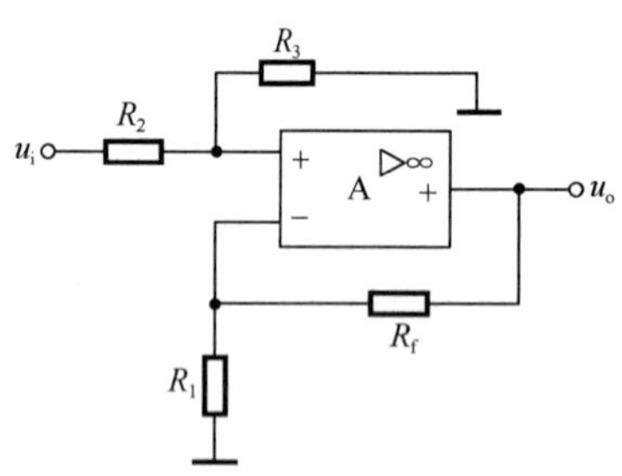

图 4-12　同相比例放大电路

同相输入运算放大电路同相输入端电压 u_i 经过 R_2 加在同相端上，反相端经过 R_1 接地，输出电压 u_o 经过 R_f 接回反相端，形成一个深度电压串联负反馈。因该电路工作在线性区，根据“虚断”原理，$i_+=i_-=0$。根据“虚短”概念，$u_+=u_i$。而 u_+ 的电位为 R_2、R_3 串联分压后的 R_3 压降。

当 $R_3\to\infty$，$R_2=R_f=0$，$R_1\to\infty$时，便构成了电压跟随器，如图 4-13 所示，这是同相比例放大电路的一个特例，其电压放大倍数 $A_{uo}\approx1$，输出电压 u_o 与输入电压 u_i 大小相等、相位相同。集成运放电压跟随器具有极高的输入阻抗和很小的输出阻抗，常用作阻抗变换器。

例 4-1　有一理想集成运放电路接线如图 4-12 所示，已知 $u_i=1\text{V}$，$R_1=20\text{k}\Omega$，$R_f=200\text{k}\Omega$，试求输出电压 u_o 及平衡电阻器 R_2 的阻值。

解： 1）此电路为反相比例放大电路，根据 $u_o=-\frac{R_f}{R_1}u_i=-1\times\frac{200}{20}\text{V}=-10\text{V}$。

2）$R_2=R_1//R_f=\frac{20\times200}{20+200}\text{k}\Omega\approx18.2\text{k}\Omega$。

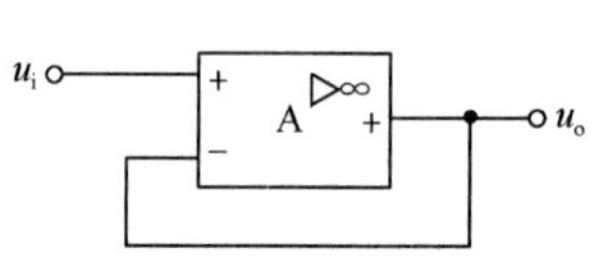

图 4-13　电压跟随器

例 4-2　在如图 4-14 所示电路中，已知 $R_f=2R_1$，$R_3=2R_2$，$u_i=1V$，试求输出电压 u_o。

解：图示电路可以分解成两个运算放大器，A_1 构成电压跟随器，A_2 构成同相比例运算放大器。因此，对 A_1 来说，$u_{o1}=u_i$；对 A_2 来说，$u_o=\left(1+\frac{R_f}{R_1}\right)\frac{R_3}{R_2+R_3}u_{o1}=3\times\frac{2}{3}V=2V$。

3. 反相加法电路

图 4-15 所示为反相加法电路，集成运算放大器构成反相放大器，u_1、u_2 为相加电压，u_o 为和电压。当取 $R_1=R_2=R_f$ 时，$A=1$，输出电压 $u_o=-(u_1+u_2)$，实现了加法运算。R_3 为平衡电阻器（为保证同相输入和反相输入端参数对称，取 $R_3=R_1/\!/R_2/\!/R_f$），用于平衡输入偏置电流造成的失调。

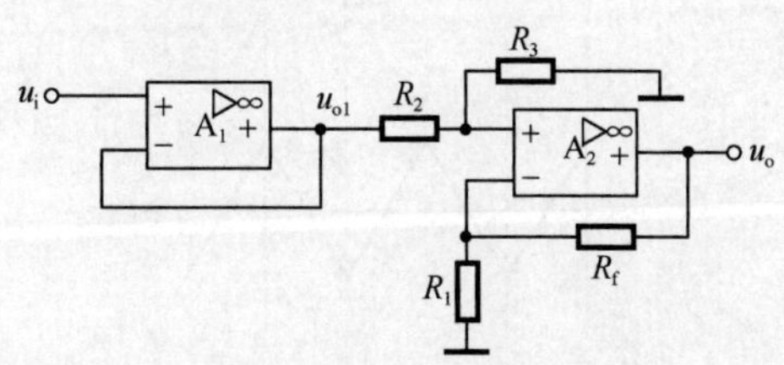

图 4-14　例 4-2 题图

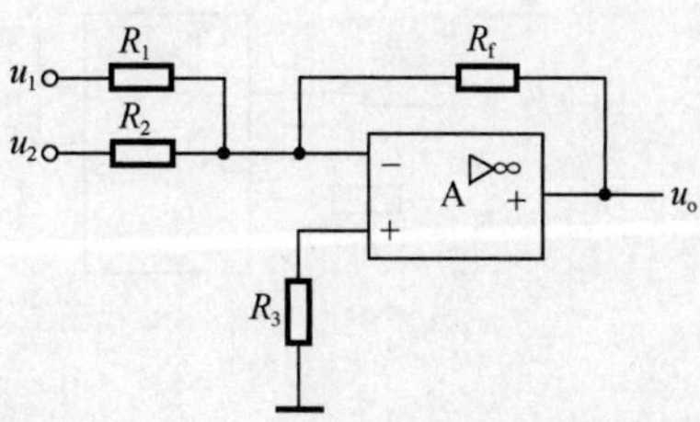

图 4-15　反相加法电路

输出量与若干个输入量之和成比例关系的电路称为加法运算电路。它不仅是模拟计算机的基本单元，还在测量和控制系统中经常被用到。反相加法电路的实质是通过电流相加的方法来实现电压相加。输出电压 u_o 的等式中负号是由于信号从反相端输入引起的。

4. 差动运算电路

差动运算电路如图 4-16 所示，用来放大两个输入电压 u_1、u_2 的差值，其闭环放大倍数 $A=\frac{R_f}{R_1}$。这实际上是一个减法器，u_1 为减数电压，u_2 为被减数电压，u_o 为差电压。由比例运算电路可知，反相输入比例运算 u_o 与 u_i 极性相反，同相输入比例运算 u_o 与 u_i 极性相同，将反相输入与同相输入同时作用即可构成减法运算电路，可利用叠加原理进行分析计算：

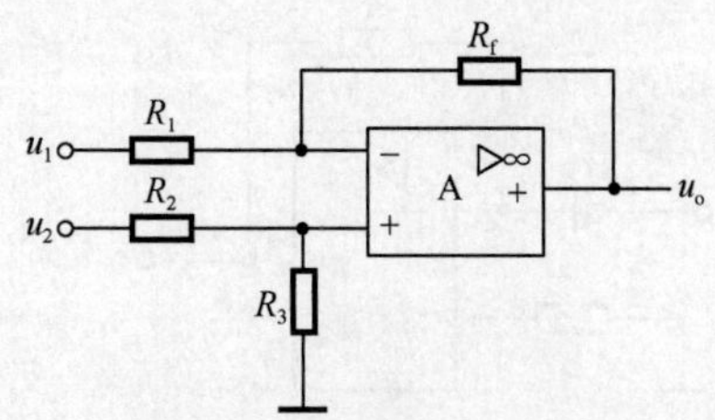

图 4-16　差动运算电路

$$u_o=\left(1+\frac{R_f}{R_1}\right)\left(\frac{R_3}{R_2+R_3}\right)u_2-\frac{R_f}{R_1}u_1$$

当取 $R_1=R_2=R_3=R_f$ 时，$A=1$，输出电压 $u_o=u_2-u_1$，实现了减法运算。R_3 为平衡电阻器。

例 4-3　在如图 4-16 所示电路中，已知 $R_1=R_2=R_3=R_f$，$u_1=1V$，$u_2=3V$，试求输出电压 u_o。

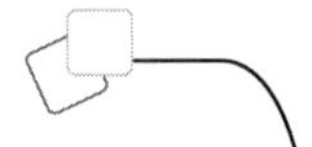

解：图 4-16 所示电路构成了一个减法器，因 $R_1=R_2=R_3=R_f$，故可得出

$$u_o = u_2 - u_1 = (3-1)\text{V} = 2\text{V}$$

5. 积分运算电路

积分运算电路可实现积分运算及产生三角波形等。积分运算指输出电压与输入电压呈积分关系，其电路图及应用举例如图 4-17 所示。它是利用电容器的充放电来实现积分运算。

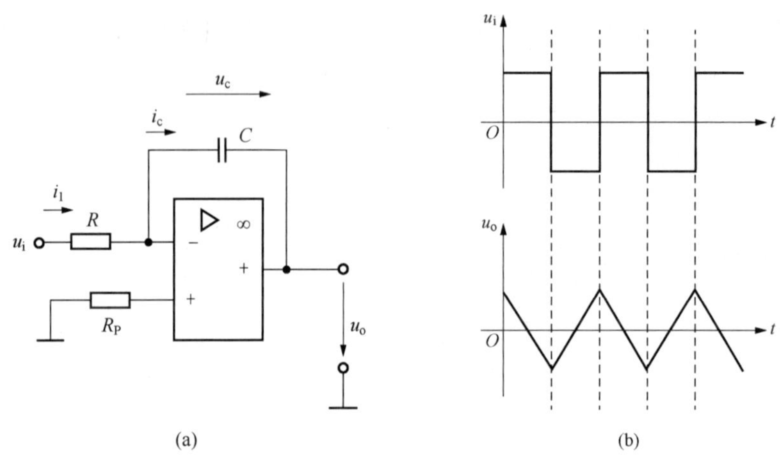

图 4-17　积分运算电路及应用举例

它的输入、输出电压的关系为

$$u_o = -\frac{1}{RC}\int_{t_0}^{t_1} u_i \mathrm{d}t + u_c\Big|_{i=0} = -\frac{1}{RC}\int u_i \mathrm{d}t$$

其中，$u_c\big|_{i=0}$表示电容器两端的初始电压值。如果电路输入的电压波形是方形，则产生三角波形输出。

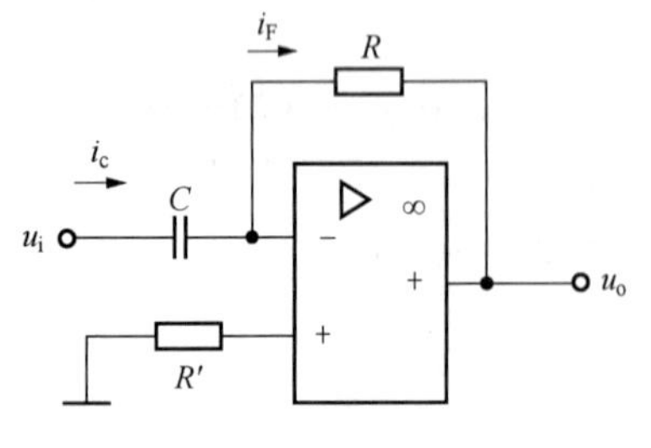

图 4-18　微分运算电路

6. 微分运算电路

微分是积分的逆运算。微分运算电路的输出电压与输入电压呈微分关系，电路图如图 4-18 所示。

它的输入、输出电压的关系为

$$u_o = -R_{iF} = -R_{ic} = -RC\frac{\mathrm{d}u_i}{\mathrm{d}t}$$

7. 对数运算电路

对数运算电路是指输出电压与输入电压呈对数函数。我们把反相比例电路中 R_f用二极管或晶体管代替，即组成了对数运算电路，电路图如图 4-19 所示。

图 4-19（a）的输入、输出电压的关系为 $u_o=-U_D\approx-U_T\ln\frac{u_i}{RI_s}$（其中 I_s为二极管

的反向饱和电流，在常温（$T=300\text{K}$）下，$U_T=26\text{mV}$）。

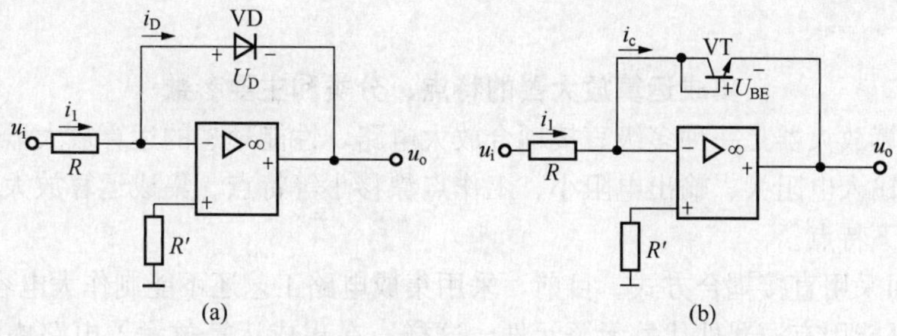

图 4-19　用二极管或晶体管的基本对数运算电路

8. 指数运算电路

指数运算电路是对数运算的逆运算，将指数运算电路的二极管（或晶体管）与电阻器 R 对换即可。如图 4-20 所示为基本指数运算电路。

基本指数运算电路的输入、输出电压的关系为 $u_o=-I_s\text{Re}\,\frac{u_i}{U_T}$（其中 I_s 为二极管的反向饱和电流，在常温（$T=300\text{K}$）下，$U_T=26\text{mV}$）。

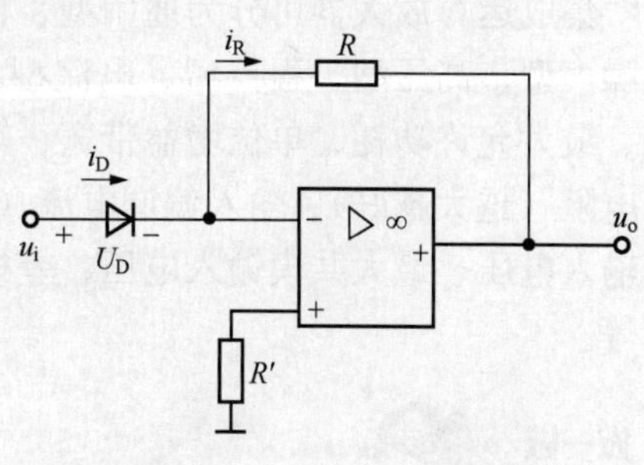

图 4-20　基本指数运算电路

利用对数和指数运算以及比例、和差运算电路，可组成乘法或除法运算电路和其他非线性运算电路。

想一想

1）理想集成运放工作在线性区时，有哪两个特点（即重要结论）？

2）比例放大电路的闭环电压放大倍数是否与反馈电阻和输入电阻以及集成运放本身参数均有关系？

3）什么是“虚短”“虚断”“虚地”？同相输入电路是否存在“虚地”？

CF741 引脚功能

CF741 运算放大电路的电路符号如图 4-21 所示。各引脚功能见表 4-1。

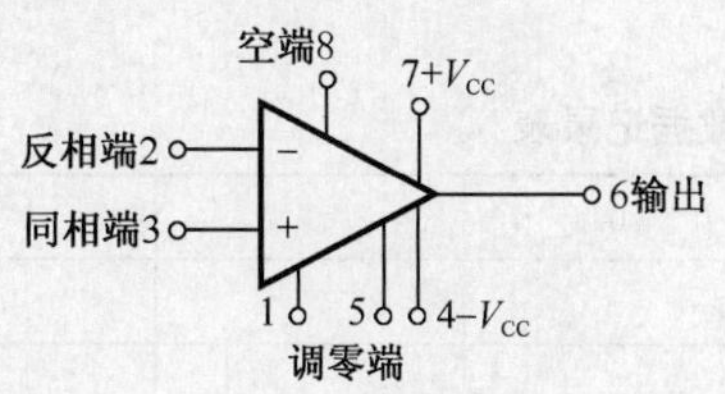

图 4-21　CF741 型运算放大电路符号

表 4-1　CF741 型运放各引脚功能

1 脚	2 脚	3 脚	4 脚
调零	反相输入	同相输入	负电源
5 脚	6 脚	7 脚	8 脚
调零	输出	正电源	空脚

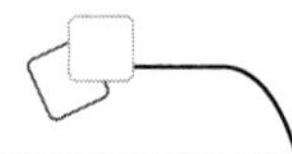

集成运算放大器的特点、分类和主要参数

集成运算放大器是一种多级直接耦合放大电路，性能理想的运算放大器应该具有电压增益高、输入电阻大、输出电阻小、工作点漂移小等特点。集成运算放大器在电路设计上具有如下特点。

1）级间采用直接耦合方式。目前，采用集成电路工艺还不能制作大电容和大电感。

2）尽可能用有源器件代替无源元件。这样，在集成运算放大器电路中，一方面应避免使用大阻值电阻器和大容量电容器；另一方面应尽可能用晶体管代替电阻器和电容器。

3）利用对称结构改善电路性能。在集成电路设计中，应尽可能使电路性能取决于元器件参数的比值，而不依赖于元器件参数本身，以保证电路参数的准确及性能稳定。

集成运算放大器可分为通用型、低功耗型、高阻型、高精度型、高速型、宽带型、低噪声型、高压型、程控型、电流型和跨导型等。集成运放的主要参数有电源电压范围、最大允许功耗、单位增益带宽、转换速率、输入阻抗等。其主要技术指标有差模输入电阻（越大越好）、输入偏调电流（越小越好）、输入失调电压（越小越好）、最大差模输入电压、最大共模输入电压、差模开环电压增益、共模抑制比、输出电阻和开环带宽等。

实训1　集成运算放大器的仿真测试

仿真目的

通过仿真测试，进一步熟悉集成运算放大器的工作特性。

学习集成运算放大器电路的测量和分析方法。

仿真步骤及操作

1. 电压跟随器

电压跟随器仿真电路各项参数如图4-22所示。改变U_i值，记录万用表读数（U_o值），并填于表4-2中。

表4-2　电压跟随器仿真数据记录表

U_i/V		−1	−0.5	0	1	2
U_o/V	$R_1=5.1\text{k}\Omega$					
	$R_1=\infty$					

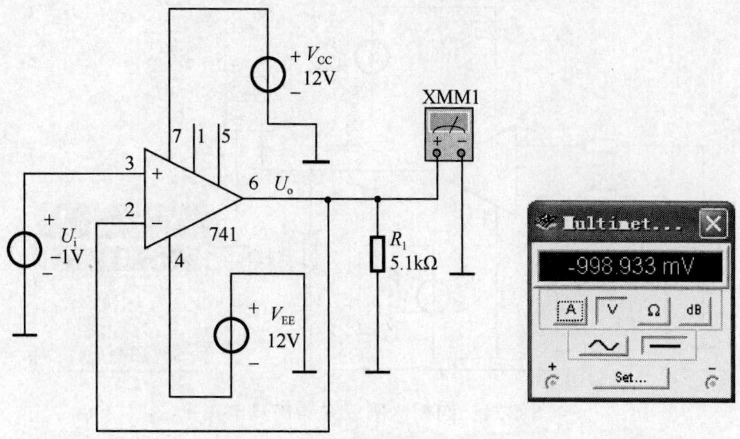

图 4-22　电压跟随器仿真电路

2. 反相比例放大器

反相比例放大器仿真电路各项参数如图 4-23 所示。改变 U_i 值，记录万用表读数（U_o 值），并填于表 4-3 中。

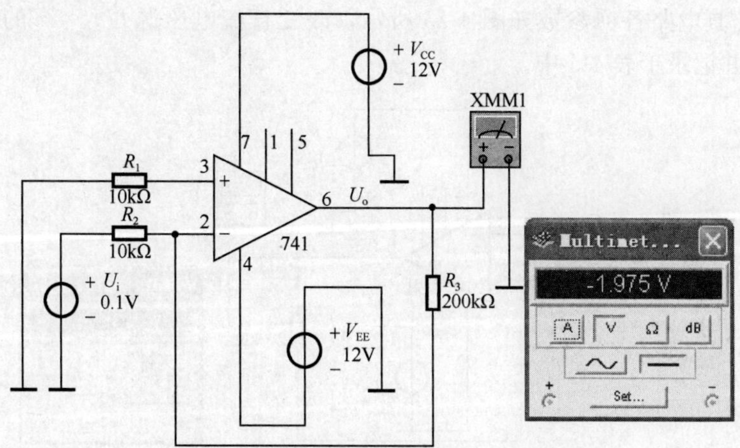

图 4-23　反相比例放大器仿真电路

表 4-3　反相比例放大器仿真数据记录表

U_i	20mV	100mV	500mV	1V	2V	5V
U_o						

3. 同相比例放大器

同相比例放大器如图 4-24 所示，改变 U_i 值，记录万用表读数（U_o 值），并填于表 4-4 中。

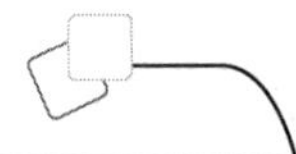

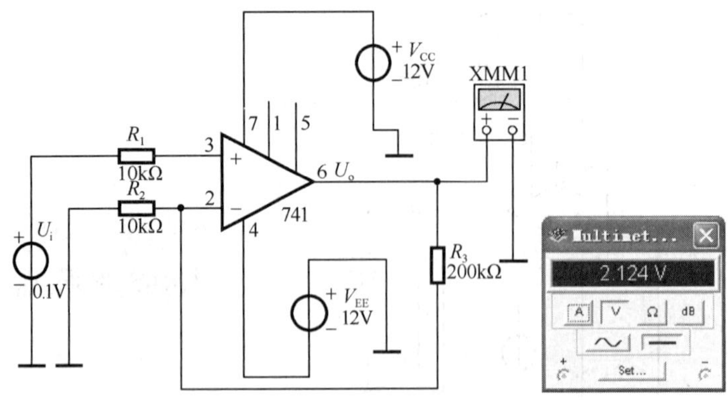

图 4-24　同相比例放大器仿真电路

表 4-4　同相比例放大器仿真数据记录表

U_i	20mV	100mV	500mV	1V	2V	5V
U_o						

*4. 相减器

相减器仿真电路各项参数如图 4-25 所示，改变直流电压源 U_{i1}、U_{i2} 的值，观察输出电压 U_o，并记录于表 4-5 中。

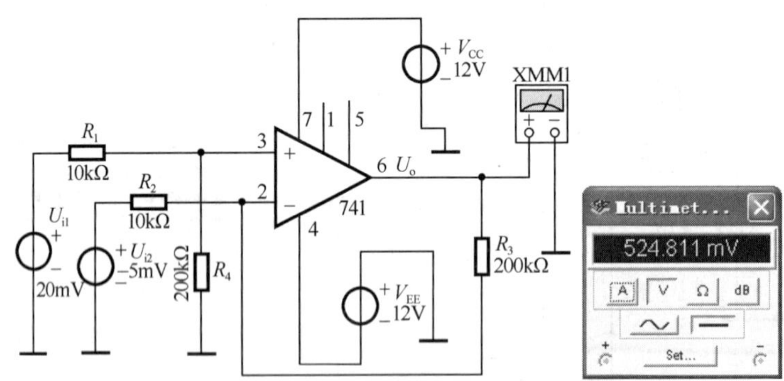

图 4-25　相减器仿真电路

表 4-5　相减器仿真数据记录表

U_{i1} 直流电压源/mV	5	10	20	−50
U_{i2} 直流电压源/mV	10	5	−5	20
U_o/mV				

*5. 反相加法电路

反相加法器仿真电路各项参数如图 4-26 所示。改变直流电压源 U_{i1}、U_{i2} 的值，观

察输出电压 U_o，并记录于表 4-6 中。

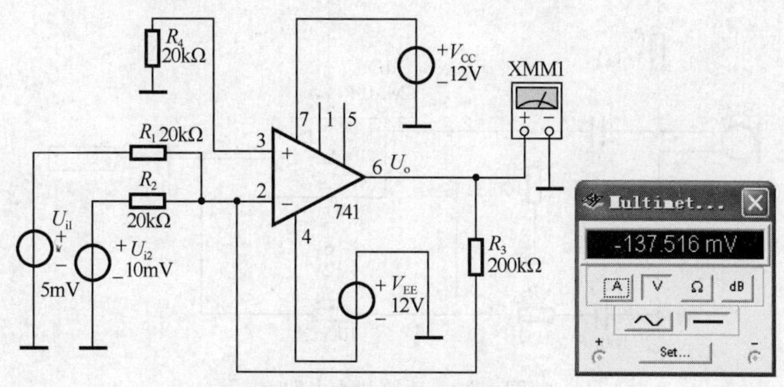

图 4-26　反相加法器仿真电路

表 4-6　反相加法器仿真数据记录表

U_{i1} 直流电压源/mV	5	10	20	−50
U_{i2} 直流电压源/mV	10	5	−5	20
U_o/mV				

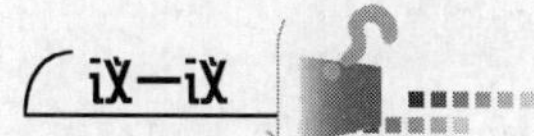

学生在老师的提示下，写出各仿真电路的计算公式。然后对各电路数据进行必要的处理，并讨论各电路的特点。

集成运算放大器应用电路

集成运算放大器简称集成运放，在放大、振荡、电压比较、模拟运算、有源滤波等各种电子电路中得到了广泛的应用。

在串联型稳压电路中，选用差分放大器或运算放大器代替单管比较放大电路构成的直流稳压电源（图 4-27），可以解决零点漂移的问题。

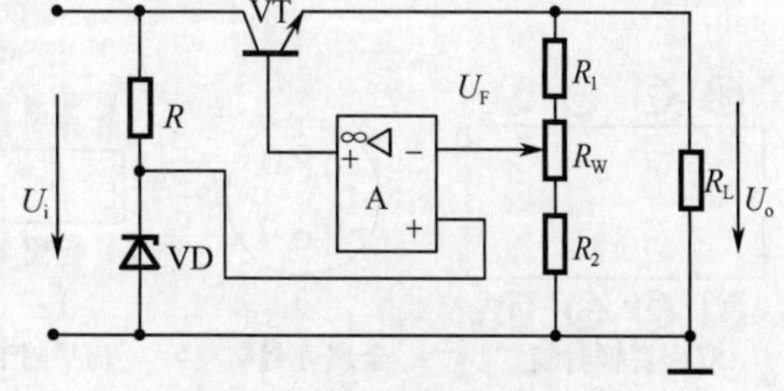

图 4-27　串联反馈式稳压电路

在运算放大器理想条件下：

$$U_o = \left(1+\frac{R_1}{R_2}\right)\cdot U_R = \frac{1}{F}U_R$$

以话筒放大器为例来说明。话筒放大器如图 4-28 所示。驻极体话筒 BM 输出的微弱电压信号经耦合电容器 C_1 输入到集成运算放大器 3 脚，放大后的电压信号经 C_3 耦合输出。电压放大倍数由集成运算放大器外接电阻器 R_3、R_4 决定，该电路放大倍数 A=100 倍（40dB）。

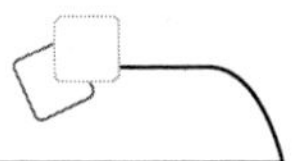

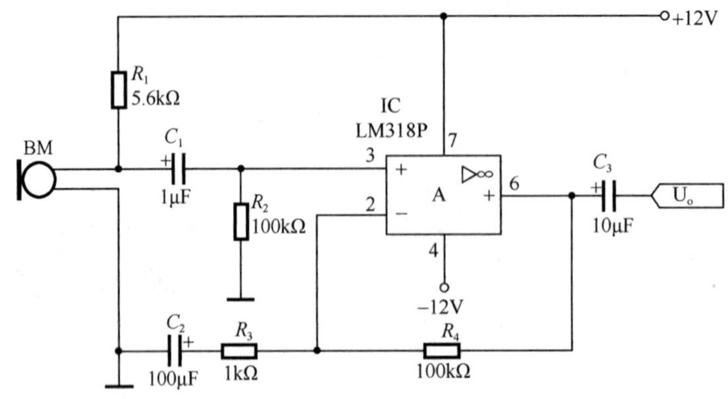

图 4-28　话筒放大电路

1. 识读集成运放

集成运算放大器的引脚有 8 脚、14 脚等多种。图 4-29 所示为使用普遍的扁平封装的集成电路引脚排列示意图及封装形式，双列直插式的集成电路引脚识别方法与此相同。

集成运算放大器一般使用正、负对称电源。有些集成运算放大器，如 LM158、LM324 等，也可使用单电源供电，如图 4-30 所示。

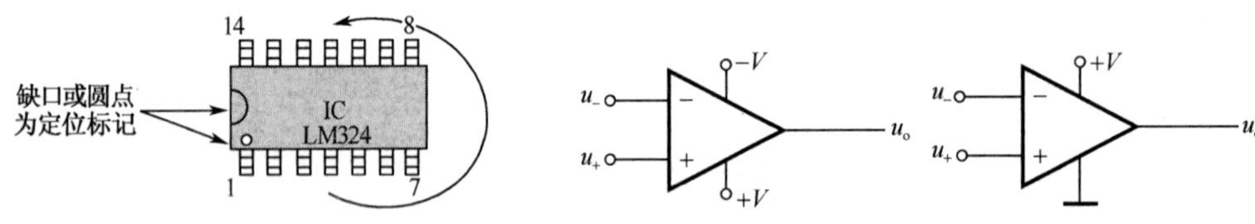

图 4-29　集成运算放大器共振及引脚排列　　图 4-30　集成运算放大器的供电方式

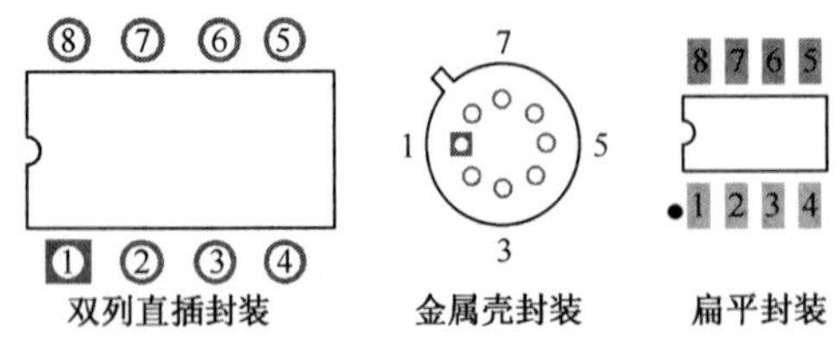

图 4-31　单运算放大器的封装形式

根据一个集成电路封装内包含运算放大器单元的数量，集成运算放大器可分为单运算放大器、双运算放大器和四运算放大器。较常用的单运算放大器有 TL081、LF351、LM318、NE5539 等。单运算放大器的封装形式如图 4-31 所示。双运算放大器集成电路内含两个参数一致、互相独立的运算放大器单元。较常用的双运算放大器有 LM158、TL082、LF353、NE5532 等。四运算放大器集成电路引脚排列与封装形式如图 4-32 所示，其内含四个参数一致、互相独立的运算放大器单元。较常用的四运算放大器有 LM324、TL084、LF347、OPA4131 等。

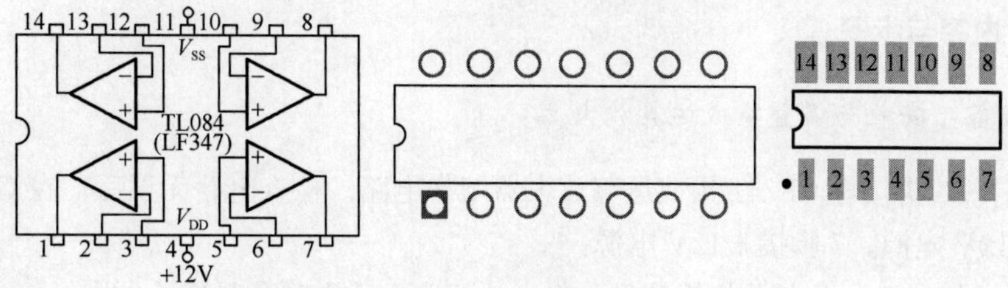

图 4-32　四运算放大器引脚排列与封装形式

2. 集成运算放大器的检测

在维修工作中，可使用万用表对集成电路进行简单测试，以确定集成电路质量的好坏。

对照法：用万用表的电阻挡测量集成电路各引脚对负电源端及正电源端的 $R_{正}$、$R_{反}$，将测得的阻值与同型号质量良好的集成电路加以比较，如阻值差异很大，一般判断为集成运算放大器损坏。

电压法：将集成运算放大器接成如图 4-33 所示的电压跟随器，R_P 取值为 50kΩ，万用表置于直流电压挡。当电位器 R_P 的滑动点调至 V_{CC}时，输出电压为最大值，接近 V_{CC}值；再将 R_P 滑动点调至地端，输出电压为最小值，接近零电压，表明集成运算放大器性能是好的。反之，调节 R_P 时，输出电压不改变或改变很小，则表明集成运算放大器已经损坏。

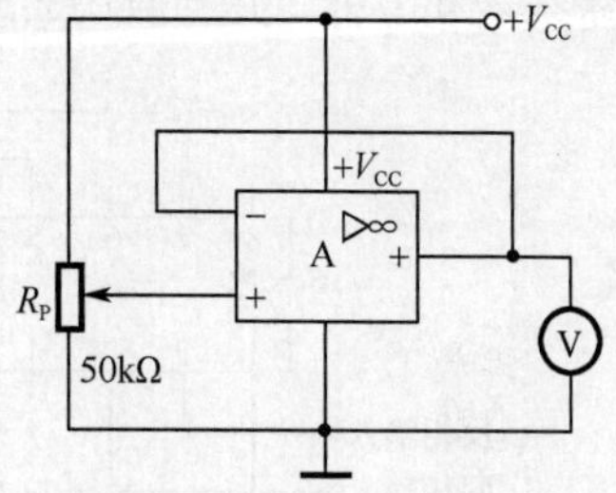

图 4-33　电压法检测集成运放

实训 2　集成运算放大器的实验测试

实验目的

1）理解由集成运算放大器组成的比例、加法和减法等基本运算电路的功能；

2）学会集成运算放大器的使用和调试方法，了解集成运算放大器在实际应用时应考虑的一些问题；

3）熟悉集成运算放大器的引脚排列形式和引脚功能。

实验所需器材

双路稳压电源（输出＋12V、－12V）、可调直流电源、函数信号发生器、示波器、万用表（MF47 型）、集成运算放大器 CF741 及电阻器若干（或电工电子实验成套设备）。

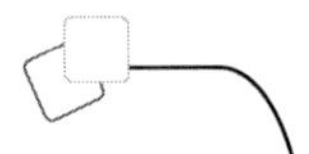

实验内容与步骤

1. 准备：安装与调整集成运算放大器

按图 4-34 搭接好 CF741 集成运算放大器工作电路。检查电路无误后，在 CF741 的 4 脚接−12V 电源，7 脚接＋12V 电源。

注意： 切忌正、负电源极性接反和输出端短路，否则将会损坏集成块。

将 CF741 的 2、3 两个输入引脚用导线对“地”短路，用示波器观测 CF741 的输出端 6 脚的电压，通过电位器 R_P 调零（即调整 R_P 使输出电压 $U_o=0V$，使失调电压为零）。随后将 CF741 的 2、3 两个输入引脚的对“地”短路线去除。

2. 反相比例运算电路

按图 4-35 连接电路，接通正、负电源。在反相输入端加入直流信号 U_i，依次将 U_i 调到−0.4V、−0.2V、＋0.2V、＋0.4V，用万用表测量出每次对应的输出电压 U_o，记录在表 4-7 中，并与应用公式计算的结果进行比较。

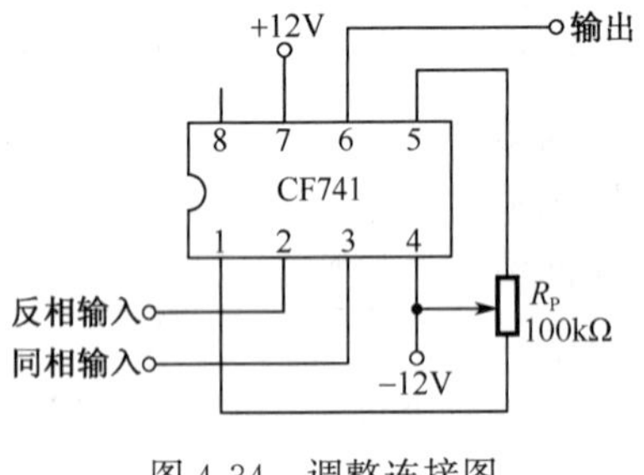

图 4-34 调整连接图

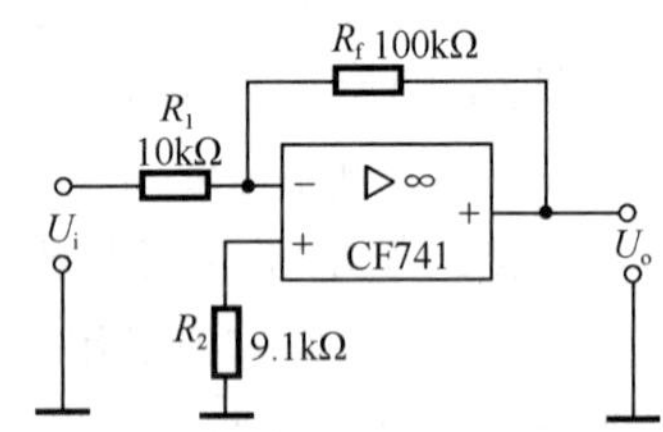

图 4-35 反相比例运算实验电路

表 4-7 反相比例运算电路输出电压值记录表

输入电压 U_i		−0.4V	−0.2V	＋0.2V	＋0.4V
输出电压 U_o	计算值 $U_o=-(R_f/R_1)U_i$				
	实测值				

从函数信号引入 $f=1kHz$、$U_i=0.5V$ 的正弦交流信号，用示波器测量相应的 U_o，并观察 U_o 和 U_i 的相位关系，记入表 4-8 中。

表 4-8 反相比例运算电路输入/输出电压值及波形记录表

U_i/V	U_o/V	U_i 波形	U_o 波形	A_V	
				实测值	计算值

3. 同相比例运算电路

按图 4-36 连接电路，电路检查无误后，接通正、负电源，调零并消振。

在同相输入端加入直流信号 U_i，依次将 U_i 调到 −0.4V、−0.2V、+0.2V、+0.4V，用万用表测量出每次对应的输出电压 U_o，记录在实验表 4-9 中，并与应用公式计算的结果进行比较。

表 4-9　同相比例运算电路输出电压值记录表

输入电压 U_i		−0.4V	−0.2V	+0.2V	+0.4V
输出电压 U_o	计算值 $U_o=(1+R_f/R_1)U_i$				
	实测值				

从函数信号引入 $f=1\text{kHz}$、$U_i=0.5\text{V}$ 的正弦交流信号，用示波器测量相应的 U_o，并观察 U_o 和 U_i 的相位关系，记入表 4-10 中。

表 4-10　同相比例运算电路输入/输出电压值及波形记录表

U_i/V	U_o/V	U_i 波形	U_o 波形	A_v	
				实测值	计算值

按图 4-37 所示接成电压跟随器电路，重复以上步骤，并记入表 4-11 中。

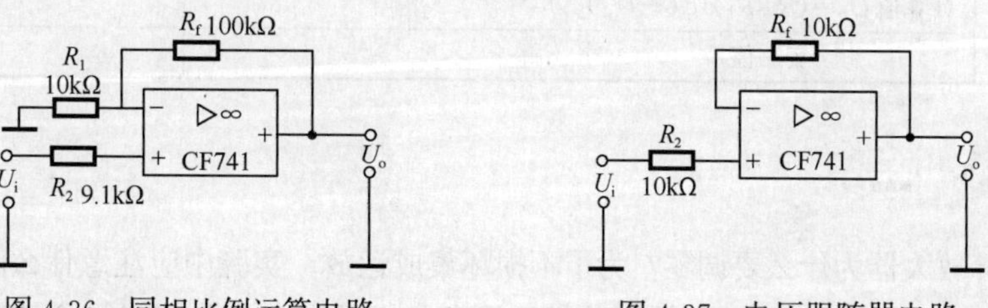

图 4-36　同相比例运算电路　　　　图 4-37　电压跟随器电路

表 4-11　电压跟随器电路输入/输出电压值及波形记录表

U_i/V	U_o/V	U_i 波形	U_o 波形

4. 反相加法电路

按图 4-38 连接电路，电路检查无误后，接通正、负电源，调零并消振。在电阻器 R_1 端加入直流信号电压 U_{i1}，在电阻器 R_2 端加入直流信号电压 U_{i2}，根据表 4-12 调整

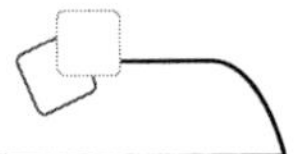

U_{i1}、U_{i2}，用万用表测量出每次对应的输出电压 U_o，记录在表中，并与应用公式计算的结果进行比较。

表 4-12　反相加法电路输出电压值记录表

输入电压 U_{i1}		−0.4V	−0.2V	+0.2V	+0.4V
输入电压 U_{i2}		−0.2V	+0.4V	−0.4V	+0.2V
输出电压 U_o	计算值 $U_o=-(R_f/R_1)(U_{i1}+U_{i2})$				
	实测值				

*5. 减法器（差动运算电路）

按图 4-39 连接电路，实验方法同“4. 反相加法电路”，将结果记录在表 4-13 中。

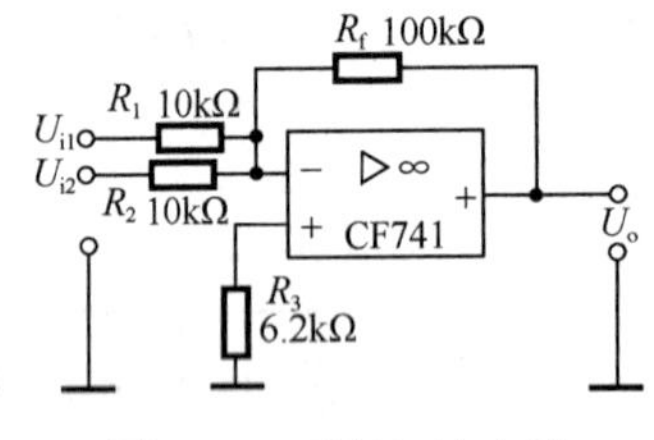

图 4-38　反相加法电路

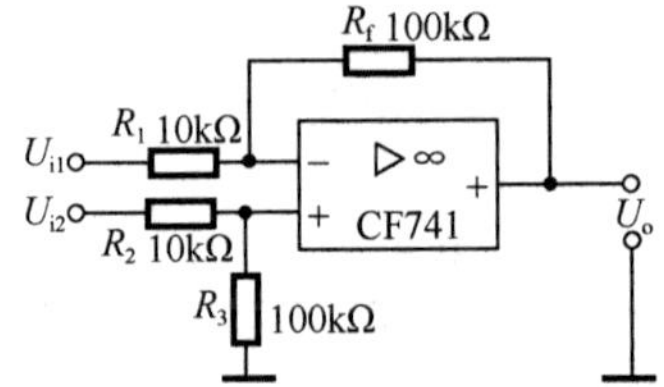

图 4-39　减法器电路

表 4-13　减法器电路输出电压值记录表

输入电压 U_{i1}		+0.2V	−0.2V	+0.2V	+0.4V
输入电压 U_{i2}		+0.4V	+0.2V	−0.2V	−0.4V
输出电压 U_o	计算值 $U_o=(R_f/R_1)(U_{i2}-U_{i1})$				
	实测值				

想一想

1）运算放大器为什么要调零？为了不损坏集成运放，实验中应注意什么问题？（提示：解决“失调”问题，提高运算精度。“失调”现象是指运算放大器在零输入时输出不为零）

2）在反相加法器中，如 U_{i1} 和 U_{i2} 均采用直流信号，选定 $U_{i1}=-1V$，当考虑到运算放大器的最大输出幅度（±12V）时，$|U_{i1}|$ 的大小不应超过多少伏？

评一评

任务检测与评估

检测项目	评分标准	分值	学生自评	教师评估
任务知识内容	差分放大电路	了解集成运算放大器单元电路的组成形式及基本特性	10	
	集成运算放大器在线性电路中的应用	掌握集成运算放大器在线性系统中的应用电路结构及特点	40	

续表

检测项目	评分标准		分值	学生自评	教师评估
任务操作技能	根据实际条件选择	基本运算电路(实验)	能正确利用材料和设备完成实验,并得出正确的结论	20	
		基本运算电路(仿真)	能正确调试仿真电路,并得出正确结论	20	
	安全操作		安全用电,按章操作,遵守实训室管理制度	5	
	现场管理		按6S企业管理体系要求,进行现场管理	5	

任务二　集成运算放大器在波形发生方面的应用

- 掌握集成运算放大器在线性系统中的应用；
- 理解集成运算放大器在低频正弦波信号产生电路中的作用。

任务教学方式

教学步骤	时间安排	教学手段及方式
阅读教材	课余	学生自学、查资料、相互讨论
知识点讲授	2课时	讲解集成运算放大器构成的RC振荡器时,可结合前面所学的由分立元件组成RC正弦波振荡器的知识,来进行电路结构比较
实践操作	2课时	引导学生学会结合仿真得到数据,小组相互讨论并得出正确结论,同时强调仿真过程中的注意事项
评估检测	与课堂教学同步进行	教师与学生共同完成任务的检测与评估,并能对出现的问题进行分析与处理

知识　产生低频正弦波信号的电路

在自动化设备和系统中，经常需要进行性能的测试和信息的传送，这些都离不开用一定的波形作为测试和传送的依据。在模拟系统中，常用的波形有正弦波、矩形波（方波）和锯齿波等。

当集成运算放大器应用于产生上述不同类型的波形时，其工作状态并不相同。通常在产生正弦波的电路中，集成运算放大器可以作为放大环节，再配以一定的选频网络等，即可产生正弦波振荡，所以其中的运算放大器基本上工作在线性区。但是，对于产生矩形波或锯齿波的电路，它们实质上是脉冲电路，其中的运算放大器作为一个开关器件，输出电压只有两种状态，因此，它们大都工作在非线性区。

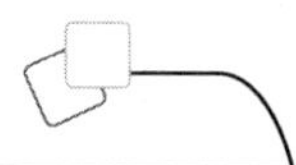

集成运算放大器可以应用于振荡电路。图 4-40 所示为采用集成运算放大器的 1kHz 文氏桥式 RC 正弦波振荡器，R_1、C_1 和 R_2、C_2 构成正反馈回路，并具有选频作用，使电路产生单一频率的振荡。R_3、R_4、R_5 等构成负反馈回路，以控制集成运放 IC 的闭环增益，并利用并联在 R_5 上的二极管 VD_1、VD_2 的箝位作用进一步稳定振幅。电路谐振中心频率 $f_o=\frac{1}{2\pi R_1C_1}$。

当 u_o 幅值很小时，二极管 VD_1、VD_2 接近于开路，由 VD_1、VD_2 和 R_5 组成的并联支路的等效电阻 R'_5 近似为 10kΩ，$A_{uf}=(R_4+R_3+R'_5)/R_3\approx3.5>3$，有利于起振；反之，当 u_o 的幅值较大时，VD_1 或 VD_2 导通，由 R_5、VD_1 和 VD_2 组成的并联电路的等效电阻减小，A_{uf} 随之下降，u_o 幅值趋于稳定。

为了使所产生的正弦波尽可能纯正，在保证满足振荡条件（运算放大器的同相放大倍数 $A_{uf}>3$）的前提下，运算放大器的放大倍数 A_{uf} 要尽可能小，在实际应用中，一般取 $R_4+R'_5$（作负反馈电阻）的值略大于 $2R_3$。

在图 4-41 中，由三节 RC 高通电路组成的反馈网络（兼选频网络），其最大相移可接近 270°，因此有可能在特定频率 f_o 下移相 180°，即 $\varphi_f=180°$。考虑到放大电路产生的相移（运算放大器的输出与反相输入端比较）$\varphi_a=180°$，则有 $\varphi_a+\varphi_f=360°$ 或 0°。显然，只要适当调节 R_f 的值，使 A_{uf} 适当，就可同时满足相位和振幅条件，产生正弦波信号。

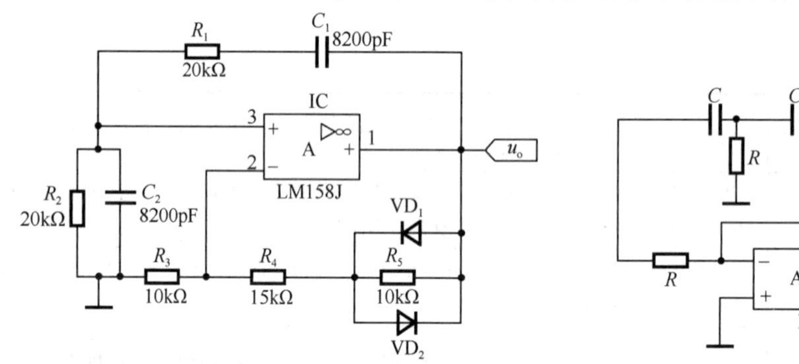

图 4-40　集成运放构成的 RC 振荡电路　　图 4-41　移相式 RC 振荡器

可以证明，这种振荡电路的振荡频率 $f_o=1/(2\pi\sqrt{6}RC)$。

在图 4-42 电路中，为起稳幅作用，R_f 应选用正温度系数还是负温度系数的电阻器？

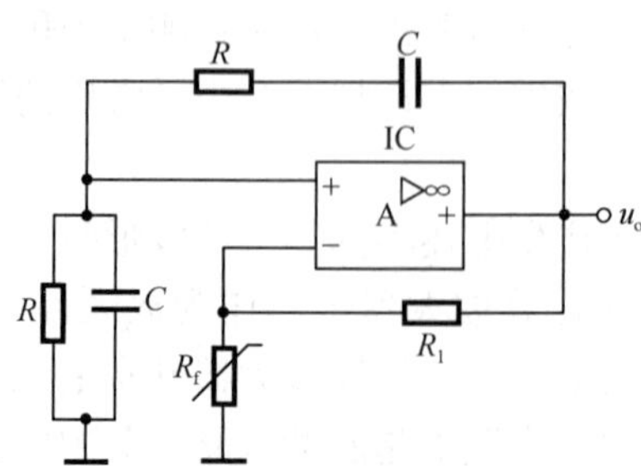

图 4-42　RC 振荡器

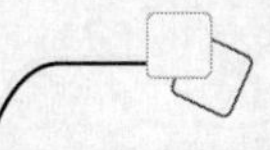

实训 运算放大器构成的 RC 振荡器的仿真测试

仿真目的

通过仿真测试，了解并熟悉集成运算放大器非线性应用电路的构成与工作原理。

仿真步骤及操作

1. 创建由集成运算放大器构成的 RC 串并联振荡电路

电路中各元器件参数如图 4-43 所示，集成运算放大器采用 LM318D。

2. RC 串并联振荡电路仿真测试

按快捷键 F5 或单击仿真开关 或单击仿真按钮（下同），双击示波器，打开示波器面板，将各项参数调整到合适的位置，至出现如图 4-44 所示的振荡输出波形。

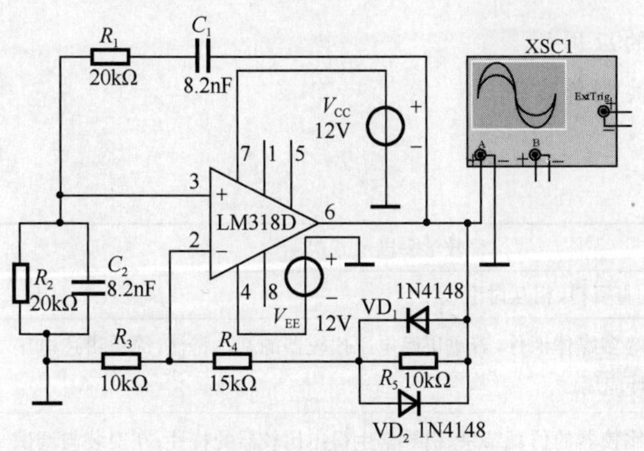

图 4-43 LM318 构成的振荡器

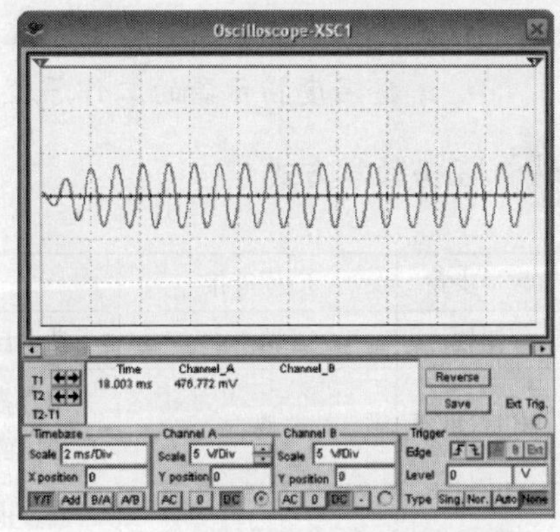

图 4-44 示波器检测到的输出波形

仿真结果及分析

由图 4-44 可见，振荡先是渐渐建立（只有通过 EWB 仿真软件才看得出来，因为建立振荡的过程时间很短暂），随后波形实现稳定输出。

在上述仿真结果的基础上，试着改变 R_3 或 R_4 的值，看波形有何变化。

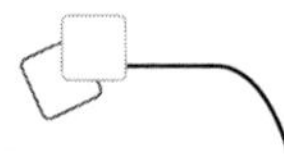

任务检测与评估

检测项目		评分标准	分值	学生自评	教师评估
任务知识内容	集成运算放大器在线性电路中的应用	了解集成运算放大器在正弦波振荡电路中的应用	40		
任务操作技能	RC 正弦波振荡器（仿真）	能正确调试仿真电路，并能根据要求得出正确结论	50		
	安全操作	安全用电，按章操作，遵守实训室管理制度	5		
	现场管理	按 6S 企业管理体系要求，进行现场管理	5		

任务三 集成运算放大器在信号处理方面的应用

- 熟悉电压比较器在线性系统中的应用；
- 掌握温度指示器的工作原理及其制作方法。

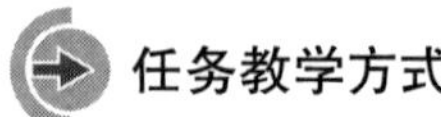

教学步骤	时间安排	教学手段及方式
阅读教材	课余	学生自学、查资料、相互讨论
知识点讲授	4 课时	结合投影等多媒体课件，着重讲解电压比较器的基本特性；简单讲述电压比较器的开环应用
实践操作	8 课时	通过电压比较器的仿真结果，引导学生得出比较器的特性；在安装与调试温度指示器时，注意产品安装工艺要求
评估检测	与课堂教学同步进行	教师与学生共同完成任务的检测与评估，并能对出现的问题进行分析与处理

知识 1 信号频率的有源滤波

在自动化系统中，经常需要进行诸如信号的滤波、信号的采样和保持、信号幅度的比较和信号幅度的选择等方面的信号处理。例如，在各种有源滤波和采样保持电路中，运算放大器一般工作在线性区，而在信号幅度的比较和选择电路中，运算放大器常常工作在非线性区。

滤波器或滤波电路是一种能使某一部分频率比较顺利地通过而另一部分频率受到较大衰减的装置，常用在信息处理、数据的传送和干扰的抑制等方面。滤波器以往主要由无源元件 R、L、C 组成。

由集成运算放大器和 R、C 组成的有源滤波电路，具有不用电感、体积小、重量轻等特点。另外，由于集成运算放大器的开环电压增益和输入阻抗均很高，输出阻抗又较低，因此构成有源滤波电路还具有一定的电压放大和缓冲作用。用集成运算放大器可方便地构成有源滤波器，包括低通滤波器、高通滤波器、带通滤波器等。

由于集成运算放大器的带宽有限，目前有源滤波电路的工作频率难以做得很高。信号频率的有源滤波器电路如图 4-45 所示。

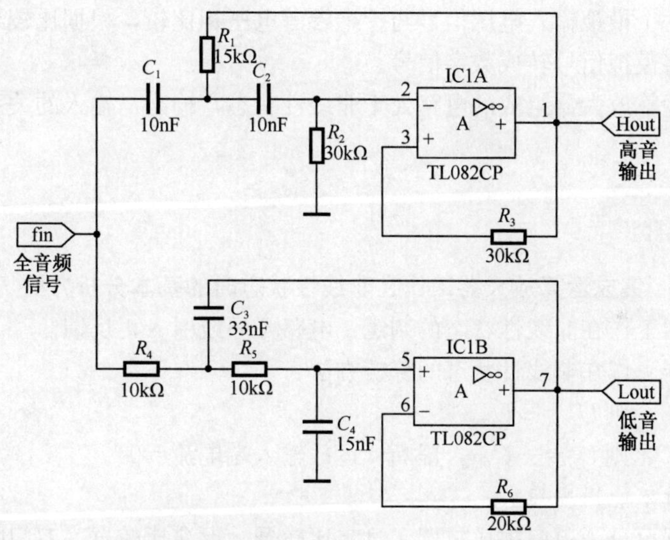

图 4-45 用集成运算放大器构成的有源滤波器

图 4-45 所示为前级二分频电路，用在音频信号处理电路中。由 C_1、R_1 和 C_2、R_2 构成二级 RC 高通滤波电路，而由 R_4、C_3 以及 R_5、C_4 构成二级低通滤波器。这样，集成运放 IC1A 等构成二阶高通滤波器，IC1B 等构成二阶低通滤波器。该电路将由前置放大器送来的全音频信号分频后，分别送入两个功率放大器，然后分别推动高音扬声器和低音扬声器。单阶滤波电路如图 4-46 所示。

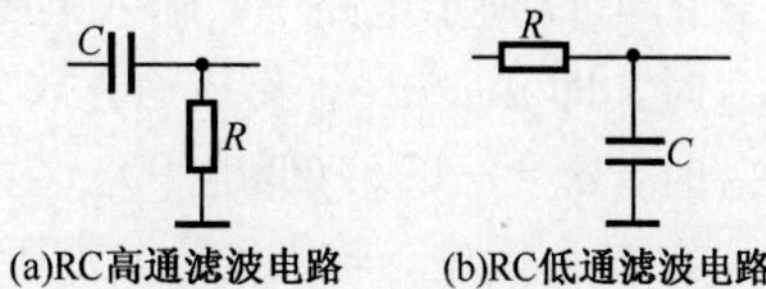

图 4-46 单阶滤波电路

集成运算放大器还可以用于精密整流电路，由于集成运算放大器的高增益和高输入阻抗，消除了整流二极管的非线性影响，提高了测量精度。

想一想

1）什么叫有源滤波电路和无源滤波电路？通常由哪些元器件可构成有源滤波器？

2）为何有源滤波器在音频领域中能够得到广泛应用？

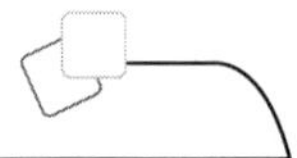

知识 2　信号幅度的比较电路

在模拟电路中，电压比较器是常用的集成电路之一，如用作越限报警、数模转换及非正弦波的产生和变换。其特性与运算放大器有许多共同之处，许多高性能的运算放大器可以用作电压比较器。

电压比较器，简称比较器，实际上是一个高增益、宽频带放大器，其符号与运算放大器符号一样。它与运算放大器的主要区别在于比较器的输出电压为两个离散值，通常称为高/低电平，相当于数字电路中的逻辑“1”和“0”。

功能：将一个模拟输入电压信号与一个参考电压相比较，根据比较结果，输出一定的高低电平。将模拟信号转成数字信号。

构成：由运算放大器组成的电路处于非线性状态，输出与输入的关系 $u_o=f(u_i)$ 是非线性函数。

集成运算放大器工作在非线性状态时的基本分析方法

运算放大器工作在非线性状态的判定：电路开环或引入正反馈。

运算放大器工作在非线性状态的分析方法：

若 $U_+>U_-$，则 $U_o=+U_{om}$；

若 $U_+<U_-$，则 $U_o=-U_{om}$，虚断（运放输入端电流=0）。

注意：此时不能用虚短！

电压比较器可分为单门限比较器、过零比较器、迟滞比较器、双门限比较器。

1. 电压比较器的开环应用——单门限比较器（与参考电压比较）

只有一个门限电平的比较器称为单门限比较器。当输入电压 u_i 等于门限电平（U_{REF}）时，输出电压发生跳变。

图 4-47 所示电路中，输入电压 u_i 加在同相端，参考电压 U_{REF} 置于反相端。当 $u_i>U_{REF}$ 时，即 $u_+>u_-$，集成运算放大器正向饱和，比较器 $u_o=+U_{om}$（高电平）；当 $u_i<U_{REF}$ 时，$u_o=-U_{om}$（低电平）。

在图 4-48 中，输入电压 u_i 加于反相端，参考电压 U_{REF}（设为正值）加在同相端。当 $u_i<U_{REF}$ 时，即 $u_-<u_+$，比较器 $u_o=+U_{om}$；当 $u_i>U_{REF}$ 时，即 $u_->u_+$，比较器 $u_o=-U_{om}$。

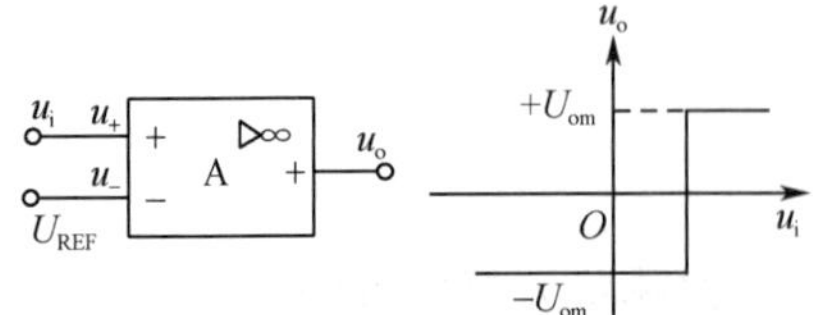

图 4-47　若 u_i 从同相端输入时符号及传输特性

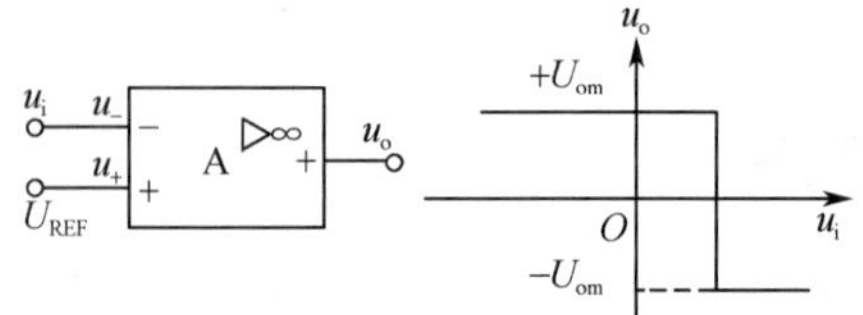

图 4-48　若 u_i 从反相端输入时符号及传输特性

单门限电压比较器虽然有电路简单、灵敏度高等特点，但其抗干扰能力差。

2. 电压比较器的开环应用——过零比较器（门限电平=0）

在图 4-49 电路中，输入信号加在反相输入端，同相端接“地”。相当于同相端加了参考电压为“零”的值。此时，参考电压 $U_{REF}=0$。过零比较器门限电平为零，也属于单门限比较器（只是电平为零的单门限比较器）。

该电路可作为零电平检测器，也可用于“整形”，将不规则的输入波形整形成规则的矩形波。例如，利用电压比较器（过零比较器）将正弦波变为方波，如图 4-50 所示。

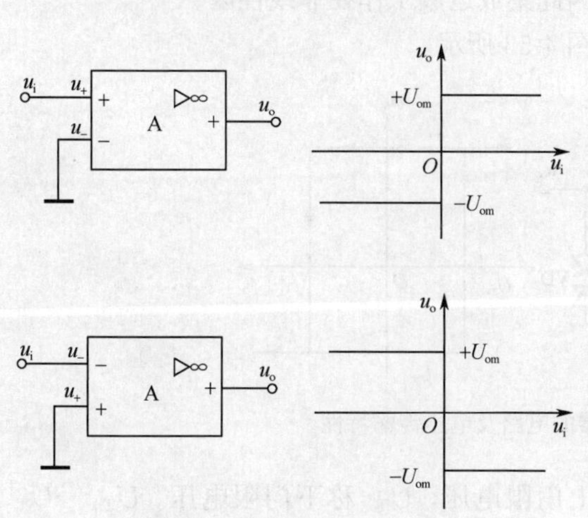

图 4-49　过零比较器　　图 4-50　利用过零比较器将正弦波变为方波

3. 限幅电路——使输出电压为一稳定的确定值

在实际应用中，为了得到所需要的输出电压，经常在比较器的输出端加稳压管，称之为限幅电路。假设两个背靠背的稳压管中任一个被反向击穿而另一个稳压管正向导通时，两个稳压管两端总的稳定电压均为 U_Z，而且集成运放的最大输出电压大于 U_Z。

在图 4-51 电路中，当 $u_i>0$ 时，$u_o=+U_Z$（U_Z 为稳压管 VD_Z 的稳压值，U_D 为稳压管正向导通电压值）；当 $u_i<0$ 时，$u_o=-U_Z$。

稳幅电路的另一种形式——将双向稳压管接在负反馈回路中，如图 4-52 所示。当 $u_i<0$ 时，集成运放输出正电压，使左边一个稳压管击穿，于是引入一个深度负反馈，则集成运放的反相输入端“虚地”，故 $u_o=+U_Z$。若 $u_i>0$，则右边一个稳压管击穿，$u_o=-U_Z$。

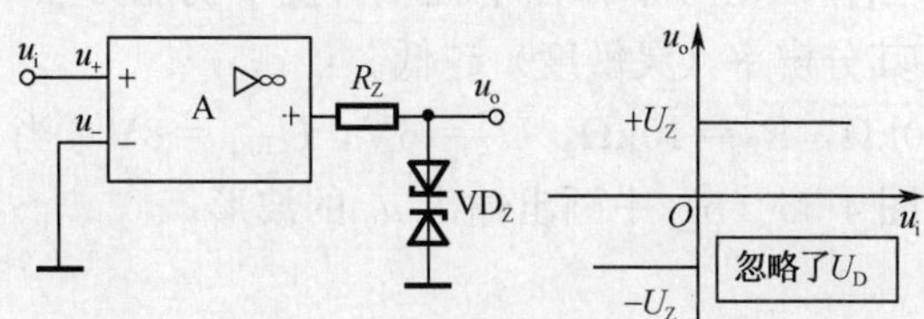

图 4-51　比较器输出限幅电路一

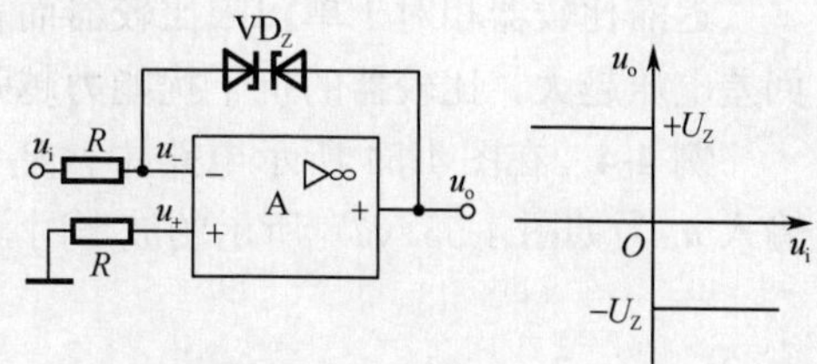

图 4-52　比较器输出限幅电路二

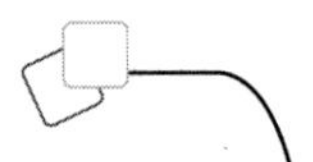

图 4-51 和图 4-52 中两个过零比较器的区别在于，图 4-51 中的集成运放处于开环状态，工作于非线性区。而图 4-52 中的集成运放当稳压管反向击穿时引入一个深度负反馈，因此工作在线性区。

*4. 迟滞比较器

在单门限比较器中，输入电压在门限电压附近的任何微小变化，都将引起输出电压的变化，产生跃变，这种微小变化有可能来自外部干扰。因此，单门限比较器抗干扰能力很差。

迟滞比较器由于电路中使用正反馈，因此集成运放工作在非线性区。

迟滞比较器的电路及电压传输特性如图 4-53 所示。

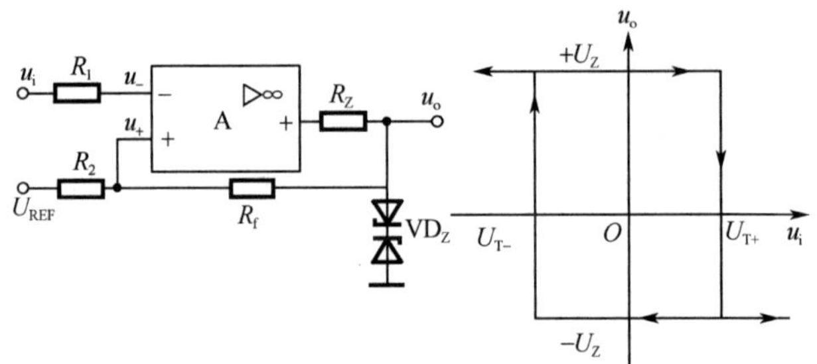

图 4-53　迟滞比较器的电路及电压传输特性

工作原理：有两个门限电压。U_{T+} 称上门限电压，U_{T-} 称下门限电压。$U_{T+}-U_{T-}$ 称为回差电压。

由电路结构可知，
$$u_+=\frac{R_f}{R_2+R_f}U_{REF}+\frac{R_2}{R_2+R_f}u_o$$

1）当 $u_o=+U_Z$ 时。设初始值 $u_o=+U_Z$，$u_+=U_{T+}$；假设 u_i 升高，当 $u_i \geqslant U_{T+}$ 时，u_o 从 $+U_Z \to -U_Z$。

$$u_+=U_{T+}=\frac{R_2}{R_f+R_2}U_Z+\frac{R_f}{R_f+R_2}U_{REF}$$

2）当 $u_o=-U_Z$ 时。这时，$u_o=-U_Z$，$u_+=U_{T-}$；假设 u_i 下降，当 $u_i \leqslant U_{T-}$ 时，u_o 从 $-U_Z \to +U_Z$。

$$u_+=U_{T-}=-\frac{R_2}{R_2+R_f}U_Z+\frac{R_f}{R_2+R_f}U_{REF}$$

迟滞比较器相对于单门限比较器而言，当输入信号中存在干扰时，抗干扰能力强。回差电压越大，比较器的抗干扰能力越强，其分辨率（灵敏度）越低。

例 4-4　在图 4-54 所示电路中，$R_f=10\text{k}\Omega$，$R_2=10\text{k}\Omega$，$U_Z=6\text{V}$，$U_{REF}=8\text{V}$。当输入 u_i 为如图 4-55（a）所示的波形时，在图 4-55（b）中画出输出 u_o 的波形。

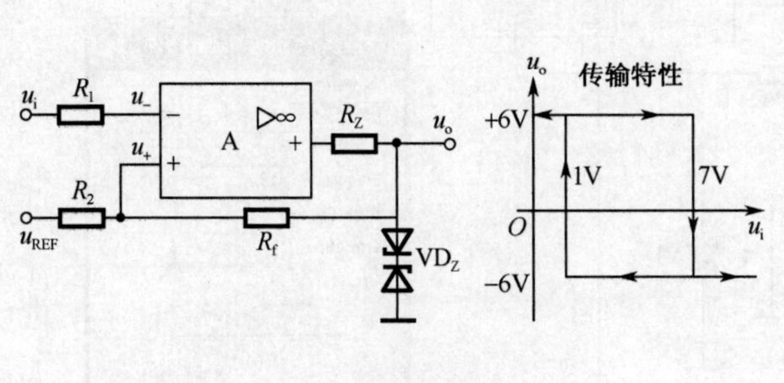

图 4-54　例 4-4 题图及传输特性

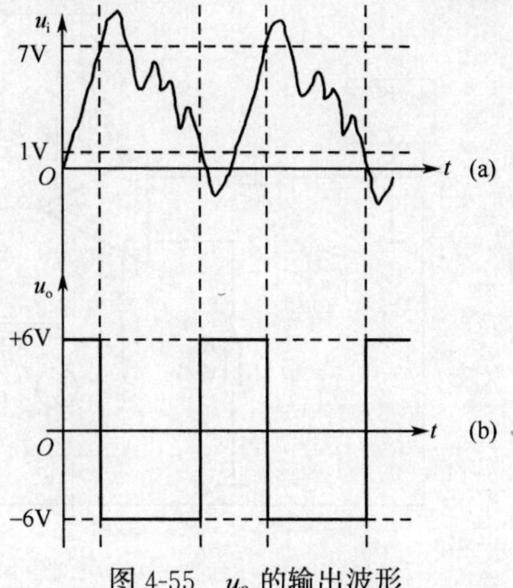

图 4-55　u_o 的输出波形

解：上下门限电压求解如下：

$$U_{T+}=\frac{R_2}{R_f+R_2}U_Z+\frac{R_f}{R_f+R_2}U_R=7V$$

$$U_{T-}=-\frac{R_2}{R_f+R_2}U_Z+\frac{R_f}{R_f+R_2}U_R=1V$$

电压比较器的主要性能参数有鉴别灵敏度、响应速度和带负载能力等。

想一想

什么是电压比较器？它与一般放大电路有何不同？

做一做

实训 1　运算放大器构成的信号幅度比较电路的分析与测试

仿真目的

通过仿真测试，了解和熟悉集成运算放大器非线性应用电路的构成与工作原理。

仿真步骤及操作

1）电压比较器仿真电路如图 4-56 所示。函数信号发生器输出 $1V_{P-P}$、1kHz 的正弦信号，用示波器观察比较器输入和输出波形。根据电路结构，该电路输出两个跳变的值（＋5.7V、－5.6V），如图 4-57 所示。

2）反向迟滞比较器仿真电路如图 4-58 所示。函数信号发生器输出 1V、1kHz 的正弦信号，用示波器观察比较器输入和输出波形，如图 4-59 所示。

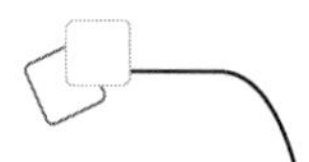

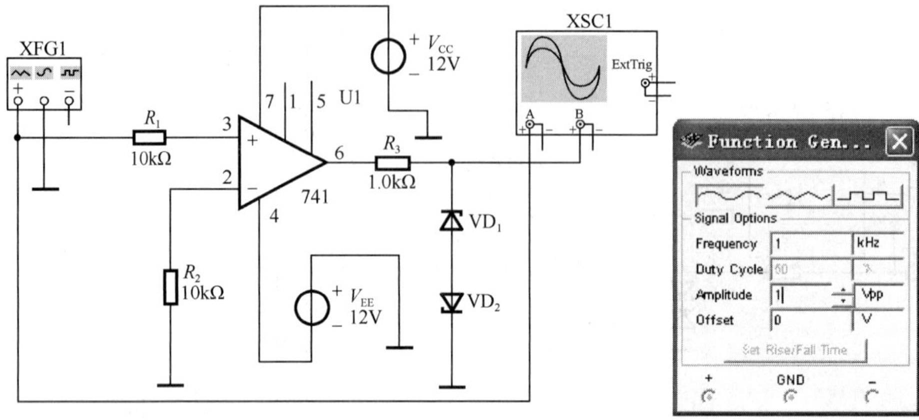

图 4-56　电压比较器仿真电路

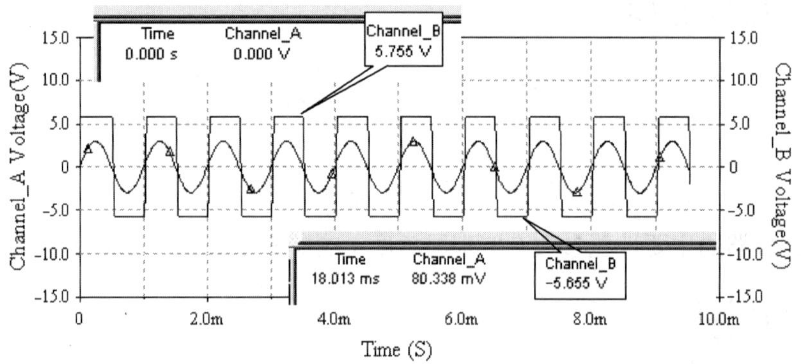

图 4-57　电压比较器仿真结果

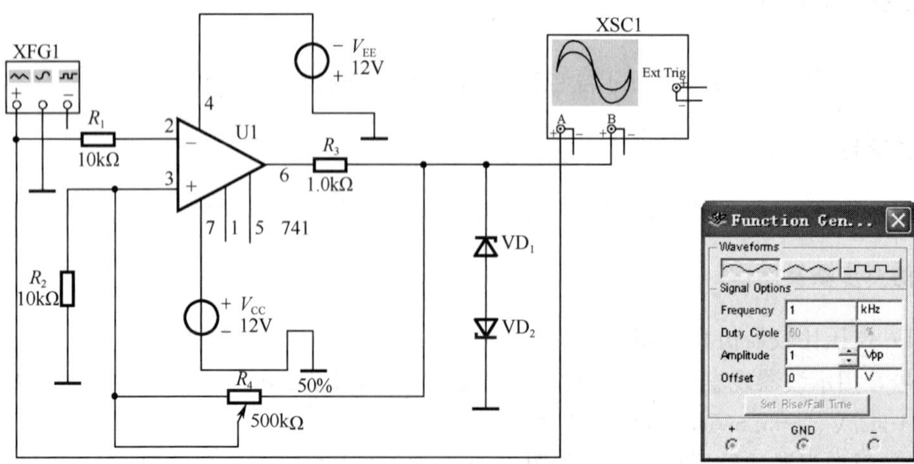

图 4-58　反向迟滞比较器仿真电路

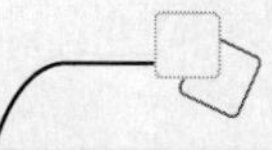

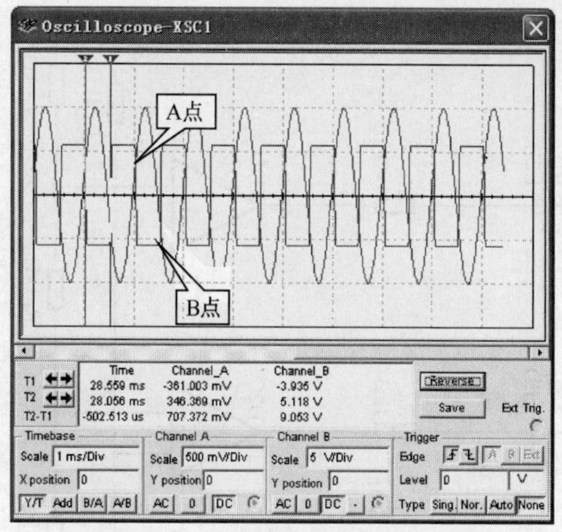

图 4-59　反向迟滞比较器仿真波形

结论：对图 4-59 分析表明，输入电压（正弦波）上升到 A 点时，电路翻转到低电平；当输入电压下降到 B 点时，电路再次翻转输出高电平。

调整 R_4（电位器），可以改变滞回点。

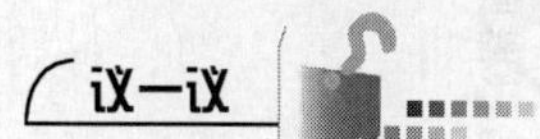

议一议

更换 R_1、R_2、VD_1、VD_2 等，电路结果会如何？

做一做

实训 2　温度指示器的制作与调试

制作目的

进一步熟悉电压比较器的基本特性；理解温度指示器的工作原理。

制作所需器材

仪表与工具：万用表、螺钉旋具、偏口钳、尖嘴钳、镊子、电烙铁及烙铁架等。温度指示器所需元器件清单见表 4-14。

制作步骤及操作

1. 原理

图 4-60 所示为温度指示器原理图。图中，由 2 片 LM324 构成 8 个电压比较器，当运放 V_+ 端电压高于 V_- 端电压时，输出高电平，指示灯（发光二极管）亮。R_{19} 为负温度系数热敏电阻器（实际在制作时用光敏二极管替代），温度升高，阻值变小。调节 R_1 电位器可使指示灯在规定温度下只亮一只。R_2～R_9 为分压电阻器。

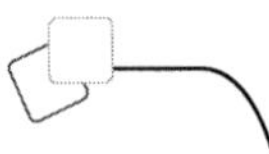

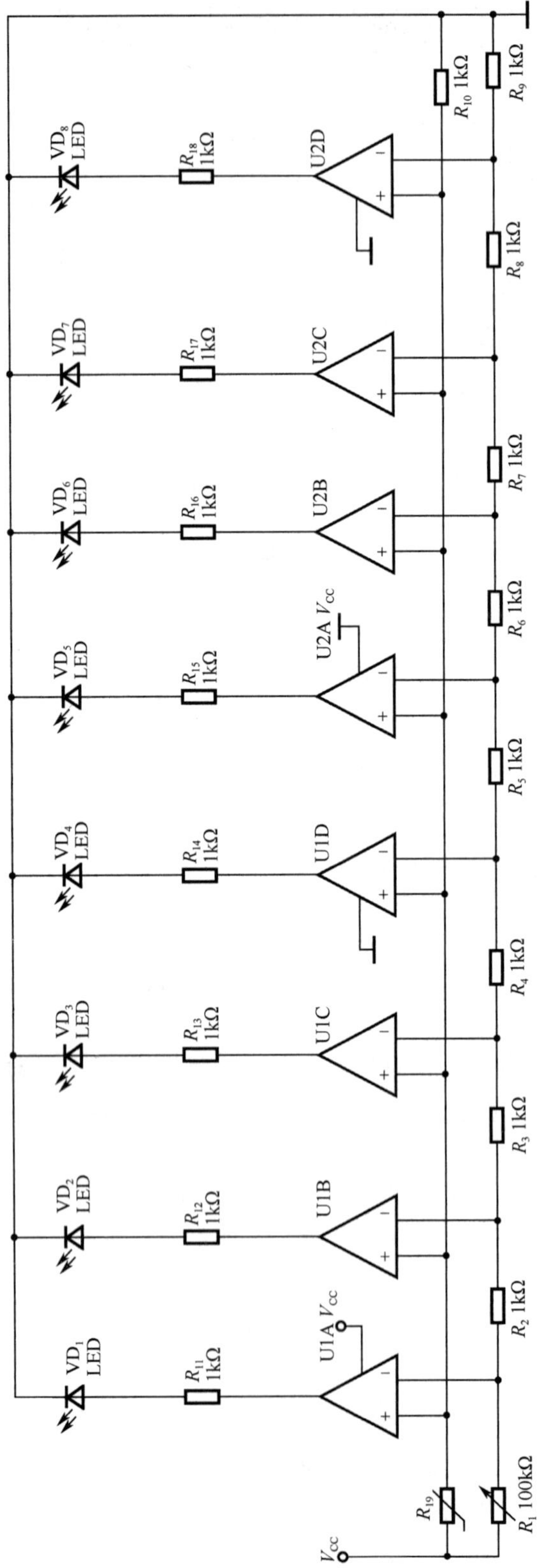

图4-60 LM324温度指示器原理图

表 4-14　温度指示器所需元器件清单

序号	元器件符号	名称、规格描述	数量	备注
1	R_1	碳膜电阻器 100kΩ 1/4W J	1	电位器
2	R_2～R_{18}	碳膜电阻器 1kΩ 1/4W J	17	
3	VD_1～VD_8	LED-red(红色)	8	VD_1 可用绿色
4	R_{19}	NTC 热敏电阻器	1	圆柱形状，与普通二极管外形相似
5	U1、U2	LM324N	2 片	

2. 器件介绍

LM324 是低功耗四运算放大器。它内部设有频率补偿和偏置电路温度补偿，具有增益高的特点，既可使用单电源供电（直流 3～30V 电压），也可以使用双电源供电（直流±1.5～15V）。它的工作电流小（800μA），并且和电源的高低无关。

用 LM324 可组成高精度的交流放大器、直流放大器、有源滤波器和电平开关比较器等。

3. 步骤及内容

检查温度指示器套件内元器件的数量和参数，用万用表检测电容、发光二极管等元器件质量。

按照装配工艺的要求插接元器件，并参照温度指示器线路板（PCB）接线图（图 4-61）在万能板（长×宽为 6cm×6cm）上布置元器件。仔细检查后，进行焊接。图 4-61 中，J1～J4 为跳线。

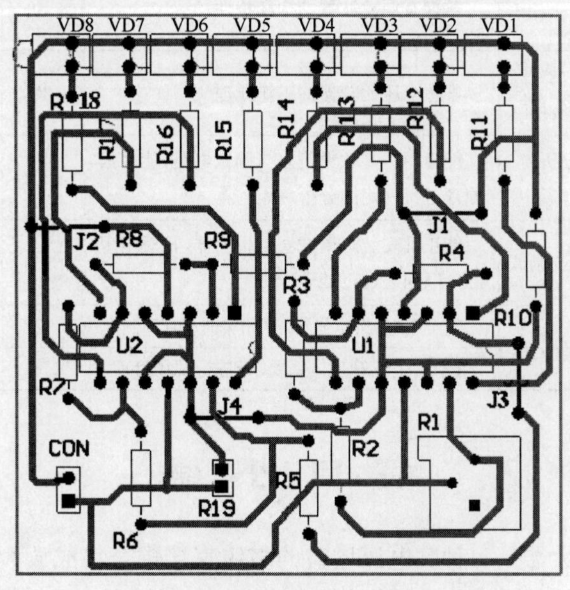

图 4-61　温度指示器线路板（PCB）接线图

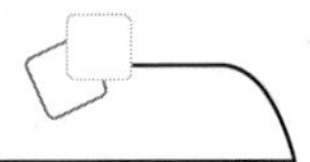

检查完焊接质量后，用 12V 电源供电。调节 R_1，使温度指示器在常温（一般为 25℃）下，只是 VD_1 发光。温度指示器实物外形如图 4-62 所示。

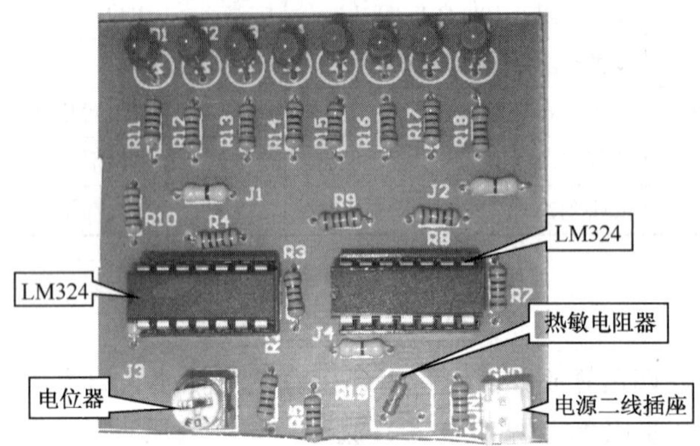

图 4-62　温度指示器实物外形

操作的结果及分析

通过发光二极管点亮数量的多少来反映温度的高低，虽然不能直接显示温度，但多少也能反映出温度的变化。本电路主要有耗电低、工作可靠性较高的特点，只是灵敏度稍差。

任务检测与评估

检测项目		评分标准	分值	学生自评	教师评估
任务知识内容	集成运算放大器构成的有源滤波器	掌握有源滤波器结构和特性	10		
	了解集成运算放大器在幅值比较方面的应用	掌握电压比较器的工作原理	20		
任务操作技能	幅度比较电路的分析与测试(仿真)	能运用仿真软件建立与调试电路，能根据原理进行一定的分析	20		
	温度指示器的制作与调试	能正确安装与调试温度指示器，且对出现的一般问题进行处理	40		
	安全操作	安全用电，按章操作，遵守实训室管理制度	5		
	现场管理	按 6S 企业管理体系要求，进行现场管理	5		

项 目 小 结

1）集成运算放大器是一种高电压增益的多级直接耦合集成放大电路，内部主要由差分输入级、中间共射放大级、互补对称式输出级（射随器）及电流源电路组成。

2）恒流源电路和差分放大器是集成运算放大器的基本单元电路。恒流源电路的直

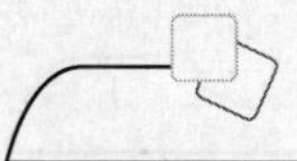

流电阻小，交流电阻大，可以构成偏置电路或作为有源负载。由于两个对称放大器的漂移可视为共模信号，因而，差分放大器能有效地克服零点漂移，因此广泛应用于模拟集成电路中。

3）差分放大器由两个对称放大器经公共电阻器或电流源耦合而成，因而有两个输入端和两个相位相反的输出端。差分放大器只放大两输入端的差模信号，而抑制两输入端的共模信号（即和信号的一半）。

4）集成运算放大器按输入信号的接入方式不同可组成比例放大器和差分放大器。集成运算放大器的应用范围极为广泛，本项目介绍了常用的几种信号运算电路（加法器、减法器、电压跟随器、反相器）的电路形式及输出与输入信号的关系。

5）比较器是一种能够比较两个模拟量大小的电路。迟滞比较器具有回差特性。它们是运算放大器非线性工作状态的典型应用。

思考与练习

一、填空题

1. 由于温度等外界因素的变化引起放大电路__________的变化是产生零点漂移的主要原因。

2. 在差分放大器中，大小相等、极性一致的两个输入信号为__________信号；大小相等、极性相反的两个信号为__________信号。__________信号为有用的信号，而设法抑制的是__________信号。

3. 集成运算放大器的内部主要由__________、__________、__________和偏置电路 4 部分组成。

4. 理想集成运算放大器的开环电压放大倍数为__________，开环差模输入电阻为__________，输出电阻为__________，共模抑制比为__________。

5. 集成运算放大器的输入方式有__________输入、__________输入和__________ 3 种方式。

6. 集成运算放大器工作在线性放大状态时，都接成__________反馈。理想集成运放工作在线性区的两个特点是__________和__________。

7. 电压比较器的输出只有两种状态，不论是“1”还是“0”，电压比较器均工作在__________状态。

8. 电压比较器可分为__________比较器、__________比较器、__________比较器和双门限比较器。

二、选择题

1. 差分放大电路是利用（　　）来抑制“零漂”的。

A. 引入负反馈

B. 电路的对称性

C. 发射极电阻器对共模信号的抑制作用

D. 电路的对称性和发射极电阻器对共模信号的抑制作用

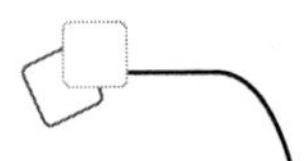

2. 若差分放大器由双端输入变为单端输入后，其差模放大倍数（　　）。

A. 保持不变　　B. 增加到原来的两倍

C. 减少到原来的一半　　D. 无法确定

3. 在反相比例运算放大器中的反馈类型是（　　）负反馈。

A. 电压串联　　B. 电压并联　　C. 电流串联　　D. 电流并联

4. 集成运算放大器组成的电压跟随器的输出电压 u_o=（　　）。

A. u_i　　B. 0　　C. 1　　D. A_V

5. 图 4-63 所示，u_1=1V，u_2=2V，则 u_o=（　　）V。

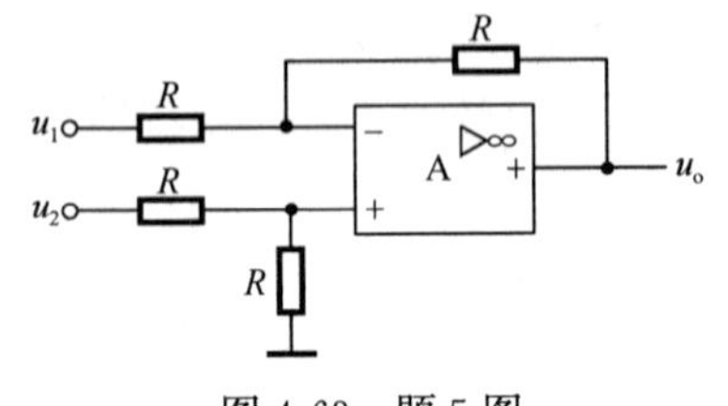

图 4-63　题 5 图

A. −1　　B. 1

C. 0　　D. 3

6. 由集成运算放大器组成的电压比较器，其运放电路必然处于（　　）状态。

A. 自激振荡　　B. 开环或负反馈

C. 开环或正反馈　　D. 负反馈

三、简答题和计算题

1. 理想运算放大器工作在线性区或非线性区时，各有什么特点？要使集成运算放大器工作在线性区域，应采取什么措施？（提示：必须引入深度负反馈）

2. 长尾式差分放大器的调零电位器 R_P、发射极电阻器 R_e、辅助电源 V_{EE} 在电路中各有什么作用？

3. 集成运算放大器最大输出电压为±12V，求下列情况下 U_o 的值。在图 4-64 中 R_1=10kΩ、R_f=390kΩ、U_i=0.2V。（1）电路正常；（2）R_1 虚焊而开路。

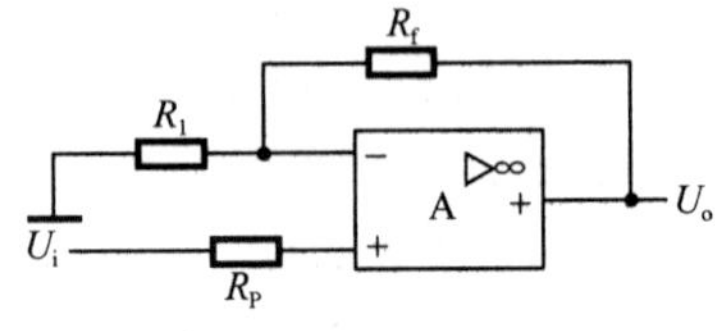

图 4-64　题 3 图

4. 在图 4-65 中，运算放大器为理想运算放大器，求电路 $A_u=u_o/u_i$=？（提示：A_1 为同相比例电路，输出为 u_{o1}；A_2 为反相比例电路，输出为 u_{o2}）。

5. 运用迭加原理计算图 4-66 电路的输出电压 U_o。

提示：$U_o=-R_f\left(\frac{U_{i1}}{R_1}+\frac{U_{i2}}{R_2}+\frac{U_{i3}}{R_3}\right)$

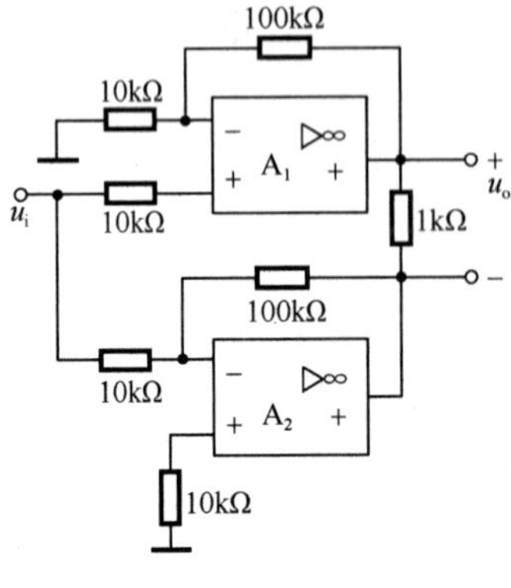

图 4-65　题 4 图

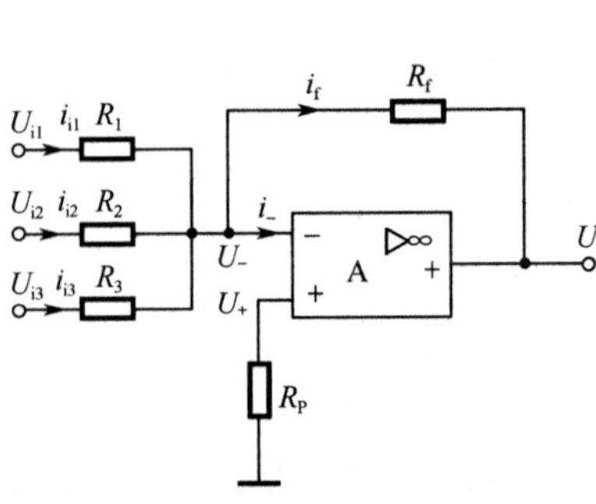

图 4-66　题 5 图

*6. 电压比较器电路如图 4-67 所示，若为理想运放，已知稳压管 VD_Z 稳压值 $U_Z=8V$，试画出其传输特性（不考虑 VD_Z 的正向压降）。

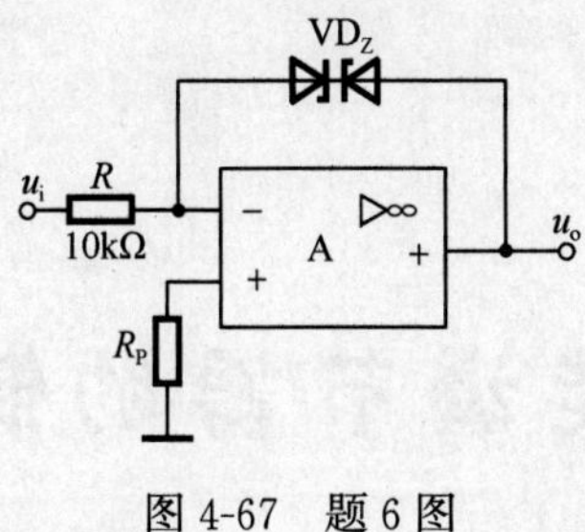

图 4-67　题 6 图

项目五

节能调节器的制作

节能调节器是一种利用晶闸管技术，将输入 220V 交流市电转换成输出电压可在交流 0～220V 范围内无级调节的控制器。该电路广泛应用于白炽灯调光、风扇（或电机）调速、电热毯调温等实用电子产品中，达到节能和交流调压的效果。

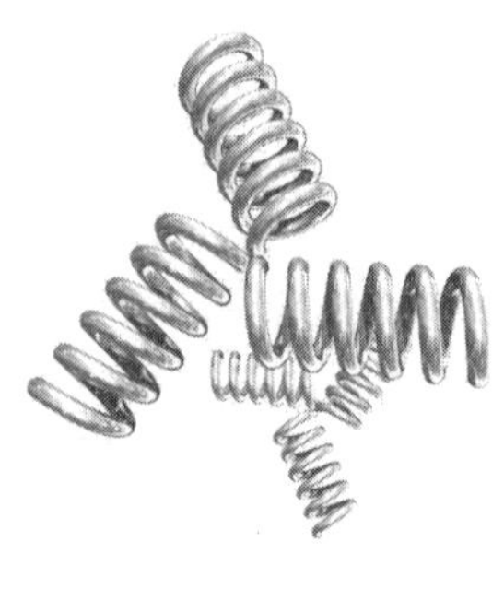

- 熟悉单向/双向晶闸管的图形与文字符号，了解其主要参数的含义；
- 掌握单向/双向晶闸管的导电特性和工作原理；
- 掌握单向/双向晶闸管的工作特性及其应用；
- 掌握单向晶闸管整流电路的结构和基本工作原理。

- 能识别典型单向/双向晶闸管的型号和引脚；
- 能用万用表判断与检测晶闸管的引脚和质量好坏（含触发能力判断）；
- 能用 Multisim 14.0 仿真软件对单向/双向晶闸管的典型应用电路进行仿真分析与调试；
- 能分析单向/双向晶闸管的实际应用电路，并能用万能板进行节能调节器的制作与调试。

任务一　台灯调光控制器的制作

任务目标

- 熟悉单相晶闸管的结构、符号和典型参数的含义；
- 掌握单向晶闸管的工作特性和工作原理；
- 掌握单向晶闸管的引脚识别和质量好坏判断方法；
- 能够分析单向晶闸管的典型应用电路（含触发电路）并能用仿真软件进行电路仿真与调试。

任务教学方式

教学步骤	时间安排	教学手段及方式
阅读教材	课余	自学、查资料、相互讨论
知识点讲授	6 课时	讲解单向晶闸管工作原理及导通与截止条件时，采用多媒体课件方式或在仿真软件中用投影演示；讲解单向晶闸管触发电路分析时，采用多媒体课件进行演示
任务操作	4 课时	用课堂演示和学生现场测试方式讲解单向晶闸管引脚识别和质量好坏判断方法；在多媒体机房用投影仪讲解仿真电路的组建和工作过程，学生在计算机上进行仿真功能实现与电路调试
评估检测	与课堂教学同步进行	教师与学生共同完成任务的检测与评估，并能对出现的问题进行分析与处理

知识 1　单向晶闸管的结构与符号

晶闸管俗称可控硅，是在硅二极管基础上发展起来的一种可用触发信号控制的整流半导体器件。它不仅具有硅整流器的特性，更重要的是它的工作过程可以控制，能以小功率信号去控制大功率系统，可作为强电与弱电的接口，是一种用途十分广泛的功率电子器件。由于它具有体积小、寿命长、效率高、反应速度快等优点，因此在自动控制领域得以广泛应用，如可控整流、交流调压、逆变、无触点开关、开关电源和保护电路等。晶闸管一般可分为单向晶闸管和双向晶闸管，它们虽然都是三端器件，但内部结构和工作性能都不相同。通常讲的晶闸管，在没有特别说明的情况下，均指单向晶闸管。

单向晶闸管的文字符号一般用 SCR、KG、CT、VT、VS 表示，本书中采用的文字符号为 VS。单向晶闸管的外形有小型塑封型（小功率）、平面型（中功率）和螺栓型（中、大功率）几种，如图 5-1 所示。平面型和螺栓型使用时应固定在散热器上。单向晶闸管有 3 个电极：阳极 A、阴极 K 和控制极 G。

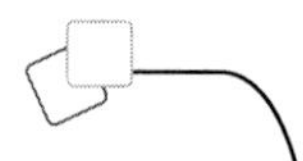

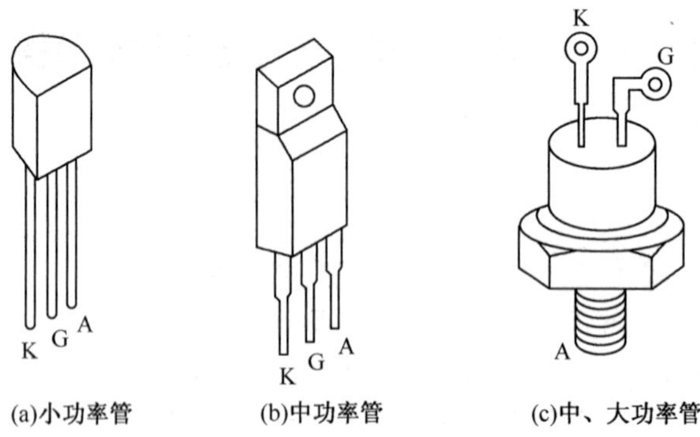

图 5-1　单向晶闸管外形

单向晶闸管的内部结构如图 5-2（a）所示，它是由 4 层半导体 P—N—P—N 叠合而成，形成 3 个 PN 结（J_1、J_2、J_3），由外层 P 型半导体引出阳极 A，由外层 N 型半导体引出阴极 K，由中间 P 型半导体引出控制极 G。我们在分析时可以把单向晶闸管等效成一个 PNP 型晶体管和一个 NPN 型晶体管组成的电路。图 5-2（b）所示为单向晶闸管的图形符号，是在二极管符号基础上加一个控制极，表示其特性相当于有控制端的单向导电性器件，而二极管则属无控制端的单向导电性器件。

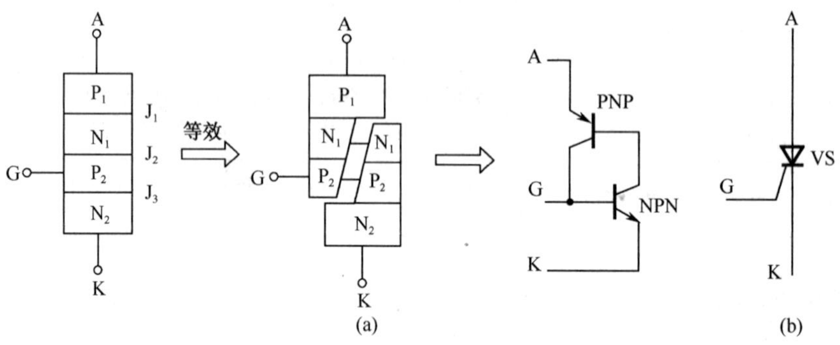

图 5-2　单向晶闸管内部结构和图形符号

想一想

1）单向晶闸管的外形与晶体管相似，两者结构和用途有什么不同？

2）单向晶闸管在使用时能否用一个 PNP 型和 NPN 型晶体管连接替代？

知识 2　单向晶闸管的触发特性和工作原理

1. 单向晶闸管的触发特性

验证单向晶闸管触发特性的实验电路如图 5-3 所示。图中 V_A 为阳极电压，V_G 为控

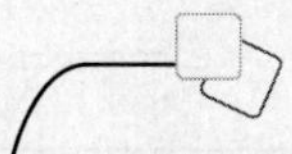

制极控制电压，且 $V_A \gg V_G$；S 为控制开关。图 5-3（a）中阳极电位高于阴极，V_A 称之为正向阳极电压，此时开关 S 断开，控制极不加电压，灯泡不亮，说明单向晶闸管不导通。图 5-3（b）中，单向晶闸管仍加正向阳极电压，开关 S 闭合，控制极与阴极间接正向电压 V_G，灯泡点亮，说明单向晶闸管导通。单向晶闸管导通后，断开开关 S，去掉控制极上的电压 V_G，灯泡继续亮，如图 5-3（c）所示。图 5-3（d）中，控制极加上负电压 V_G，阳极加正向电压，灯泡不亮，说明单向晶闸管不导通。另外，如果阳极加反向电压，即使控制极加正电压，单向晶闸管也不会导通。

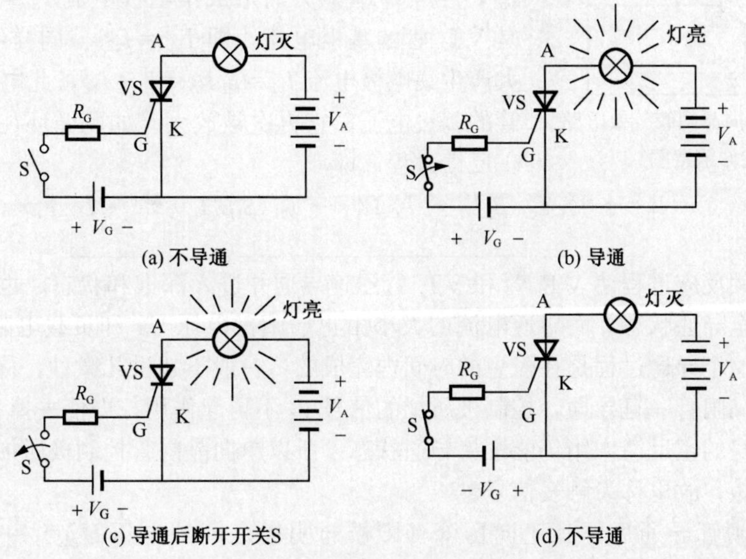

图 5-3　单向晶闸管触发特性实验电路

综上所述，单向晶闸管的触发特性可归纳如下。

1）单向晶闸管加上反向阳极电压，此时无论控制极加正向或反向电压，单向晶闸管均不导通。

2）单向晶闸管加上正向阳极电压，而控制极不加控制电压或加负电压，单向晶闸管仍不导通。

3）单向晶闸管加正向阳极电压，控制极加适当大小的正向控制电压，单向晶闸管导通（此二点为单向晶闸管导通的必备条件）。

4）单向晶闸管一旦导通，控制极便失去控制作用，即使控制电压消失，单向晶闸管仍能保持导通。所以控制电压通常以脉冲的形式出现，故称为触发电压。

5）如要使已经导通的单向晶闸管关断，必须把阳极电压切除或反向，或使单向晶闸管的阳极电流降至“维持电流”以下。

单向晶闸管的上述工作特点，可以看成为一个具有单向导电作用的硅晶体闸流二极管，这就是“晶闸管”一词的含义。

电路分析时，通常把由阳极电源 V_A 和单向晶闸管及负载（灯泡）组成的大电流回路称为主回路；由控制电源 V_G 和开关 S 及单向晶闸管控制极与阴极之间的回路称为触

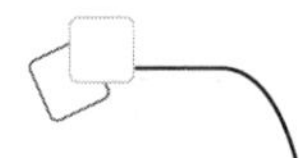

发电路。在分析任何复杂的单向晶闸管电路时，都少不了这两个基本部分，只是组成电路的形式不同而已。

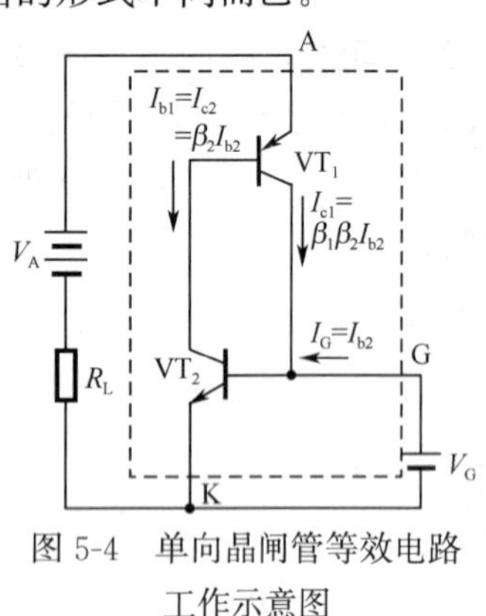

图 5-4　单向晶闸管等效电路工作示意图

2. 单向晶闸管的工作原理

在单向晶闸管的阳极和阴极之间加正向电压 V_A，在控制极和阴极之间加正向电压 V_G，并提供一定的控制电流 I_G，如图 5-4 所示。这样 I_G 就是 VT_2 管的基极电流 I_{b2}，经 VT_2 管放大后形成集电极电流 $I_{c2}\approx\beta_2 I_{b2}$；它又是 VT_1 管的基极电流，即 $I_{b1}=I_{c2}$,，同样经 VT_1 管放大产生集电极电流 $I_{c1}=\beta_1 I_{b1}=\beta_1\beta_2 I_{b2}$，此电流又是 VT_2 管的基极电流，它再次被放大。如此循环往复，形成了正反馈过程，即

$$I_G(I_{b2})\uparrow \rightarrow I_{c2}(\beta_2 I_G = I_{b1})\uparrow \rightarrow I_{c1}(\beta_1\beta_2 I_G)\uparrow \rightarrow I_{b2}\uparrow$$

这个连锁反应过程使 VT_1 管和 VT_2 管迅速导通并进入深饱和状态，也就是单向晶闸管处于完全导通状态，而导通电流的大小由正向阳极电压 V_A 和负载电阻器 R_L 的大小来决定。这个导通过程是在极短的时间内完成的，一般不超过几微秒，称为触发导通过程。单向晶闸管一旦导通，控制极所加的信号 V_G 不再起作用，即使去掉 V_G，单向晶闸管依靠自身的正反馈作用仍能维持导通状态。所以单向晶闸管控制极所加信号的作用时间可以很短，故也称为触发信号。

单向晶闸管导通后，其正向压降（阳极与阴极之间的电压 U_{AK}）一般为 0.6～1.2V 左右，而流过的电流称阳极电流，用 I_A 表示。但应注意：对于已经导通的单向晶闸管，如果因外电路负载电阻增大而使阳极电流 I_A 减小，一旦 I_A 低于某个确定的数值 I_H，单向晶闸管内部的正反馈过程就无法维持，单向晶闸管就会由导通变为阻断。因此称 I_H 为单向晶闸管要保持导通所必需的最小维持电流；如果导通的单向晶闸管其电源电压降到零（或切断电源），则 I_A 也降到零，此时单向晶闸管就会自行阻断。

显然，在正向阳极电压作用下，若不加控制极电压或控制极电压的极性反接，则虽然两只等效晶体管处于放大状态，但因为没有输入信号，单向晶闸管仍不会导通；如阳极电压反接，此时两只等效的晶体管处于反偏截止状态，不能对输入信号进行放大，此时无论有无控制极电压，单向晶闸管都不会导通。

想一想

1）单向晶闸管导通必备的两个条件是什么？

2）在哪些情况下导通的单向晶闸管才会进入截止状态？

3）单向晶闸管导通后，其正向压降 U_{AK} 一般为 0.6～1.2V，为什么？

4）根据单向晶闸管内部等效电路分析，为什么当单向晶闸管触发导通后即使断开控制极，单向晶闸管仍能维持导通状态？

单向晶闸管的使用常识

1. 单向晶闸管的主要参数

为了合理选择和正确使用单向晶闸管，对其主要参数应有所了解。选择单向晶闸管时所关心的主要参数如下。

1）正向转折电压 U_{BO}：控制极开路，加在器件上的正向阳极电压升高到使器件迅速成为导通的电压，称为正向转折电压。

2）正向阻断峰值电压 U_{DRM}：控制极开路，结温为额定值，正向阻断时，可重复（50Hz）加于器件的正向峰值电压。该电压小于转折电压 U_{BO}。一般 U_{DRM} 定义为伏安特性曲线急剧转弯处所对应电压的 80%。

3）反向阻断峰值电压 U_{RRM}：控制极开路，结温为额定值，可重复加于器件的反向峰值电压。此值定义为反向伏安特性曲线急剧转弯处所对应电压的 80%。一般 U_{DRM} 和 U_{RRM} 很接近，取两者中较小者为单向晶闸管的额定电压 U_D，单向晶闸管的额定电压一般为几十伏至数千伏。

4）额定正向平均电流 I_F：在规定环境温度、标准散热和全导通的情况下，阳极与阴极间连续流过工频正弦半波电流的平均值。通常人们所说的 30A、50A 的单向晶闸管就是指它的额定正向平均电流为 30A、50A。

5）控制极触发电压 V_G 和触发电流 I_G：在单向晶闸管的阳极与阴极间加一定的正向阳极电压时，使晶闸管从阻断状态变为导通状态时所需的最小控制极电压和电流，V_G 一般为几伏至几十伏，I_G 约为几毫安至几百毫安。

6）维持电流 I_H：在规定的环境温度、控制极断开和器件导通的情况下，要维持导通状态所必需的最小正向电流，I_H 约为几毫安至一百多毫安。

2. 单向晶闸管器件的型号

单向晶闸管器件型号有很多种，用途也不相同，常见的有 3CT 系列及 KP 系列。3CT 系列及 KP 系列单向晶闸管型号命名及参数表示方法如图 5-5 所示。

例如，KP200-12F 表示额定正向平均电流为 200A，额定电压为 1200V，管压降为 0.9V 的普通单向晶闸管。

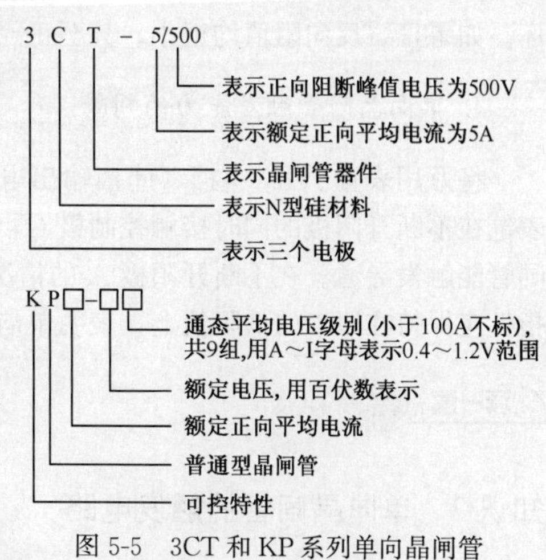

图 5-5　3CT 和 KP 系列单向晶闸管型号命名和参数表示方法

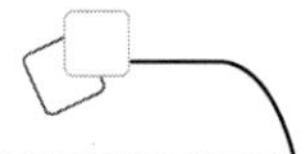

用万用表测试单向晶闸管的方法

1. 单向晶闸管极性的判定

单向晶闸管的电极有的可以从外形直接加以判别，常见的大功率单向晶闸管，其金属外壳为阳极，阴极引线比控制极长。若从外形无法判断单向晶闸管的电极，我们就可以用万用表判别，具体判别方法如下。

将万用表转换开关置于Ω挡R×100的位置上，用黑表笔接触某一电极，用红表笔依次接触另外两个电极，如所测得的电阻值一个较小（约2kΩ），另一个很大（几十千欧），则表明黑表笔接的是控制极；在阻值小的那次测量中，红表笔接的是阴极K，余下的电极为阳极A。如在测量中两次测出的电阻值都很大，说明黑表笔接的不是控制极，应更换电极重新测，直到出现上述现象为止。另外，在测量控制极正反向电阻时，万用表不要使用R×10k挡，以防止表内高压电池放电使控制极反向击穿。

2. 测量阳极、阴极间阻值

将万用表置于R×100或R×1k挡，测量阳极、阴极间的正、反向阻值，正常情况所测得的阻值均应很大。若测得的阻值很低，表明单向晶闸管已经击穿短路。

3. 测试控制极是否短路或断路

将万用表置于R×100挡，测量控制极和阴极之间的PN结正、反向阻值。正常情况下反向阻值应明显大于正向阻值。若出现正、反向阻值都很大的情况，表明器件已损坏。如果正、反向阻值均很小，甚至正、反向阻值都接近0Ω，也表明器件已损坏。

4. 单向晶闸管触发能力的判断

将万用表置于R×1挡（此挡输出电流大），红表笔接阴极，黑表笔接阳极，用黑表笔在不断开阳极的同时接触控制极G，万用表指针向右偏转到低阻值区，表明单向晶闸管能触发导通。在不断开阳极A的情况下，断开黑表笔与控制极G的接触，万用表指针应保持在原来的低阻值上，表明单向晶闸管撤去控制信号后仍将保持导通状态。

知识3 单向晶闸管的触发电路

什么叫控制角α与导通角θ?

单向晶闸管在阳极接正电压、阴极接负电压、控制极加触发脉冲的情况下，半个周期内，不导通的范围称为控制角，用α表示；导通的范围称为导通角，用θ表示，且$\alpha+\theta=180^\circ$。

在单向晶闸管的可控整流电路中，要实现输出电压可控的目的，就需要将一个相位可以移动的触发信号加到单向晶闸管的控制极，以改变单向晶闸管的导通角 θ，从而达到调节输出电压大小的目的。

下面介绍两种最简单的触发电路。

1. 90°移相触发电路

图 5-6 所示为一个单相半波 90°移相可控整流电路。单向晶闸管导通所需的触发电流 I_G 就利用交流电源来提供。

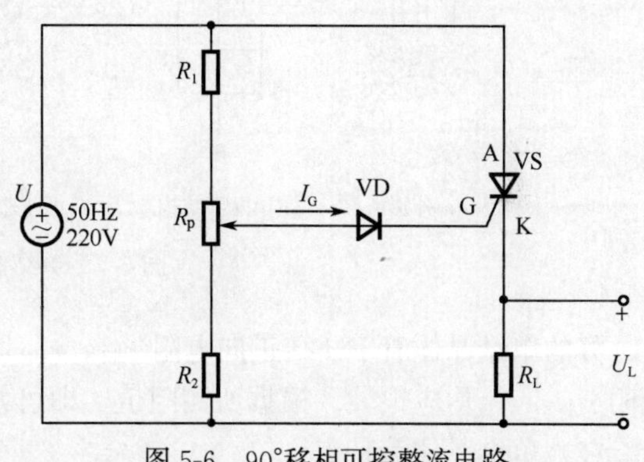

图 5-6　90°移相可控整流电路

在正弦交流电源的正半周，若将图 5-6 中电位器 R_p 滑动端上移，则一开始就有足够大的触发电流 I_G 由电源经 R_p 和二极管 VD，流入单向晶闸管的控制极 G，再从阴极 K 流出，经 R_L 返回电源，于是单向晶闸管 VS 触发导通，导通角最大，$\theta \approx 180°$。正半周结束，电源电压过零值，单向晶闸管自行关断。这样 $U_L = 0.45U$。

若把电位器 R_p 滑动端下移，调至当交流电源电压达到最大值时才产生足够大的触发电流 I_G 使单向晶闸管导通，此时控制角 $\alpha = 90°$，导通角 θ 也是 90°，这样，$U_L = \frac{0.45}{2}U = 0.225U$。若继续把电位器 R_p 滑动端下移，则在整个正半周内，由于 I_G 过小，单向晶闸管都不被触发。

该电路在交流电源的负半周范围，由于阳极和控制极均为反向电压，所以单向晶闸管不会导通。控制极回路的二极管也处于反偏状态，它对单向晶闸管控制极的 PN 结因反向电压过高而被击穿损坏起了保护作用。

由此可见，该电路用可变电阻器 R_p 移相，其最大移相范围为 90°，输出电压平均值的调节范围为 $0.225U \sim 0.45U$。调节范围不大是它的缺点，而电路简单则是个明显优点。

2. 单结晶体管触发电路

（1）单结晶体管结构与符号

单结晶体管简称单结管，其外形与普通小功率晶体管相似，如图 5-7（a）所示，常见的型号有 BT31、BT32、BT33、BT35 等。其型号的第一部分“B”表示半导体器件，第二部分“T”表示特种管，第三部分的“3”表示有 3 个电极，第四部分表示耗散功率，如 100mW、200mW、300mW、500mW 等。单结晶体管内部结构如图 5-7（b）所示，它只有一个 PN 结，从 P 型半导体上引出的电极是发射极 E，从 N 型半导体上引出两个基极，称为第一基极 B_1 和第二基极 B_2。单结管的图形符号如图 5-7（c）所示。

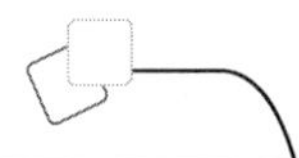

单结管的等效电路如图 5-7（d）所示，其中，r_{b1}表示 E 极与 B_1 极之间的电阻，其数值随发射极电流 I_E 变化，所以图中用可变电阻符号表示；r_{b2}表示 E 极与 B_2 极之间的电阻，数值与 I_E 无关。B_1 极与 B_2 极之间电阻用 r_{bb}表示，$r_{bb}=r_{b1}+r_{b2}$。因为 E 极与 B_1 极之间为一个 PN 结，故可用一个二极管 VD 等效，其正向压降约为 0.6～0.7V。

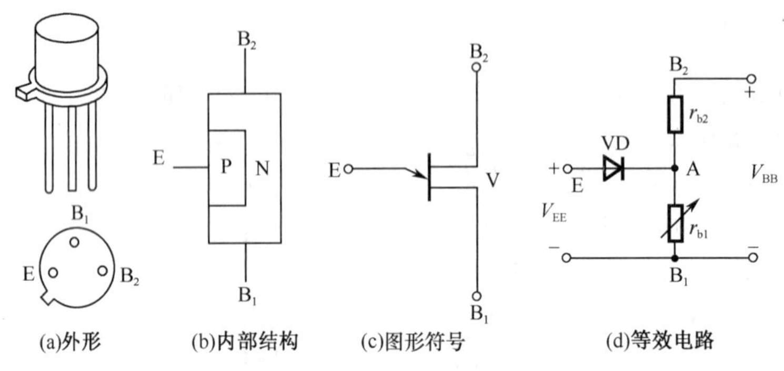

图 5-7　单结晶体管

好的单结晶体管 PN 结正向电阻 r_{eb1}、r_{eb2}均较小，且 r_{eb1}稍大于 r_{eb2}，PN 结的反向电阻 r_{b1e}、r_{b2e}均应很大。根据所测阻值，即可判断出各引脚及管子的好坏。

（2）单结晶体管特点

单结晶体管工作时，需在两个基极之间加上电压 V_{BB}，一般 B_2 接正极，B_1 接负极。在发射极不加电压时，r_{b1}两端分得的电压为

$$U_{B1}=\frac{r_{b1}V_{BB}}{(r_{b1}+r_{b2})}=\frac{V_{BB}r_{b1}}{r_{bb}}$$

式中，$\frac{r_{b1}}{r_{bb}}$为单结晶体管的分压比，用 η 表示，故 $U_{B1}=\eta V_{BB}$。分压比 η 是单结晶体管的一个重要参数，其大小与单结晶体管的结构有关，一般为 0.5～0.8。对某一单结晶体管而言，η 是一个不受电压和温度影响的常数。

在发射极与第一基极之间加上可调控制电压 V_{EE}，并使 E 极接可调电源的正极，B_1 极接负极。当 $V_{EE}<U_{B1}$时，PN 结反向偏置，等效电路中的二极管 VD 截止，这时 E 极与 B_1 极之间呈现高阻。当发射极电压上升到 $V_{EE}=U_{B1}+U_T$（U_T 为 PN 结的正向压降）时，PN 结正向导通。E 极与 B_1 极之间的电阻突然减小，r_{b1}中出现一个较大的脉冲电流。E 极与 B_1 极之间由截止突然变为导通时所需要的控制电压，称为单结晶体管的峰点电压 U_P，显然，$U_P=\eta V_{BB}+U_T$。单结晶体管导通后，因 E 极与 B_1 极之间的电阻下降很多，虽然这时 i_{b1}较大，但 i_{b1}与 r_{b1}乘积不大，A 点的电位较低，即使控制电压调节到低于峰点电压 U_P 以下，单结晶体管仍继续导通。直到控制电压降低到某一值，使 PN 结再次反偏时，单结晶体管才截止。使单结晶体管的 E 极与 B_1 极间由导通突然变为截止时所加的电压称为单结晶体管的谷点电压 U_V。

综上所述，单结晶体管相当于一个开关，当加在它的发射极上的电压达到峰点电压时，单结晶体管由截止突然变为导通。一旦导通后，当加在发射极上的电压下降到谷点电压时，单结晶体管才突然由导通变为截止。

(3) 单结晶体管振荡电路

图 5-8（a）所示为单结晶体管组成的频率可变的振荡电路，该电路可用来产生单向晶闸管触发脉冲，其工作原理介绍如下。

电路接通电源 V_{BB}后，电源通过 R_P、R_E 向电容器 C 充电，电容器电压 u_C（$u_C=u_E$）按指数规律上升。当 u_C 上升到 $u_E \geqslant U_P$ 时，单结晶体管导通，电容器电压 u_C 迅速通过 R_1 放电，在 R_1 上形成脉冲电压。

随着电容器 C 放电，电容器上的电压下降，引起 u_E 下降。当 $u_E < U_V$ 时，单结晶体管截止，放电结束。

此后电容器又充电，重复上述过程，于是在电容器 C 上形成锯齿波电压，根据单结晶体管导通特性，则在 R_1 上形成尖脉冲，如图 5-8（b）所示。改变电位器 R_P 阻值或电容器 C 的大小，都可以调整电容器充电的快慢，从而改变输出脉冲的频率。但在实际应用时多采用改变电位器阻值的方法来调节该振荡电路的频率。

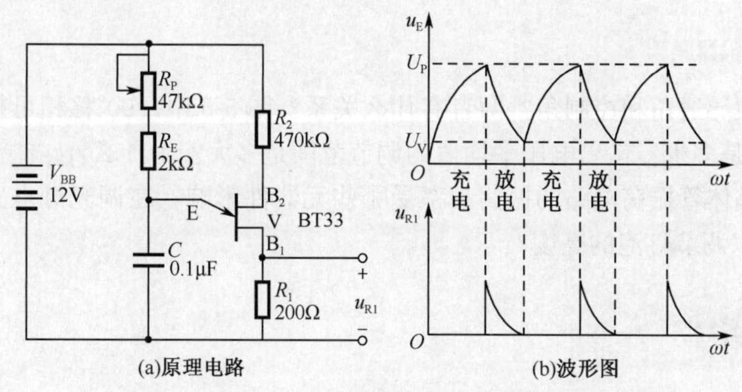

图 5-8　单结晶体管振荡电路

(4) 单结晶体管触发电路应用

图 5-9 所示是一个单向晶闸管调光灯电路，二极管 VD_1、VD_2、VD_3、VD_4 构成桥式整流电路，如图 5-9（b）所示的 220V 交流电压经过负载灯泡 EL 连接到桥式整流电路，交流电经整流后变成脉冲直流电加到单向晶闸管的阳极（A 极）、阴极（K 极）间。R_1、R_2、R_3、R_4、R_P、C_1、BT33 构成单结晶体管的振荡电路。从前面已经分析的工作原理可知，在 R_3 两端可输出如图 5-9（c）所示的尖脉冲。当首个尖脉冲加到单向晶闸管的控制极（G 极）时，单向晶闸管触发导通（此时单向晶闸管的导通角 θ 大小由控制极首个触发尖脉冲出现的时间决定）。220V 交流电经灯泡、整流二极管和单向晶闸管形成了电流回路，灯泡点亮。根据单向晶闸管触发导通特性，单向晶闸管一旦触发导通，控制极的尖脉冲的有无都不影响其导通状态，直到单向晶闸管阴极和阳极间电压为零时才会退出导通进入截止状态。

调节 R_P 的大小即可改变电容器 C_1 充电的快慢（即充电时间常数），从而改变加到单向晶闸管控制极的尖脉冲频率，也即改变了尖脉冲对单向晶闸管的触发时间，从而调整了单向晶闸管导通角 θ 的大小，达到调光、调压的目的（即改变了灯泡 EL 两端平均电压 U_{EL} 的大小）。

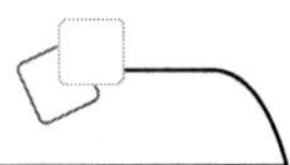

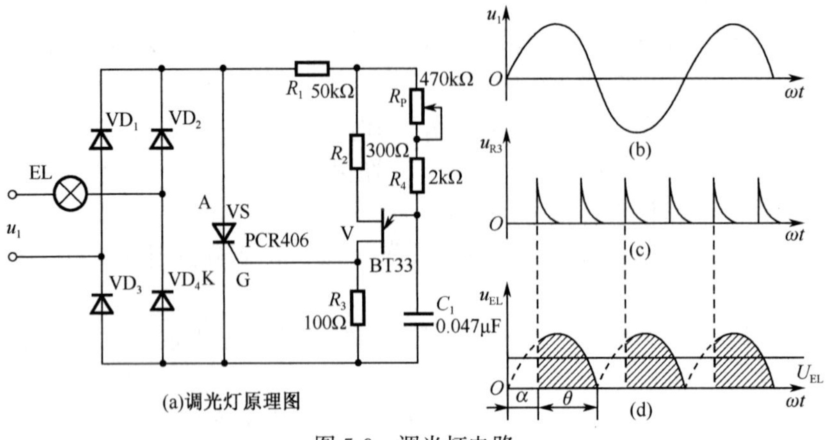

图 5-9　调光灯电路

1）什么叫导通角和控制角？两者有什么关系？图 5-6 中，90°移相可控整流电路的最大移相范围是多少？输出电压平均值的调节范围是多大？为什么？

2）单结晶体管振荡电路的振荡频率受哪些元器件影响？在调光灯电路中为什么改变 R_P 大小可以调节灯泡的亮度？

读一读

知识 4　单向晶闸管的整流电路

利用单向晶闸管的“触发导通”特性，可以将其组成可控整流电路，这种整流电路与一般整流电路的不同之处，在于其输出的负载电压是“可控的”。

1. 单相半波可控整流电路

图 5-10（a）所示是单相半波可控整流电路。其中，u_1 为变压器初级电压，u_2 为次级电压，R_L 为负载。

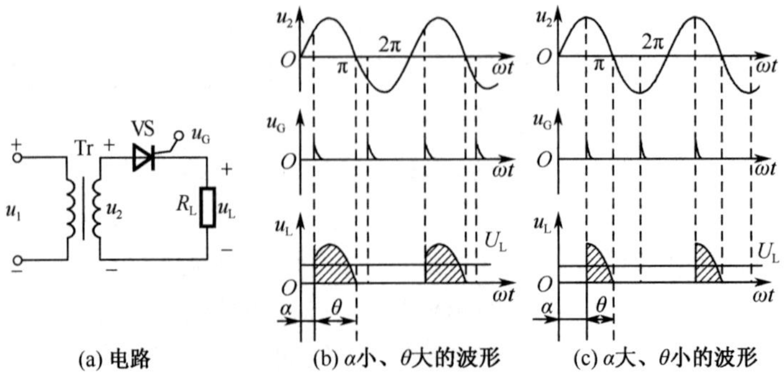

图 5-10　单相可控半波整流电路

该单相半波可控整流电路的工作原理如下。

1）当 u_2 为正半周时，单向晶闸管 VS 承受正向阳极电压，如果单向晶闸管控制极此时没有加触发电压，则单向晶闸管处于正向阻断状态，负载电压 $u_L=0$。

2）当 $\omega t=\alpha$ 时，控制极加有触发电压 u_G，单向晶闸管因具备了导通条件而触发导通。由于单向晶闸管正向导通压降很小，电源电压几乎全部加到负载上，此时 $u_L=u_2$。

3）在 $\alpha<\omega t<\pi$ 期间，尽管 u_G 在单向晶闸管导通后已经消失，但单向晶闸管仍会保持导通。因此，在这期间负载电压 u_L 基本上与变压器次级电压 u_2 保持相等。

4）当 $\omega t=\pi$ 时，$u_2=0$，单向晶闸管正向阳极电压消失，单向晶闸管自行关断。

5）当 $\pi<\omega t<2\pi$ 时，u_2 进入负半周后，单向晶闸管承受反向阳极电压，呈反向阻断状态，负载电压 $u_L=0$。

在 u_2 的第二个周期里，电路将重复第一周期的变化。如此不断重复，负载 R_L 上就得到单向脉动电压。

在图 5-10（b）中可以看出，在角度 0～α 期间单向晶闸管正向阻断；在 α～π（即 θ）期间，单向晶闸管导通。改变触发电压 u_G 到来的时刻，即改变控制角 α 的大小，也即改变了导通角 θ 的大小，从而达到改变负载电压 u_L 平均值（U_L）大小的目的。如图 5-10（c）所示，控制角 α 较图 5-10（b）中增大，而导通角 θ 较图 5-10（b）中减小，由于 θ 减小，负载电压平均值（U_L）亦将减小；反之，若控制角 α 减小，导通角 θ 就增大，则负载电压 u_L 平均值（U_L）将增大。

2. 单相桥式可控整流电路

图 5-11（a）所示是单相桥式可控整流电路。T 为变压器，VD_1～VD_4 为由四只整流二极管组成的桥式整流电路，单向晶闸管 VS 控制输出电压的值，R_L 为负载。

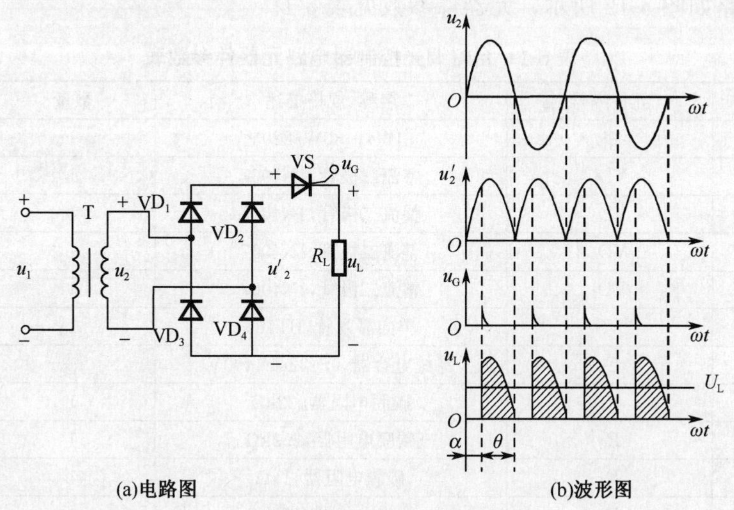

(a)电路图　　(b)波形图

图 5-11　单相桥式可控整流电路

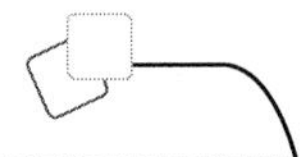

该电路工作原理如下。

1）桥式整流输出电压对单向晶闸管 VS 而言是正向阳极电压，只要触发电压 u_G 到来，VS 即可触发导通。如忽略它的正向压降，则负载电压 u_L 将与 u'_2 对应部分基本相等。

2）当 u'_2 经过零值时，单向晶闸管自行关断，在 u_2 的第二个半周中，电路将重复第一个半周的情况。其工作波形如图 5-11（b）所示。

由图 5-11（b）可知，该电路也是通过调整触发信号 u_G 出现的时间来改变单向晶闸管的控制角 α 和导通角 θ 的大小，从而控制输出直流电压 u_L 的平均值（U_L）。

想一想

1）单相半波可控整流电路中控制角 α 和导通角 θ 的范围分别是多少？其对应的输出电压平均值是多少？

2）单相桥式可控整流电路中控制角 α 和导通角 θ 的范围分别是多少？其对应的输出电压平均值是多少？

做一做

实训　台灯调光控制器电路的仿真测试

仿真目的

1）掌握单向晶闸管触发控制电路的分析方法。

2）掌握单向晶闸管调光控制器电路的组成原理及仿真测试方法。

仿真电路及元件参数

仿真电路如图 5-12 所示，元器件参数见表 5-1。

表 5-1　台灯调光控制器电路元器件参数表

序号	元件编号	名称、规格描述	数量	备注
1	EL	白炽灯，60W/220V	1	负载
2	VD_1	整流二极管，1N4007	1	
3	VD_2	整流二极管，1N4007	1	
4	VD_3	整流二极管，1N4007	1	
5	VD_4	整流二极管，1N4007	1	
6	VS	单向晶闸管，BT169	1	
7	C_1	涤纶电容器，0.022μF/400V	1	
8	R_1	碳膜电阻器，22kΩ	1	
9	R_2	碳膜电阻器，2.2kΩ	1	
10	R_3	碳膜电阻器，1kΩ	1	
11	R_P	调光电位器，470kΩ	1	
12	S_1	电源开关	1	

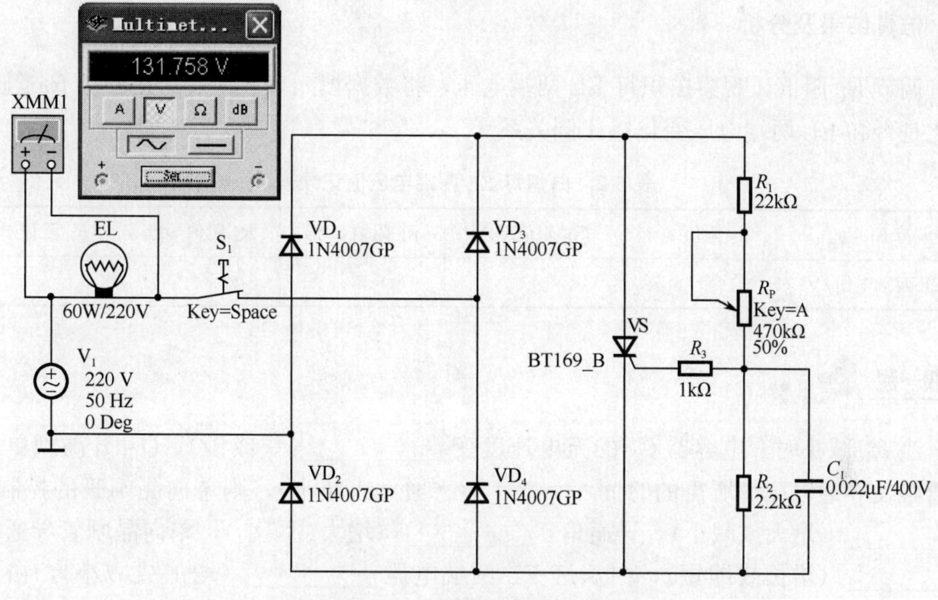

图 5-12　台灯调光控制电路

仿真内容

在图 5-12 中，VD_1、VD_2、VD_3、VD_4 构成桥式整流电路，将交流电转变成直流电，为单向晶闸管提供正向阳极电源。R_1、R_P、R_2、C_1 构成单向晶闸管阻容触发控制电路，采用调节 R_P 阻值的方法来调节充电电路的时间常数，实现触发脉冲移相以达到改变单向晶闸管控制角 α 大小的目的，从而改变负载两端平均电压值，实现了调光的目的。例如，当 R_P 增大时，电容器 C_1 的充电速度就减慢，U_{C1} 上升到单向晶闸管触发导通电压值所用的时间就增多，这样单向晶闸管的控制角 α 就增大，单向晶闸管导通时间缩短，负载两端所得的平均电压降低，灯泡亮度变暗；反之，当 R_P 减小时，灯泡亮度就变亮。R_3 为单向晶闸管控制极限流电阻器，用于防止触发电流过大而损坏单向晶闸管。

仿真步骤及要领

1）参照电路图，在 Multisim 14.0 仿真软件工作窗口中创建台灯调光电路，并在负载 EL（白炽灯）两端连接交流电压表。

2）调节 R_P 阻值，观察 EL 有无点亮和两端的电压值（间接反应白炽灯的亮度变化）。

仿真操作要领：①仿真时要给交流 220V 电压源接地，否则仿真功能不能实现；②仿真时白炽灯 EL 有闪烁现象属正常情况，其闪烁频率与 220V 交流电源的频率高低有关，实际应用电路中观察不到此现象。

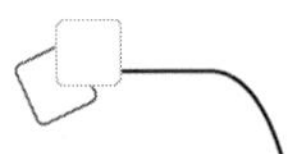

仿真结果及分析

调节 R_P 阻值，观察白炽灯 EL 两端电压，将数据填入表 5-2 中，并分析 R_P 阻值的变化是否和 EL 两端电压变化成比例关系。

表 5-2　白炽灯 EL 两端电压值记录表

调节 R_P 阻值	R_P 阻值 90%	R_P 阻值 70%	R_P 阻值 50%	R_P 阻值 30%	R_P 阻值 10%
EL 两端电压/V					

想一想

当 R_P 减小时，电容器 C_1 的充电速度变__________（快或慢），U_{C1} 升高到单向晶闸管触发导通电压值所需的时间__________（增大或减小），则单向晶闸管的控制角 α __________（增大或减小），导通角 θ __________（增大或减小），单向晶闸管导通时间__________（增长或缩短），白炽灯 EL 两端电压__________（增加或减小），白炽灯 EL 亮度__________（增亮或变暗）。

议一议

1）在台灯调光控制电路中，当单向晶闸管导通后，VD_1、VD_2、VD_3、VD_4 是如何轮流工作并维持白炽灯 EL 点亮的？其对白炽灯的亮度有无影响？

2）调节 R_P 大小是如何改变白炽灯的亮度的？试用波形分析法解释。

3）电阻器 R_1、R_2 在电路中的作用是什么？改变其大小对白炽灯 EL 的亮度调节有何影响？

任务检测与评估

检测项目		评分标准	分值	学生自评	教师评估
任务知识内容	单向晶闸管结构、符号和参数	能识别单向晶闸管的结构、符号，说出典型参数的意义	10		
	单向晶闸管触发特性	掌握单向晶闸管的触发特性（导通条件、截止条件）	20		
	单向晶闸管工作原理	能用内部等效图分析单向晶闸管的导通工作原理	10		
	单向晶闸管典型应用电路分析	能分析单结晶体管的振荡电路和单向晶闸管的台灯调光电路	15		

续表

检测项目		评分标准	分值	学生自评	教师评估
任务操作技能	单向晶闸管识别与极性判断、好坏判断	能够识别单向晶闸管型号，并能用万用表判断其好坏和极性	15		
	台灯调光电路仿真操作	能熟练运用 Multisim 14.0 仿真软件对台灯调光电路进行仿真测试，并能对数据进行分析	20		
	安全操作	安全用电、按章操作、遵守实训室管理制度	5		
	现场管理	按 6S 企业管理体系要求进行现场管理	5		

任务二　多功能节能调节器的制作

任务目标

- 熟悉双向晶闸管的结构、符号、工作特点和典型参数的含义；
- 掌握双向晶闸管的引脚识别和质量好坏判断方法；
- 能够分析双向晶闸管的典型应用电路（含触发电路）；
- 能够对多功能节能调节器进行电路制作与调试。

教务教学方式

教学步骤	时间安排	教学手段及方式
阅读教材	课余	自学、查资料、相互讨论
知识点讲授	3 课时	讲解双向晶闸管结构、符号和型号时采用课堂演示方法；讲解双向晶闸管典型触发电路的分析时，采用多媒体课件方式或在仿真软件中用投影演示
任务操作	4 课时	用课堂演示和学生现场测试方式讲解双向晶闸管引脚识别和质量好坏判断；在实训室用实物演示讲解多功能节能调节器的电路组成和工作原理，然后组织学生进行元件检测、PCB 电路装配与调试
评估检测	与课堂教学同步进行	教师与学生共同完成任务的检测与评估，并能对出现的问题进行分析与处理

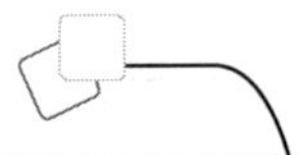

知识 1　双向晶闸管的结构、符号和工作特点

1. 双向晶闸管的结构和符号

前面讲的单向晶闸管多用于直流控制电路和整流电路中，而双向晶闸管却能控制交流负载，具有正、反向都能控制导通的特性，并具有触发电路简单、工作稳定可靠等优点，是目前比较理想的交流开关器件，因而广泛应用于工业、交通、家用电器等无触点交流开关电路领域，实现交流调压、电动机调速。

双向晶闸管的文字符号一般用 SCR、KS、CTS、VS 表示，本书中采用的文字符号为 VS。双向晶闸管是一个 5 层结构的三端器件，是双向控制的半导体器件。双向晶闸管可以看成是两个单向晶闸管的反向并接。简单地讲，它是由具有公共控制极的两个反向并联的单向晶闸管构成的。因此，双向晶闸管具有一个控制极 G 和两个不可再区分阴极或阳极的电极，通常用 T_1 极和 T_2 极来表示。具体结构及外形、符号如图 5-13 所示。

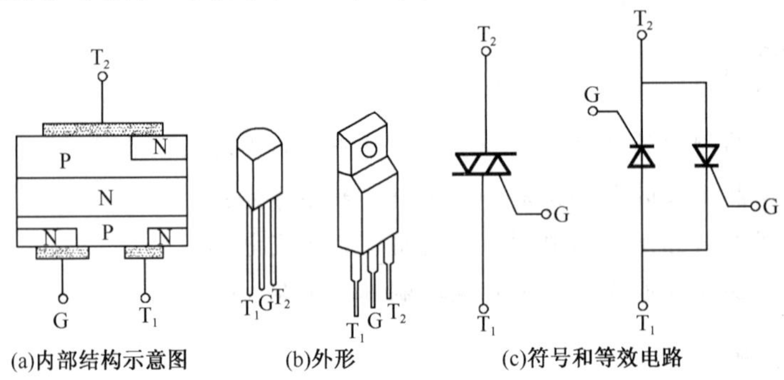

图 5-13　双向晶闸管

2. 双向晶闸管的工作特点

双向晶闸管的主电极 T_1、T_2 无论加正向电压还是反向电压，其控制极 G 的触发信号无论是正向还是反向，它都能被触发导通。即当 T_1 极接电源正极，T_2 极接电源负极，且控制极 G 对 T_2 为正时，T_1 极相当于单向晶闸管的阳极，T_2 极相当于阴极，此时双向晶闸管可以触发导通；而当 T_2 极接电源正极，T_1 极接电源负极，且 G 对 T_1 为正电压控制时，T_1 极便相当于单向晶闸管的阴极，T_2 极相当于阳极，此时双向晶闸管也可以触发导通。双向晶闸管导通后移去触发信号仍能继续保持导通，但当主电极电压降至 0V 时，双向晶闸管才截止。由于双向晶闸管具有正、反两个方向都能控制导通的特性，所以它能对交流电进行控制。

想一想

1）双向晶闸管的结构特点是什么？它与单向晶闸管的结构相比有何异同？

2）双向晶闸管为什么能用在交流调压电路中？

双向晶闸管的主要参数

在使用双向晶闸管时，要根据电路要求选择相应参数的双向晶闸管。双向晶闸管的主要参数有如下几项。

1）正向转折电压 U_{BO}：在额定结温和控制极断开条件下，T_2 极、T_1 极之间加正弦半波正向电压，使双向晶闸管由阻断状态发生正向转折，变为导通状态时所对应的电压峰值。实际应用时 U_{BO} 值越大越好。

2）断态重复峰值电压 U_{DRM}：又称正向阻断峰值电压，其值规定为 $U_{DRM}=U_{BO}-100V$。

3）通态平均电流 I_T：在环境温度不超过 40℃和规定的散热条件下，允许通过的工频正弦半波电流在一个周期内的最大平均值称为通态平均电流。

4）通态浪涌电流 I_{TSM}：是指双向晶闸管导通时允许电流过载的值。

5）控制极触发直流电流 I_{GT}：在规定环境温度和正向电压条件下，使双向晶闸管从阻断状态转变为导通状态时控制极上流过的最小直流电流。I_{GT} 为几十到几百毫安，为保证可靠触发，实际值应大于额定值。

判断双向晶闸管极性的方法

1. 判定 T_2 极

根据双向晶闸管的内部结构可知，G 极与 T_1 极靠近，距 T_2 极较远。因此，G 极与 T_1 极之间的正、反向电阻都很小。在用万用表 R×1 挡测任意两脚之间的电阻时，只有在 G 极与 T_1 极之间呈现低阻，正、反向电阻仅几十欧，而 T_2 极与 G 极、T_2 极与 T_1 极之间的正、反向电阻均为无穷大。这表明，如果测出某脚和其他两脚都不通，则该脚就肯定是 T_2 极。另外，采用 TO-220 封装的双向晶闸管，T_2 极通常与小散热板连通，据此亦可确定 T_2 极。

2. 区分 G 极和 T_1 极

1）找出 T_2 极之后，首先假定剩下两脚中某一脚为 T_1 极，另一脚为 G 极。

2）万用表置于 R×1 挡，把黑表笔接 T_1 极，红表笔接 T_2 极，万用表测量阻值为无穷大。接着用红表笔笔尖把 T_2 极与 G 极短路，给 G 极加上负触发信号，万用表测得阻值应为十几欧，证明管子已经触发导通，导通方向为 T_1 极至 T_2 极。再将红表笔笔尖与 G 极脱开（此时红表笔仍接通 T_2 极），若阻值保持不变，证明双向晶闸管在触发之后即使断开 G 极电压仍能维持导通状态。

3）万用表同样置于 R×1 挡，把红表笔接 T_1 极，黑表笔接 T_2 极，然后用黑表笔笔尖使 T_2 极与 G 极短路，给 G 极加上正触发信号，万用表测得阻值仍为十几欧，再将

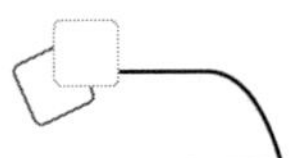

黑表笔笔尖与 G 极脱开（此时黑表笔仍接通 T_2 极），若阻值不变，则说明双向晶闸管经触发后即使断开 G 极电压，在 T_2 极至 T_1 极方向上也能维持导通状态。

根据上述两步测量结果可以看出，双向晶闸管具有双向触发特性，并由此证明上述假定正确。否则，假定与实际不符，需再作出相反的假定，重复以上测量步骤。

显而易见，在识别 G 极、T_1 极的过程中，也就检查了双向晶闸管的触发能力。如果无论按哪种假定去测量都不能使双向晶闸管触发导通，则证明该管已损坏。

注意： 由于万用表不同的欧姆挡位输出的电流大小不同，其中 R×1 挡输出的电流最大。对于 1A 的双向晶闸管，也可用万用表 R×10 挡检测其触发能力；对于 3A 及 3A 以上的双向晶闸管，应用万用表 R×1 挡检测，否则，如用其他欧姆挡检测双向晶闸管的触发能力，均会因其他挡位输出的电流较小而难以维持其触发后的导通状态。

知识 2　双向晶闸管的典型触发电路

一般双向晶闸管典型触发电路有双向二极管触发电路、RC 触发电路、晶体管组合触发电路及氖管触发电路等几种。

1. 双向二极管触发电路

双向二极管属 3 层结构，是具有对称性的二端半导体器件，可等效于基极开路、发射极与集电极对称的 NPN 型晶体管。双向二极管正、反向伏安特性几乎完全对称，故常用来触发双向晶闸管和在电路中作为过压保护等。

（1）双向二极管的检测方法

用兆欧表和万用表可检查双向二极管，如图 5-14 所示。方法如下。

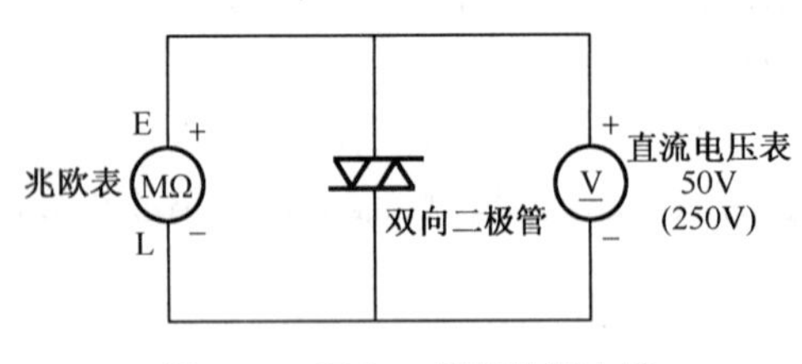

图 5-14　双向二极管检测电路

将万用表置于 R×1k 或 R×10k 挡（以 MF47 型万用表为例，当使用 R×10k 挡时表笔间直流电压约为 10.5V），因为双向二极管的耐压值均在 20V 以上，所以用万用表测量其正、反向阻值都是无穷大，否则说明该器件已损坏。

双向二极管的触发性能可用兆欧表进行检测，按图 5-14 所示接好电路，由兆欧表提供击穿电压，并用万用表直流电压挡测量双向二极管的正向转折电压 U_{BO}，然后调换双向二极管的电极，测出反向转折电压 U_{BR}，最后检查转折电压的对称性 ΔU_B，$\Delta U_B = U_{BO} - U_{BR}$，一般要求 $\Delta U_B < 2V$。

双向二极管的耐压值大致分 3 个等级：20～60V，100～150V，200～250V。常用的双向二极管为 DB3 型，其外形与检波二极管相似，管壳为天蓝色，主要参数有：$U_{BO} = 35V$（典型值），峰值脉冲电流 $I_{pk} = 5mA$。

（2）双向二极管触发电路分析

在图 5-15 中，VD_1 为双向二极管，VS_1 为双向晶闸管，R_L 为负载，当交流电源处

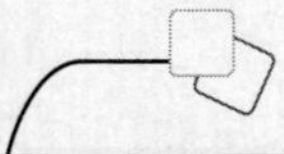

于正半周时，电源通过 R_1、R_P 向电容器 C_1 充电，电容器 C_1 上的电压极性为上正下负。当这个电压增高到双向二极管的导通电压时，VD_1 突然导通，使双向晶闸管的控制极 G 和主电极 T_1间得到一个正向触发脉冲，双向晶闸管触发导通。而后当交流电源过零的瞬间，双向晶闸管自行阻断。当交流电源处于负半周时，电源电压对电容器 C_1 反向充电，C_1 上的极性为下正上负，当电压值达到 VD_1 的转折电压时，双向二极管突然反向导通，使双向晶闸管得到一个反向触发信号，双向晶闸管触发导通。调节 R_P 的值，即可改变电容器的充电时间常数，从而改变触发脉冲的出现时刻，也就改变了双向晶闸管的导通角，从而达到调节负载两端电压的目的。

2. 其他类型的触发电路

图 5-16 是 RC 触发电路，该电路的特点是结构简单，成本低。通过两节 RC 移相电路来控制双向晶闸管的导通角，从而达到调节输出电压的目的；图 5-17 是晶体管组合触发电路，图中 VT_1、VT_2 均为 NPN 型晶体管，使用时只用 c、e 两极，两个串联的晶体管实际上等效于一个双向二极管；图 5-18 所示为氖管触发电路，一般的氖管必须加上约 80V 的电压才能使其击穿导通（导通时氖管发出橘红色的光），调节 R_P 可以调节电容器 C_1 充电到 80V 以上的时间，当电容器 C_1 充电到 80V 以上时，氖管击穿，电容器 C_1 经氖管向双向晶闸管控制极放电，晶闸管触发导通。因此，调节 R_P 就能改变双向晶闸管的导通角，从而控制了电路的输出电压。该电路的特点是成本低，且氖管可作指示器，当氖管发光时，表示双向晶闸管已导通，负载上有电流通过。

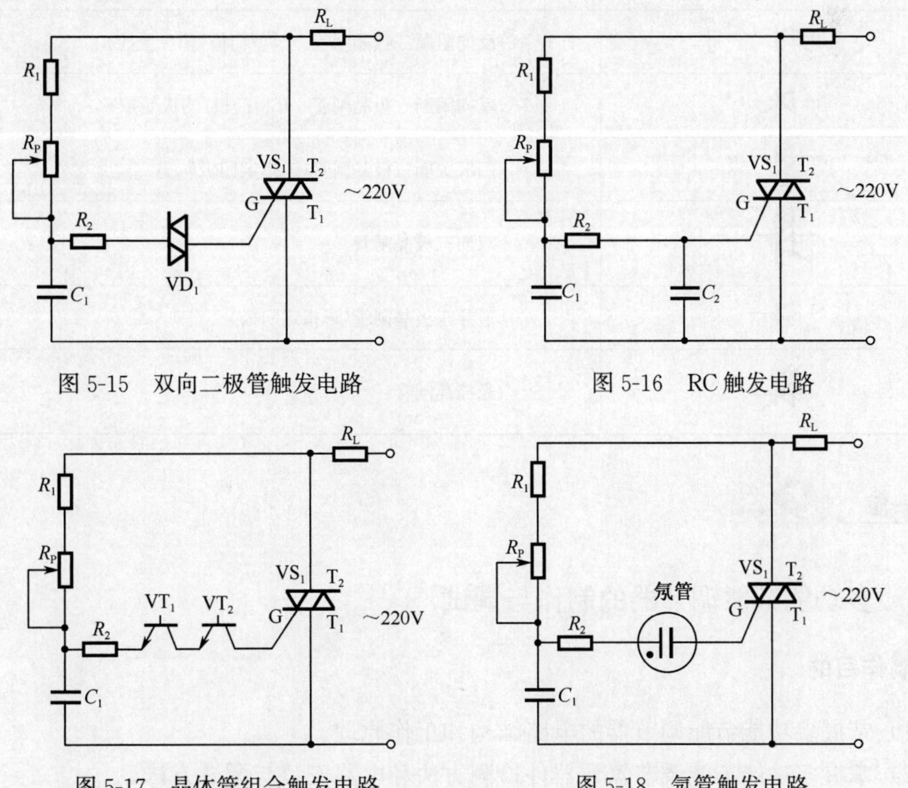

图 5-15　双向二极管触发电路

图 5-16　RC 触发电路

图 5-17　晶体管组合触发电路

图 5-18　氖管触发电路

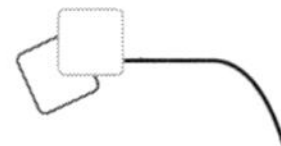

1）双向晶闸管典型触发电路有哪些？各有什么特点？

2）在双向二极管触发电路中，如果双向二极管击穿，则输出电压有何变化？如果双向二极管断路，则输出电压又如何变化？

知识拓展

晶闸管按其功能和用途可分为单向晶闸管、双向晶闸管、逆导晶闸管、可关断晶闸管、快速晶闸管、光控晶闸管等类型，其图形符号见表 5-3。

表 5-3　常用晶闸管的图形符号

图形符号	名称
	反向阻断二极晶闸管
	反向导通二极晶闸管
	双向二极晶闸管
	三极晶闸管
	反向阻断三极晶闸管　N 型门极(阳极受控)
	反向阻断三极晶闸管　P 型门极(阴极受控)
	门极关断三极晶闸管(未指定门极)
	双向三极晶闸管
	逆导三极晶闸管(未指定门极)
	光控晶闸管

实训　多功能节能调节器的制作与调试

制作目的

1）掌握多功能节能调节器的电路结构和工作原理。

2）掌握多功能节能调节器元器件检测方法和电路安装与调试方法。

制作所需器材

万用表、示波器、电烙铁（含烙铁架）、斜口钳、镊子、焊锡、松香、万能板（或PCB板）、节能调节器套件、白炽灯及导线若干。

制作内容

在图5-19中，VD_1为双向二极管，当所加的正向或反向电压达到其导通电压U_{BO}（通常为20～40V）时，双向二极管就立即导通，并提供触发脉冲将双向晶闸管VS触发导通。

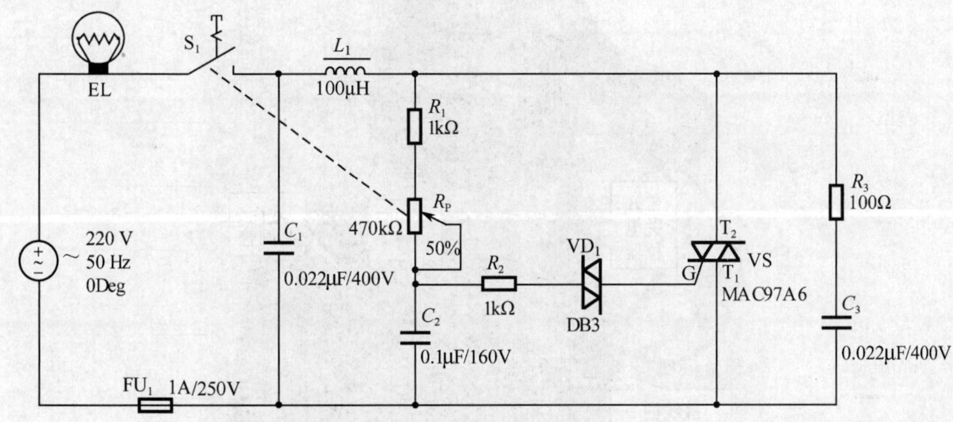

图5-19　多功能节能调节器电路图

当电源电压为上正下负时，电源通过R_1、R_P向电容器C_2充电，电容器C_2上的电压极性为上正下负，当这个电压增高到双向二极管VD_1的导通电压时，VD_1突然导通，使双向晶闸管的控制极G和主电极T_1间得到一个正向触发脉冲，双向晶闸管触发导通，此时电源电压经灯泡EL、开关S_1、电感器L_1、双向晶闸管VS及熔丝FU_1构成闭合回路，灯泡点亮。而当交流电源电压过零时双向晶闸管则自行关断。

当电源电压为上负下正时，电容器C_2反向充电，电压极性为上负下正，当该电压增高到VD_1的反向导通电压时，VD_1突然反向导通，使双向晶闸管得到一个反向触发信号而导通，同样电源电压经双向晶闸管及灯泡等器件构成闭合回路，灯泡点亮。

调节R_P的值，即可改变电容器C_2的充电时间常数，从而改变双向晶闸管触发脉冲出现时刻（即改变双向二极管VD_1的触发导通时刻），也就改变了双向晶闸管的导通角，从而达到调节灯泡两端电压大小的目的。

R_3和C_3构成阻容保护电路，对双向晶闸管进行过压保护（防浪涌电压）；L_1和C_1构成滤波电路，一方面防止外界高频信号干扰控制电路，造成该电路不能稳定可靠地工作；另一方面防止本控制电路在调压时干扰和影响电网中其他电子设备；R_2为双向二极管和双向晶闸管控制极的限流电阻器；FU_1为交流熔丝，作为整个电路的短路保护元件。

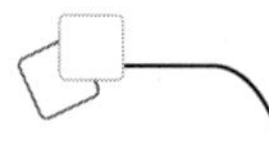

制作步骤和操作要领

根据电子产品装配工艺文件要求，学生在进行电路制作前应利用课余时间编制工艺文件和填写好工艺文件中的相应内容。

1. 布板

根据原理图的电路结构和特点，在万能板上合理布置各元器件的安装位置和方向，具体布局可参考图 5-20 所示。

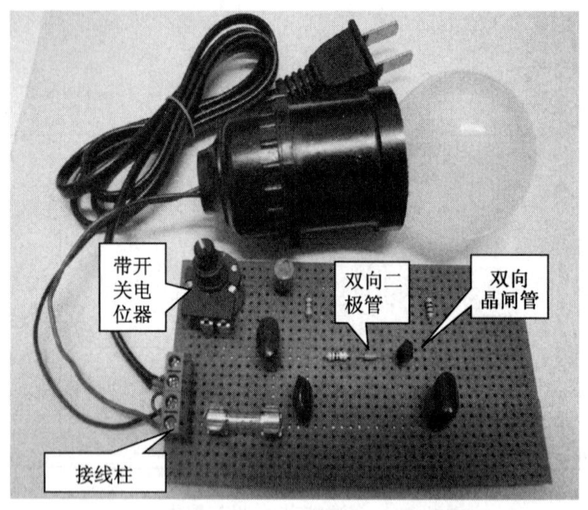

图 5-20　多功能节能调节器万能板元器件布局安装图

注意：布局时要考虑元器件间距，并尽量避免焊点间的连线出现相互交叉现象（如不可避免时可用跳线在元器件面进行连接）；如有大功率元器件，还要考虑发热元器件的散热问题；同时还应考虑电路调试检测的安全性和方便性等问题。

2. 元器件检测

根据电路图和元器件清单（表 5-4）检查元器件数量，判断元器件极性并检测元器件质量好坏。

表 5-4　制作多功能节能调节器所需元器件清单

序号	元器件标号	名称、规格描述	数量	备注
1	R_1	碳膜电阻器 1kΩ 1/4W J	1	
2	R_2	碳膜电阻器 1kΩ 1/4W J	1	
3	R_3	碳膜电阻器 100Ω 1/4W J	1	
4	R_P	碳膜电位器 470kΩ 1/4W J	1	带开关
5	VD_1	双向二极管 DB3	1	
6	VS	双向晶闸管 MAC97A6	1	1A/600V

续表

序号	元器件标号	名称、规格描述	数量	备注
7	C_1	涤纶电容器 22nF/400V	1	
8	C_2	涤纶电容器 100nF/160V	1	
9	C_3	涤纶电容器 0.022μF/400V	1	
10	L_1	电感器 100μH	1	可自制
11	FU_1	熔丝 1A/250V	1	
12		保险座(夹)	2	
13		二位接线柱	2	

3. 安装

根据布板方案和装配工艺文件要求，将元器件对应地焊接在万能板上，并处理好元器件间的焊点和连线。多功能节能调节器 PCB 元器件安装及走线如图 5-21 所示，万能板元器件焊接及连线如图 5-22 所示。

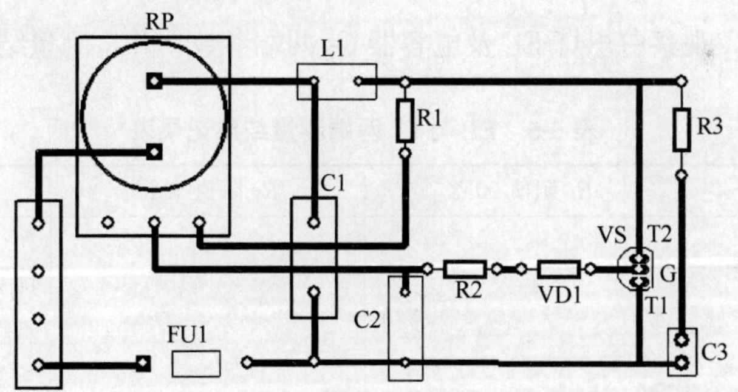

图 5-21　多功能节能调节器 PCB 板图

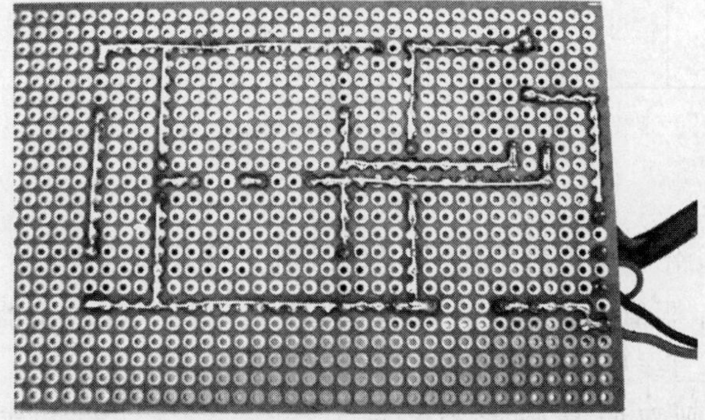

图 5-22　多功能节能调节器万能板元器件焊接及连线图

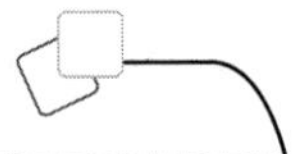

4. 调试

在电路板上对应的位置用接线柱引出节能控制器的电源引线，并将负载（白炽灯EL）串联在电路中后接入交流 220V 电源中，在负载两端连接交流电压表和示波器（注意：示波器金属部位均带电，因此测量时应注意安全，**谨防触电!**），在电容器 C_2 两端也连接示波器。调节 R_P 阻值，观察白炽灯 EL 有无亮度变化及其两端的电压值与波形的变化。

操作要领：

1）注意装配工艺和焊接工艺，防止出现元器件装错或极性装错、假焊或错焊、短路或断路等故障。

2）负载应与节能调节器串联后接入交流 220V 电源中，连接方法可参考图 5-20 所示。

3）由于节能调节器电路板直接与交流 220V 相连，故所有电路（含与之连接的测量仪器）金属部位均带电，因此调试时应注意安全，**谨防触电！**在有条件的情况下应尽可能使用隔离变压器，这样可以有效预防触电事故发生。

制作结果与分析

调节 R_P 阻值，观察白炽灯 EL 及电容器 C_2 两端参数，并将测量结果填入表 5-5 中。

表 5-5　EL 与 C_2 两端测量结果记录表

测试分类	R_P 阻值 90%	R_P 阻值 50%	R_P 阻值 10%
EL 两端电压/V			
EL 两端波形			
C_2 两端波形			

想一想

1）R_P 阻值的变化率是否与负载 EL 两端电压的变化率同步?

2）为了保证 R_P 阻值变化与负载两端电压变化一致，R_P 电位器最好选择________（指数型、对数型、直线型）电位器。

3）R_P 减小，则双向晶闸管控制角 α ________（增大或减小），导通角 θ ________（增大或减小），双向晶闸管导通时刻________（提前或推后），白炽灯 EL 两端电压________（增加或减小），白炽灯 EL 亮度________（增亮或变暗）。

1）调节电路中哪些元器件可以进一步提高节能调节器的电压调压范围？

2）如果调节 R_P 阻值，白炽灯（负载）亮度不变，灯泡一直很亮，则电路可能出现了哪些故障？

3）如果调节 R_P 阻值，白炽灯（负载）一直不亮，则电路可能出现哪些故障？

4）该多功能节能调节器可以使用在哪些电子设备中？不宜使用在哪些电子设备中？

任务检测与评估

检测项目		评分标准	分值	学生自评	教师评估
任务知识内容	双向晶闸管结构、符号和参数	能识别双向晶闸管的结构、符号，说出典型参数的含义	10		
	双向晶闸管工作特点	能分析双向晶闸管的双向触发的工作特点	10		
	双向晶闸管典型触发电路	能理解双向晶闸管 4 种典型触发电路的特点和工作原理	10		
	节能调节器的电路分析	能理解和分析节能调节器的电路工作原理	10		
任务操作技能	双向晶闸管的极性判断	能对双向晶闸管的极性和质量好坏进行判断	10		
	节能调节器其他元器件检测	能够掌握节能调节器其他元器件的识别和检测方法	10		
	节能调节器电路装配制作	能够掌握节能调节器的万能板元器件布局和电路装配与调试方法	30		
	安全操作	安全用电、按章操作、遵守实训室管理制度	5		
	现场管理	按 6S 企业管理体系要求进行现场管理	5		

项目小结

1）单向晶闸管能以小功率信号去控制大功率系统，可作为强电与弱电的接口，因此广泛应用于需要调节功率大小的电子设备中。它是由 4 层半导体 P—N—P—N 叠加而成，形成 3 个 PN 结，由外层 P 型半导体引出阳极 A，由外层 N 型半导体引出阴极 K，由中间 P 型半导体引出控制极 G。

2）单向晶闸管具有正向阻断、触发导通、反向阻断的工作特性。

正向阻断：单向晶闸管加正向电压，即阳极接电源正极，阴极接电源负极，但控制极未加正向电压，单向晶闸管不导通。

触发导通：单向晶闸管加正向电压，控制极上加正向触发电压，单向晶闸管导通，

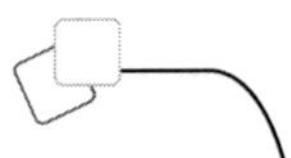

此时即使控制极失去触发电压，单向晶闸管仍维持导通。此时关断单向晶闸管的方法有两种：一是将阳极电压降低到足够小或加瞬间反向阳极电压；二是将阳极瞬间开路。

反向阻断：单向晶闸管加反向电压，控制极上加正向或反向触发电压，单向晶闸管均不导通，处于截止状态。

3）单向晶闸管有 90°移相触发电路和单结晶体管触发电路两种。通过改变触发电路的相移来改变单向晶闸管的导通角 θ 就可以改变负载两端的电压。

4）双向晶闸管是一个具有 N—P—N—P—N 5 层结构的半导体器件，功能相当于一对反向并联的单向晶闸管，允许电流从两个方向通过，因此，它无论在 T_1、T_2 极加正向电压还是反向电压，其控制极 G 无论加正向还是反向触发信号，双向晶闸管均能保持导通。导通后即使断开控制极触发信号，双向晶闸管仍能维持导通。但当 T_1、T_2 极间电压为 0V 时，双向晶闸管将变为截止。

5）双向晶闸管常见的触发电路有：双向二极管触发电路、RC 触发电路、晶体管组合触发电路及氖管触发电路 4 种。其中双向二极管触发电路和氖管触发电路应用最为广泛。通过改变触发电路的电容充电时间常数，从而改变触发脉冲出现时刻，即可改变双向晶闸管的导通角 θ，达到调节负载两端交流电压的目的。

思考与练习

一、判断题

1. 从单结晶体管的内部结构可知，其发射极与第一基极之间存在一个 PN 结。（　　）

2. 单向晶闸管导通必备的两个条件是：一是单向晶闸管阳极与阴极间接正向电压；二是控制极与阴极之间接反向电压。（　　）

3. 导通后的单向晶闸管若要关断，其方法有两种：一是将阳极电压降低到足够小或加瞬间反向阳极电压；二是将阳极瞬间开路。（　　）

4. 单向晶闸管是一种以弱电控制强电的半导体器件。（　　）

5. 在单向可控整流电路中，导通角 θ 与控制角 α 的关系为 $\theta+\alpha=\pi$。（　　）

6. 双向二极管具有双向导电特性，它相当于两个并联的二极管。（　　）

7. 当晶闸管触发导通后，若去掉触发电压则晶闸管也就截止。（　　）

8. 双向晶闸管导通后，当主电极电压降至 0V 时，双向晶闸管将截止。（　　）

9. 单结晶体管又叫双基极二极管，所以它具有两个 PN 结。（　　）

二、选择题

1. 单结晶体管用于可控整流电路时，其作用是组成（　　）。

A. 整流电路　　B. 放大电路　　C. 反相电路　　D. 控制电路

2. 单相全波可控整流电路的最大控制角是（　　）。

A. 360°　　B. 90°　　C. 180°　　D. 45°

3. 在电阻性负载可控整流电路中，负载两端的电压和通过负载的电流波形（　　）。

A. 形状相同，幅度不同　　B. 电压相位滞后于电流相位

C. 电压相位超前于电流相位　　D. 没有正确答案

4. 以下不属于双向晶闸管应用范围的是（　）。

A. 无触点开关　B. 信号放大　C. 整流　D. 交流调压

5. 单向晶闸管的 3 个电极分别称为（　）。

A. 阳级、控制极和阴极　　B. 阳极、控制极和漏极

C. 栅极、阴极和控制极　　D. 发射极、控制极和阳极

6. 单向晶闸管的内部有（　）个 PN 结。

A. 2　B. 3　C. 4　D. 5

7. 单向晶闸管一旦导通，控制极电压消失后以下说法正确的是（　）。

A. 单向晶闸管仍保持导通状态

B. 单向晶闸管将截止不工作

C. 单向晶闸管仍保持导通状态，但工作电流减少

D. 以上都不对

8. 单向晶闸管导通后，其阳极与阴极之间的电压一般为（　）。

A. 2.5V　B. 0.3V　C. 0.6～1.2V　D. 大于 3V

9. 用万用表 R×100 挡或 R×1k 挡测量单向晶闸管阳阴极间的正、反向电阻，若两次测量的电阻都很小，则可以判断器件（　）。

A. 内部已经击穿　B. 内部已经开路　C. 正常　D. 无法判断

10. 用万用表 R×100 挡测量单向晶闸管控制极和阴极之间正、反向电阻，以下说法正确的是（　）。

A. 正向电阻小，反向电阻很大　　B. 正、反向电阻都应很小

C. 正、反向电阻都应很大　　D. 正向电阻很大，反向电阻很小

11. 由单向晶闸管组成的可控整流电路是通过改变（　）来调节直流输出平均电压大小的。

A. 电源电压　B. 控制角　C. 负载大小　D. 以上都不对

12. 对于单向晶闸管的内部等效电路，以下说法正确的是（　）。

A. 可等效于一个 NPN 型和一个 PNP 型晶体管

B. 可等效于两个 PNP 型晶体管

C. 可等效于两个 NPN 型晶体管

D. 无法用晶体管等效组成

13. 晶闸管工作时的控制角和导通角之间的关系是（　）。

A. 控制角增大，导通角减小　　B. 控制角增大，导通角也增大

C. 控制角增大，导通角不变　　D. 控制角不变，导通角增大

14. 因为晶闸管可以用小电流来控制半导体器件导通时的大电流，所以晶闸管有（　）。

A. 电压放大作用　　B. 电流放大作用

C. 控制作用　　D. 功率放大作用

15. 关于双向晶闸管导通条件叙述最完整的是（　）。

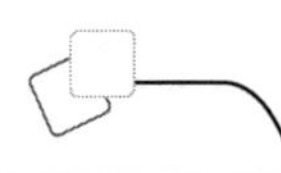

A. 主电极加正电压，控制极加正电压，双向晶闸管方会导通

B. 主电极加正或负电压，控制极加正电压，双向晶闸管均会导通

C. 主电极加正电压，控制极加正或负电压，双向晶闸管均会导通

D. 主电极加正或负电压，控制极加正或负电压，双向晶闸管均会导通

16. 可控整流电路是由（　　）两部分所组成。

A. 整流主电路与触发电路　　B. 交流电源与整流电路

C. 整流主电路与振荡电路　　D. 整流主电路与放大电路

17. 桥式可控整流电路中，通过改变控制角 α 的大小，可使输出电压的平均值 U_L 在（　　）范围内变化。

A. $0\sim4.5u_2$　　B. $0\sim0.9u_2$　　C. $0.5\sim0.9u_2$　　D. $0\sim1.2u_2$

18. 测量晶闸管触发导通性能时，万用表一般选用（　　）挡。

A. R×10k　　B. R×1k　　C. R×100　　D. R×1

参 考 文 献

陈振源,2001. 电子技术基础[M]. 北京:高等教育出版社.

高卫斌,2007. 电子线路[M]. 北京:电子工业出版社.

华永平,2007. 模拟电路设计与制作[M]. 北京:电子工业出版社.

劳五一,劳佳,2007. 模拟电子电路分析、设计与仿真[M]. 北京:清华大学出版社.

彭利标,2001. 电子技术基础[M]. 北京:高等教育出版社.

仇瑞璞,1998. 无线电整机装配工艺基础[M]. 天津:天津科学技术出版社.

孙肖子,张企民,2001. 模拟电子技术基础[M]. 西安:西安电子科技大学出版社.

张龙兴,2001. 电子技术基础[M]. 北京:高等教育出版社.